Was Sie schon immer über ABFALL und UMWELT wissen wollten

Verlag W. Kohlhammer
Stuttgart · Berlin · Köln · Mainz

Innenteil aus 100% Altpapier

Herausgeber: Umweltbundesamt
Fachgebiet „Umweltaufklärung“

Postfach 33 00 22
14191 Berlin

Redaktion:
Volkhard Möcker
(Hartmut Hoth, Dr. Bärbel Westermann)

Fachliche Beiträge lieferten u. a. folgende Mitglieder des Umweltbundesamtes: Ute Ackermann, Lothar Barniske, Dr. Bernd Bayer, Wolfgang Beier, Klaus Bosse, Volker Brenk, Dr. Thomas Bunge, Dr. Wolf Drechsler, Dr. Jutta Dürkop, Dr. Bernd Engelmann, Klaus Fricke, Christine Galander, Dr. Wolf-Dieter Garber, Wolfgang Genest, Evelyn Giese, Dr. Wolf-Dieter Glatzel, Dr. Petra Greiner, Gero Heddergott, Dr. Ulrich Irmer, Hans W. Jakobi, Bernt Johnke, Siegfried Kalmbach, Bernhard Kaster, Werner Koch, Dr. Peter Knauer, Bernd Krause, Dr. Carola Kussatz, Heidemarie Lee, Dr. Peter Lepom, Dr. Rudolf E. Mach, Harald Neitzel, Bernd Mehlhorn, Volker Müller-Witte, Tanja Nowak, Dr. Hans-Jürgen Oels, Dr. Klaus-Dieter Pautz, Jutta Penning, Dr. Wolfgang Rabe, Uta Rathmann, Bettina Rechenberg, Dr. Hans-Dieter Schenke, Dr. Ulrich Schieke, Dr. Harald Schömbs, Renate Schreiter, Dieter Schudoma, Jürgen Schulz, Ellen Six, Gerhard Smetana, Dr. Ulf Hartmut Wiedemann, Astrid Wiemann, Dr. Eckhard Willing, Dr. Joachim Wuttke

Technische Betreuung: Bernd Kreuscher

Verlag W. Kohlhammer GmbH
Stuttgart, Berlin, Köln, Mainz

Printed in Germany
Technische Herstellung:
DBC DRUCKHAUS BERLIN-CENTRUM
GmbH & Co. MEDIEN KG
1.–70. Tausend: Mai 1981; 71.–85. Tausend: August 1981; 86.–110. Tausend: November 1982; 111.–125. Tausend: Oktober 1983; 126.–135. Tausend: September 1984; 136.–156. Tausend: Mai 1985; 2. überarbeitete Auflage: 1988; 1.–50. Tausend: Juli 1988; 3. überarbeitete Auflage 1993; 1.–20. Tausend: September 1993

ISBN 3-17-012925-2

Die Deutsche Bibliothek – CIP-Einheitsaufnahme

Was Sie schon immer über Abfall und Umwelt wissen wollten/
[Hrsg.: Umweltbundesamt, Fachgebiet „Umweltaufklärung".
Red.: Volkhard Möcker. Fachliche Beitr. lieferten u. a. folgende
Mitarb. des Umweltbundesamtes: Ute Ackermann ...]. –
Neuausg., 3., überarb. Aufl. 1.–20. Tsd. – Stuttgart; Berlin; Köln:
Kohlhammer, 1993
ISBN 3-17-012925-2
NE: Ackermann, Ute; Möcker, Volkhard [Red.]; Deutschland /
Umweltbundesamt / Fachgebiet Umweltaufklärung

INHALT

Quelle: Der Städtetag, Nr. 3, 1980

1. Gute, alte, abfallarme Zeit?

Bevor Herr Wiesenhuber morgens seine Wohnung verläßt, drückt ihm seine Frau noch schnell liebevoll ein oder zwei gutgepackte Tüten für die Abfalltonne in die Hand – mit den Abfällen des vorigen Tages: Essensreste, ein Häufchen Kippen, Kunststoff- und Papierverpackungen, die Schminkwatte von Gaby und das supersaugende Küchenpapier, die Zeitung vom Vortag und die Illustrierte von der Vorwoche, leere Dosen und Bierflaschen. Kurzum, der ganze überflüssige und unappetitliche Rest aus dem Haushalt der Wiesenhubers. Und wenn Herr Wiesenhuber den liebevollen Blick seiner Frau leicht angesäuert erwidert, während ihm aus der Fischdose die Reste der pikanten Fischsoße auf die frischgeputzten Schuhe tropfen, wünscht er den ganzen Abfall zum Teufel oder sich zumindest einen Müllschlucker. Und manchmal denkt er in einem solchen Augenblick auch daran, daß die Zeiten früher wohl besser gewesen sein müssen – ohne diese Haufen von Müll . . .

Und tatsächlich:

Verglichen mit den „Müllbergen" unserer Wohlstandsgesellschaft war das Abfallaufkommen der vorindustriellen Zeit minimal. Allerdings lag das auch daran, daß die große Mehrheit der Bevölkerung arm war und sich nur das Nötigste leisten konnte. Man achtete sehr darauf, daß die „Konsumgüter", die man erwarb, möglichst lange hielten: zerrissene Strümpfe wurden gestopft; Schuhe, Kleider und Hosen geflickt; Kannen und Töpfe repariert; Möbel oder auch ein guter Anzug sollten „ein Leben lang" halten. Mit den Küchenabfällen fütterte man die Haustiere, wie Schweine, Kaninchen und Hühner. Der Stallmist wurde als wertvoller Dünger auf die Felder gebracht.

Eine geregelte „Müllabfuhr" bzw. Abfallbeseitigung war meist nicht vorhanden und vielerorts auch nicht notwendig. Eine Kanalisation für die Abwässer gab es nur in wenigen Metropolen, meist als Erbe aus antiker Zeit.

Die Städte und Dörfer des Mittelalters erscheinen jedoch nur dem oberflächlichen Betrachter als „Umwelt-Idylle". Nicht verwertbare Abfälle und Abwässer wurden einfach in die Straßenrinne vor der Haustür oder in den nächsten Bach gekippt. Die Straßen und Gassen der alten Städte waren ein Paradies für Schweine, Gänse und Hühner, aber auch für Ratten und Ungeziefer. In den verwinkelten Gassen unserer mittelalterlichen Städte mit den heute so romantisch wirkenden Fachwerkhäusern roch es nach Kot, Urin und Mist.

Die Folgen dieser unter hygienischen Gesichtspunkten katastrophalen Zustände blieben nicht aus: Seuchen und Epidemien grassierten. Pest und Cholera waren jahrhundertelang die „Geißeln der Menschheit" und entvölkerten ganze Städte und Landstriche. Die Menschen standen diesen Massenerkrankungen hilflos gegenüber und waren zu einer wirksamen Seuchenabwehr kaum fähig.

Erst später erkannte man die Bedeutung der Hygiene für die Bekämpfung von Krankheiten. Dieses war auch die Geburtsstunde der organisierten Abfallbeseitigung.

Auf eine lange Tradition der Abfallbeseitigung können z. B. die Städte Berlin und Hamburg zurückblicken.

In Hamburg erließ der Hohe Senat der Stadt im Jahr 1560 die erste Verordnung über eine geregelte Abfallbeseitigung; darin wurden alle Einwohner der Stadt verpflichtet, mindestens viermal im Jahr (!) Unrat, Gerümpel, tote Tiere und Abfälle jeglicher Art von ihren Grundstücken sowie von den angrenzenden Straßen und Plätzen zu entfernen. Später wurden Strafgefangene zur Abfallbeseitigung herangezogen; man verurteilte sie nicht mehr zu Gefängnisstrafen, sondern „zur Karre". Die „Karrenbuben" mußten zweirädrige Wagen ziehen, mit denen Müll eingesammelt und abgefahren wurde.

In Berlin, damals Hauptstadt des Kurfürstentums Brandenburg, war die Straßenreinigung zunächst eine Art Zwangsarbeit für Dirnen. Als Begründung wurde kurz und bündig angegeben: „Dirnen benutzen die Straßen mehr als ehrsame Bürger, also sollen sie sie fortan auch sauber halten".*

Hamburg ernannte 1611 erstmals eine „Gassendeputation", die die Abfallbeseitigung als Dienstleistung öffentlich ausschrieb. Die geeigneten Bewerber wurden zu „Dreckführern" ernannt, die gegen ein geringes Entgelt für eine regelmäßige Müllabfuhr verantwortlich waren. Die Dreckführer machten gleichwohl ein gutes Geschäft, das sie die eingesammelten Abfälle auch an Interessenten, z. B. die Bauern aus dem Umland, verkaufen konnten. Das „Dreckführer-System" blieb in Hamburg bis zum Ende des 19. Jahrhunderts erhalten. 1885 beschloß der Senat, die Abfallbeseitigung auf eine neue organisatorische Grundlage zu stellen und zu einer kommunalen Aufgabe zu machen.

1893 wurde in Hamburg die erste große Müllverbrennungsanlage errichtet.

In New York dagegen wurde schon 1897 eine Müllaufbereitungsanlage in Betrieb genommen: der anfallende Müll lief über ein Förderband, auf dem Papier, Textilien, Metalle, Leder, Glas-

* Ehrlich, Bernd (Hrgb.): Umwelt-Gefahr und Schutz. Sonderheft der Reihe Schulfunk – unsere Welt aktuell, Lübeck o.J., S. 14.

Stadtreinigung von anno dunnemals
Quelle: Berliner Stadtreinigung

flaschen und andere verwertbare Materialien von Hand aussortiert wurden. Die restlichen Abfälle liefen über das Band in einen Verbrennungsofen, mit dem Dampf erzeugt wurde.

Bis zum Ende des Zweiten Weltkrieges (1945) bleiben die „Müllberge" aber noch überschaubar. Die aus heutiger Sicht bescheiden anmutende Hausmüllmenge von rund 100 Kilogramm pro Einwohner im Jahr um die Jahrhundertwende schrumpfte in der Not der Kriegsjahre erneut zusammen. Erst die mit dem „Wirtschaftswunder" der Nachkriegszeit verbundenen Produktions- und Konsumsteigerungen haben den Abfallberg in bis dahin nicht bekannte Dimensionen wachsen lassen.

2. Mit „Ex und Hopp" in die Abfallkrise

In den 50er Jahren kam endlich wieder Dampf in die Wirtschaft, was eigentlich niemand erwartet hatte. Und so sprachen alle von einem Wunder, genauer von dem „Wirtschaftswunder". Richtig gewundert haben wir uns aber erst, als das „Wunder" bereits wieder vorbei und uns die Folgen, insbesondere für unsere Umwelt, klar wurden. Zunächst klappte alles wunderbar: „Wohlstand für alle" hieß die Zauberformel und mit ihrer Hilfe sollte wahrgemacht werden, was das Motto der ersten großen Kosumausstellung nach dem Kriege in Köln verkündete: Alle sollen besser leben! Das Wachstum der wirtschaftlichen Gesamtleistung – des Bruttosozialprodukts – erreichte in den 50er Jahren oft zweistellige Zuwachsraten.

In DM beziffert erreicht das Bruttosozialprodukt der Bundesrepublik inzwischen (1991) eine Summe von 2.426 Mrd. DM – das ist gut 23 mal mehr als im Jahre 1950.

Hinter diesen Zahlen verbergen sich spektakuläre Produktions- und Konsumsteigerungen (Angaben aus den alten Bundesländern):

- Unser Energieverbrauch hat sich seit 1950 etwa verdreifacht, der Mineralölverbrauch in diesem Zeitraum fast verdreißigfacht;
- Der Wohnungsbestand hat sich von 10 Millionen Wohnungen im Jahr 1950 auf rund 27 Millionen Wohnungen heute erhöht; in den meisten Wohnungen wurde dabei der Kohleofen durch die „Öl- oder Gas-Zentralheizung" ersetzt;
- Der Kraftwagenbestand hat sich seit 1950 beträchtlich erhöht; damals zählte man 1 Million Kraftwagen im alten Teil der Bundesrepublik. Mitte 1992 waren es rund 38 Millionen Pkw in Gesamtdeutschland.

Von dieser Entwicklung hat jeder von uns profitiert:

Fast jeder private Haushalt verfügt heute über einen Kühlschrank, über eine Waschmaschine, über Auto, Farbfernseher und Telefon.

Mit diesen Produktionszuwächsen sind aber auch tiefgreifende Veränderungen unserer wirtschaftlichen und sozialen Strukturen sowie unserer Lebensgewohnheiten verbunden.

Die Bedeutung traditioneller Wirtschaftszweige wie der Land- und Forstwirtschaft, der Fischerei usw. ging immer mehr zugunsten des produzierenden Gewerbes und des Dienstleistungssektors zurück. Die zunehmende Verkehrserschließung und Motorisierung sowie die Verbesserung der Kommunikationsmöglichkeiten durch Radio, Fernsehen und Telefon haben die Unterschiede zwischen Stadt und Land weitgehend aufgehoben. Die Entstehung großräumiger „Ballungsgebiete", die Verstädterung und Zersiedlung der Landschaft sind Folgen dieser Entwicklung, oftmals mit verheerenden Folgen für unsere Umwelt.

Auch unsere Einstellungen und Verhaltensweisen sind dramatischen Veränderungen unterworfen: Neben langlebige Gebrauchsgüter treten immer mehr kurzlebige „Wegwerfartikel".

Solche „Einweg-Artikel" werden nach Gebrauch in den Mülleimer geworfen und durch neue Produkte ersetzt: Reparieren, Flicken, Stopfen usw. lohnt sich nicht mehr, ist oft gar nicht möglich. Selbst kostspielige Konsumgüter wie Waschmaschine, Radios, Fernseher, Kühlschränke usw. werden vor Ablauf ihrer technischen Lebensdauer ausrangiert und durch formschönere, funktionellere oder einfach „modischere" Produkte ersetzt: Der „modische Verschleiß" bestimmt die Lebensdauer eines Produktes oftmals mehr als der „technische Verschleiß".

Eine zunehmende Bedeutung für das „Image" und damit auch die Absatzchancen eines Produktes erlangte die Verpackung. Die Verpackungen wurden folglich immer bunter, raffinierter und aufwendiger. Bei manchen Produkten sind die Verpackungskosten höher als die des Füllgutes. Über 15 Millionen Tonnen Verpackungsmaterialien fielen 1991 in Deutschland an.

Massenkonsum und „Wegwerfmentalität", die Entwicklung neuer Produkte und Materialien haben Menge und Zusammensetzung des Abfallaufkommens nachhaltig verändert. Der Abfallberg ist seit den 50er Jahren ständig gewachsen, eine Entwicklung, die durch nichts zu bremsen war.

Früher bestand der Hausmüll zu über 60 % aus Asche und Schlacke der Kohleöfen, etwa 20 bis 25 % des Mülls entfielen auf organische Abfälle aus Küche und Garten. Nur unbedeutende Anteile bestanden aus Papier, Pappe, Glas oder Metallen. Kunststoffe waren unbekannt und deshalb im Hausmüll auch nicht vorhanden.

Heute besteht Hausmüll zu über 50 % (Volumen) aus Verpackungsmaterialien, vor allem aus Papier und Pappe (26 %), Glas, Kunststoff und Weißblech (15 %); der Rest entfällt auf organische Küchenabfälle, Textilien, Holz, Gummi und Leder; der Anteil des aus Asche, Sand usw. bestehenden „Feinmülls" ist auf wenige Prozente zusammengeschrumpft.

Anfang der 70er Jahre war die Hausmüllmenge auf 20 Millionen Tonnen pro Jahr angewachsen. Heute produzieren wir mehr als 40 Millionen Tonnen im Jahr. Der Handlungsbedarf ist groß. Damit uns nicht eines Tages der Müll über den Kopf wächst, müssen wir schnell den Schritt von der Wegwerf- zur Kreislaufwirtschaft machen.

3. Wo sind sie geblieben?
(oder: Abfälle sind Rohstoffe am falschen Ort)

Die Bundesrepublik Deutschland ist einer der führenden Industriestaaten der Welt und damit auch einer der größten Rohstoffverbraucher. Aber die Bundesrepublik ist zugleich auch ein rohstoffarmes Land. Die meisten Rohstoffe müssen eingeführt werden, und unser „Rohstoffhunger“ ist so groß, daß heute 10 % aller auf der Welt geförderten mineralischen Rohstoffe von der bundesdeutschen Produktion verbraucht werden.

Versorgung mit ausgewählten Rohstoffen

Erzeugnis (Einheit)	Jahr	Produktion	Einfuhr	Ausfuhr*
Erdöl (Mio. t)	1988	3,9	72	0,020
	1989	3,7	66	0
	1990	3,6	72	0
Eisenerz (Mio t)	1988	0	45	0
	1989	0	47	0
	1900	0	44	0
Aluminium (1.000 t)	1988	753	1.080	473
	1989	734	1.209	500
	1990	715	1.114	504
Gas (GWh)	1987	157.000	440.000	17.000
	1988	146.000	440.000	13.000
	1989	145.000	474.000	13.000

* alle Zahlenangaben auf- bzw. abgerundet
Quelle: Statistisches Jahrbuch 1990/91

Unsere Devisenausgaben für diese Rohstoffimporte steigen von Jahr zu Jahr. 1990 mußten für die importierten mineralischen Brennstoffe 45 Milliarden DM, für die Einfuhr von Rohöl und Mineralölerzeugnisse weitere 35 Milliarden DM ausgegeben werden.

Der sparsame Umgang mit Energie und Rohstoffen, die Wiederverwendung von Materialien und die Verwertung von Abfällen ist deshalb nicht nur ökologisch sinnvoll, sondern auch eine zwingende wirtschaftliche Notwendigkeit. Die Rückführung von Materialien in den Wirtschaftskreislauf nennt man „Recycling". Durch Recycling können deshalb sowohl die Abfallmengen vermindert als auch die immer knapper und teurer werdenden Rohstoffe geschont werden.

Wie groß die in unseren Mülleimern, Schrottplätzen und Deponien enthaltenen „Rohstoffreserven" sind, kann an wenigen Beispielen aufgezeigt werden:

Die heute in der Bundesrepublik Deutschland jährlich ausrangierten Haushaltsgroßgeräte, wie Herde oder Waschmaschinen, setzen sich aus 600.000 bis 700.000 Tonnen Eisenschrott und 60.000 bis 100.000 Tonnen wertvoller Nicht-Eisen-Metalle zusammen.

Jährlich fallen rund 2 Millionen Tonnen Kunststoffabfälle an, die zum größten Teil Verpackungen waren. Für 80% dieser Kunststoffe ist das Erdöl die Rohstoffbasis. Bei der Verbrennung von Kunststoffabfällen können gefährliche Luftverunreinigungen entstehen, da sich zum Beispiel PVC in Salzsäure umwandelt. Die Vermeidung oder die Wiederverwertung von Kunststoffabfällen würde deshalb nicht nur die Umwelt entlasten, sondern auch den Ölverbrauch reduzieren.

Eine wahre „Rohstoffmine" sind unsere schrottreifen Kraftfahrzeuge. Mittlerweile werden ca. 2,6 Millionen Pkw jährlich verschrottet. Schrotthandel, Eisen- und Stahlindustrie haben hier schon frühzeitig erkannt, daß eine Wiederverwertung lohnend und rohstoffwirtschaftlich geboten ist. Die Verwertungsquoten sind deshalb gerade bei der Autowrackbeseitigung bereits sehr hoch. Auch andere Wirtschaftszweige haben die wirtschaftlichen Vorteile des „Recycling" erkannt: Durch die Verwertung von Altpapier können Holz, Wasser und Energie gespart werden; die Einsatzquote von Altpapier bei der Papierproduktion beträgt heute ca. 50%. Das Altglas-Recycling erfaßt über 50% des Behälterglasabsatzes.

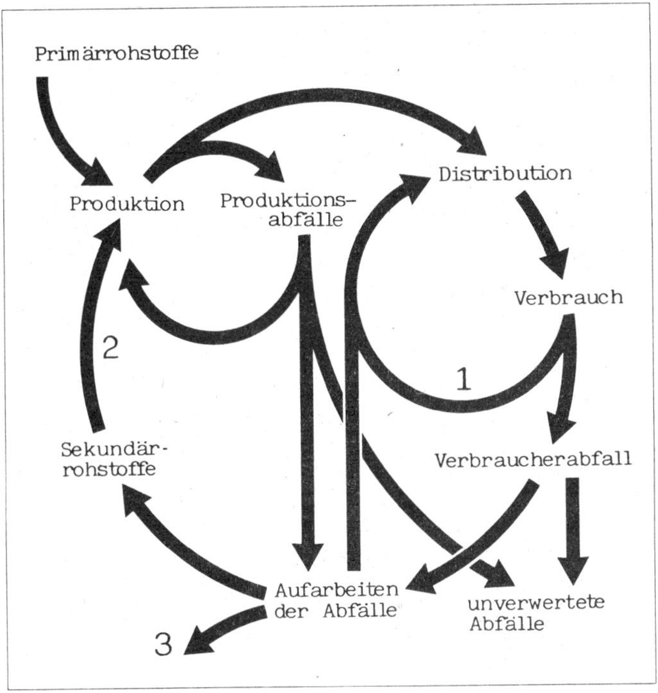

Quelle: Recycling. Aus alt mach neu.

Der Recyclingkreislauf

Rohstoffe können auf drei verschiedenen Wegen zyklisch wiederkehren:
1. als Wiederverwendung: z. B. Pfandflaschen, runderneuerte Reifen
2. als Weiterverwendung: z. B. Scherben zu neuen Flaschen
3. als Verwertung: z. B. Altpapier als Bauplatten, Hausmüll zu Kompost.

Diese Beispiele ließen sich fortsetzen. In vielen Bereichen unserer Wirtschaft ist die systematische Abfallverwertung inzwischen zu einem integralen Bestandteil des gesamten Produktionsprozesses geworden. Diese positive Entwicklung von der

„Wegwerf"- zur „Kreislauf"-Wirtschaft ist zu einem guten Teil den Maßnahmen und Initiativen der Bundesregierung zu verdanken, die durch große Anstrengungen auch auf Seiten der Länder und Kommunen unterstützt und ergänzt wurden.

Zur Verwertung von Abfällen tragen auch die von Kommunen betriebenen Recycling-Höfe und die Alttextil-Sammlungen karitativer Organisationen bei. Das privatwirtschaftlich arbeitende Duale System Deutschland (DSD) soll vor allem gegen die Verpackungsmüll-Lawine angehen und dabei auch die Möglichkeiten der Verwertung ausschöpfen.

4. Maßnahmen der Bundesregierung: Das Abfallgesetz und die TA Abfall

In den 50er Jahren und 60er Jahren haben wir all unsere Kraft, unsere Mittel, unsere Ideen in die Produktion von Waren und Dienstleistungen gesteckt. Neuer, größer, schneller, schöner hießen die Parolen – für so etwas „Veraltetes", „Wertloses", „Verdrecktes" und „Unschönes" wie den Abfall hatten wir keine Zeit. Kein Wunder also, daß uns dann auf einmal viele Probleme über den Kopf wuchsen, und als die Bundesregierung vor Verabschiedung ihres „Umweltprogrammes" im Jahre 1971 eine Bestandsaufnahme vornahm, war das Ergebnis erschütternd:

- Mehr als 90% aller Abfälle wurden genau wie vor hundert Jahren, ohne Vorsichtsmaßnahmen irgendwo im Gelände abgelagert.
- Für einen große Teil der Bevölkerung gab es keine geregelte Sammlung und Abfuhr von Abfällen.
- Tausende wilder und ungeordneter Müllplätze überzogen das gesamte Bundesgebiet.
- Die gesetzlichen und organisatorischen Regelungen in Bund, Ländern und Gemeinden waren lückenhaft und zersplittert.
- Überall fehlte es an Fachpersonal, Ausbildungskapazitäten, statistischen Daten und Forschungsmöglichkeiten.

Vordringlich mußte deshalb eine einheitliche Regelung für die Abfallbeseitigung gefunden werden. Am 11. Juni 1972 wurde mit dem Abfallbeseitigungsgesetz (AbfG) die Behandlung von Abfällen in der Bundesrepublik neu geregelt und auf eine einheitliche Rechtsgrundlage gestellt. Hierbei wurde zum Beispiel festgelegt, daß

- Abfälle ohne Beeinträchtigung des Wohls der Allgemeinheit zu beseitigen sind;
- die Beseitigungspflicht grundsätzlich Körperschaften des öffentlichen Rechts obliegt;
- Abfallbeseitigungspläne nach überörtlichen Gesichtspunkten aufzustellen sind und
- die Behandlung von Abfällen nur in zugelassenen Anlagen erfolgen darf.

Das Bundesgesetz wurde durch gesetzliche Maßnahmen der Länder ausgefüllt und ergänzt. Die wilden Müllplätze verschwanden: Etwa 45.000 weitgehend unkontrollierte Ablagerungsplätze wurden geschlossen. Für die weitere Abfallbehandlung erarbeiteten die Bundesländer sog. Abfallbeseitigungspläne. Der „Gefahr aus dem Müll" konnte nun wirksam begegnet werden.

4.1 Neues Abfallgesetz (AbfG)

Seit dem 1. November 1986 ist das „Gesetz über die Vermeidung und Entsorgung von Abfällen" (Abfallgesetz – AbfG) des Bundes in Kraft.

Seine neue Bezeichnung weist auf die veränderte Prioritätensetzung hin. Statt der herkömmlichen Abfallbeseitigung sollen Abfälle vorrangig vermieden und – entsprechend der Definition des Begriffs „Entsorgung" – verwertet werden. Mit entsprechenden Maßnahmen soll die Abfallmenge verringert werden. 1993 hat die Bundesregierung beschlossen, das Abfallgesetz in ein Kreislaufwirtschaftsgesetz zu überführen.

4.2 Kennzeichnung, getrennte Entsorgung, Rücknahme- und Pfandpflicht

Der Gesetzgeber hat der Bundesregierung mit dem § 14 AbfG ein vielfältiges Instrument in die Hand gegeben. Sie kann auf dem Verordnungsweg Maßnahmen zur Vermeidung, Verringerung oder umweltverträglichen Entsorgung von schädlichen Stoffen in Abfällen oder von Abfallmengen bestimmen. Sie hat vorrangig Ziele für die Vermeidung, Verringerung oder Verwertung von Abfällen aus bestimmten Erzeugnissen festzulegen und diese im Bundesanzeiger zu veröffentlichen. Im einzelnen können Kennzeichnungs-, Rücknahme- und Pfandpflichten sowie die getrennte Entsorgung bestimmter Abfälle, aber auch produktionsbezogene Vorgaben geregelt werden.

Paragraph 14 des Abfallgesetzes ermöglichte u. a. die Verpackungsverordnung (VerpackV), die am 21. 06. 1991 in Kraft gesetzt wurde. Sie verpflichtet Erzeuger und Vertreiber von Verpackungsmaterialien, diese grundsätzlich zurückzunehmen und einer stofflichen Verwertung zuzuführen.

Seit 01. 01. 1993 gilt für den Handel die Rücknahmepflicht für alle Verpackungen (Transport-, Um- und Verkaufsverpackungen). Damit soll vor allem das hohe Volumen von Verpackungen im Hausmüll wesentlich verringert werden. Auf dem derzeit hohen Niveau wird auch der Erhalt des Mehrwegsystems bei Flaschen unterstützt.

Ziel der Verpackungsverordnung von 1991 ist es, Abfälle aus Verpackungen dadurch zu vermeiden, daß Verpackungen

- nach Volumen und Gewicht auf das unmittelbar notwendige Maß beschränkt,
- möglichst als effiziente Mehrwegsysteme ausgerichtet und
- vorrangig stofflich verwertet werden.

Dazu wendet sie sich nicht nur an den Vertreiber von Verpackungen und verpackten Gütern, sondern zugleich auch an die Erzeuger von Produkten, von Verpackungen und der Verpackungsvormaterialien, also die Hersteller. Von den Regelungen der Verpackungsverordnung werden grundsätzlich alle Verpackungen erfaßt, es sei denn, sie sind mit Resten schadstoffhaltiger Füllgüter, etwa bestimmte Chemikalien, belastet oder sie müssen aufgrund anderer Rechtsvorschriften wie dem Bundesseuchengesetz besonders entsorgt werden.

In der Verpackungsverordnung werden Hersteller und Vertreiber grundsätzlich dazu verpflichtet, Verpackungen zurückzunehmen und einer erneuten Verwendung oder einer stofflichen Verwertung außerhalb der öffentlichen Abfallentsorgung zuzuführen. Zugleich kann die Rücknahmeverpflichtung für Verkaufsverpackungen ausgesetzt werden, wenn im Einzugsgebiet des Vertreibers ein haushaltsnahes Erfassungssystem mit nachgeschalteter Sortierung und stofflicher Verwertung installiert ist. Dabei müssen bestimmte Effizienzquoten eingehalten werden und das System muß von den betroffenen Herstellern und Vertreibern in eigener Regie betrieben werden. Der Aufbau eines solchen privatwirtschaftlich organisierten Erfassungssystems wird von der „Dualen System Deutschland GmbH" betrieben.

Das „Duale System" wurde von den Landesumweltministern unter folgenden Bedingungen zugelassen:

- Ab Juli 1995 müssen mindestens 80 Prozent aller Verkaufsverpackungen erfaßt werden.
- Ab Juli 1995 müssen bestimmte Sortierquoten erreicht werden.
- Der Mehrweganteil darf bei Getränkeverpackungen im gesamten Bundesgebiet nicht unter den Anteil von 72 Prozent sinken. Darüber hinaus soll nach den Änderungswünschen des Bundesrates der heute in den Ländern erreichte Durchschnitts-Mehrweganteil unterschritten werden. Ferner wird die Bundesregierung drei Jahre nach Inkrafttreten der Verordnung über die notwendige Erhöhung und Differenzierung der Mehrweganteile entscheiden.
- Bestehende kommunale Wertstoffsammelsysteme sind in das duale Sammel- und Verwertungsystem zu integrieren.

4.3 Technische Anleitung Abfall (TA Abfall)

Das Abfallgesetz hat in § 4 Abs. 5 die Bundesregierung zum Erlaß allgemeiner Verwaltungsvorschriften ermächtigt. Hierbei sind auch Verfahren der Sammlung, Behandlung, Lagerung und Ablagerung festzulegen, die in der Regel eine umweltverträgliche Abfallentsorgung gewährleisten.

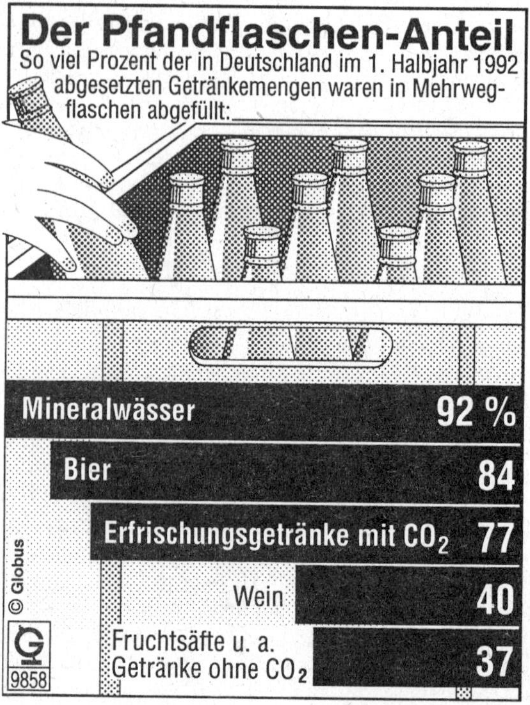

Die Bundesregierung hat deshalb die „Technische Anleitung Abfall“ erarbeitet. Ein Teil 1 wurde bereits in Kraft gesetzt. Er bezieht sich vor allem auf Sonderabfälle. Mit der TA Abfall werden vorrangig folgende Ziele verfolgt:

1. Der Entsorgungsstandard in der Bundesrepublik Deutschland wird entsprechend dem Stand der Technik vereinheitlicht.
2. Eine allgemein verbindliche Klassifizierung von Abfällen unter Zuordnung zu bestimmten Entsorgungswegen wird vorgeschrieben.
3. Die behördliche Überwachung wird durch den Einsatz neuer und die Anpassung bestehender Instrumente verbessert.

4. Planung, Genehmigungs- bzw. Planfeststellungsverfahren, Errichtung und Betrieb von Entsorgungsanlagen werden durch die Festlegung einheitlicher Anforderungen für Antragsteller und Betreiber vorhersehbarer und kalkulierbarer und für die Öffentlichkeit transparent gemacht.
5. Die Akzeptanz und damit Realisierbarkeit der notwendigen Entsorgungsanlagen wird verbessert, indem dem Bürger vermittelt wird, welche Entsorgungsmaßnahmen notwendig sind und auf welche Weise dies umweltverträglich erfolgt.

Daneben wurden Anforderungen an
- die oberirdische Ablagerung einschließlich Sickerwasserbehandlung,
- die chemische, physikalische und biologische Behandlung, die Sammelstellen, Zwischenlager und Deponien

von Sonderabfällen beraten.

4.4 Altölentsorgung

Für die thermische Verwertung von Altölen ist die immissionsschutzrechtliche Genehmigung der jeweiligen Verwertungsanlage ausschlaggebend. Die Altölverordnung schreibt die Untersuchung der Altöle auf PCB und Gesamthalogene (Halogenierte Kohlenwasserstoffe) vor. Sie regelt auch die Aufarbeitung von Altöl zu Produkten und legt dabei fest, welche Inhaltsstoffe zulässig sind und wie dieses zu kontrollieren ist (Probenahme und Analyseverfahren). Altöle, die nicht verwertet werden können, sind als Sonderabfall zu behandeln. Für Verbrennungsmotoren- und Getriebeöle hat der Gesetzgeber eine Rücknahmeverpflichtung des „Frischölverkäufers“ festgelegt. Diese Verpflichtung gilt sowohl gegenüber dem privaten als auch gegenüber dem gewerblichen Endabnehmer von Motoren- und Getriebeölen.

4.5 Rücknahme und Verwertung gebrauchter Lösemittel

Nach dem Muster der Altölverordnung wurde 1989 eine Verordnung über die Entsorgung gebrauchter halogenierter Lösemittel erlassen. Die Aufarbeitung gebrauchter chlorkohlenwasserstoffhaltiger Abfälle kann erheblich erleichtert werden, indem konsequent vermieden wird, sie mit anderen Abfällen oder Lösemitteln zu vermischen. Da keine ausreichenden Entsorgungsmöglichkeiten an Land vorhanden waren, wurden diese Stoffe in der Vergangenheit auch auf See verbrannt.

5. Die Probleme im Griff?

Eine geordnete Abfallentsorgung ist für ein dichtbesiedeltes und hochindustrialisiertes Land wie die Bundesrepublik Deutschland von existenzieller Bedeutung. Daher muß eine sichere und umweltverträgliche Abfallentsorgung gewährleistet sein.

In der Vergangenheit bestand die klassische Aufgabe der Abfallwirtschaft darin, Abfälle zu erfassen und einer Verwertung oder Ablagerung zuzuführen. Ziel der modernen Abfallwirtschaftspolitik ist es jedoch, schon im industriellen und gewerblichen Bereich zu vermeiden, daß Abfälle entstehen. Nicht vermeidbare Abfälle sind möglichst zu verwerten, nicht verwertbare Abfälle sind schadlos zu entsorgen.

Insgesamt gesehen ist die Abfallentsorgung in den alten Ländern der Bundesrepublik Deutschland geregelt und gut organisiert.

In den neuen Ländern ist in den kommenden Jahren eine ausreichende Entsorgungsinfrastruktur aufzubauen. Wesentliche Verwaltungs-Voraussetzungen für eine geordnete Abfallentsorgung fehlten in der ehemaligen DDR im Bereich der Hausmüllentsorgung vollständig und lagen auch bei schadstoffhaltigen Abfällen nur in einem geringen Umfang vor.

Die Abfallablagerung auf Deponien stellte in der ehemaligen DDR die Grundform der Abfallbeseitigung dar. Die Situation ist durch eine Vielzahl kleiner, häufig ungeordneter Müllkippen gekennzeichnet, die ohne Beachtung der üblichen Standards betrieben wurden. Darüber hinaus wurden besonders problematische Abfälle, für die auch nach DDR-Maßstäben keine Entsorgungsmöglichkeit zugewiesen werden konnte, teilweise ungeordnet in den Betrieben gelagert. Ein Überblick über Qualität und Quantität dieser Abfälle liegt noch nicht vor. Es muß damit gerechnet werden, daß es sich um beträchtliche Mengen und ein erhebliches Gefährdungspotential handelt.

Mit Einführung der Sozialen Marktwirtschaft haben die Abfallmengen in der ehemaligen DDR – vor allem aus dem Konsumbereich – erheblich zugenommen.

5.1 Das Mengenproblem

Das Abfall- und Reststoffaufkommen in den alten Ländern der Bundesrepublik Deutschland hat sich in den vergangenen Jahren auf hohem Niveau stabilisiert. Maßnahmen zur Vermeidung und Verwertung haben als ersten Erfolg lediglich ein weiteres Ansteigen der Abfallmengen verhindert, aber keinen wirklichen Rückgang bewirkt.

Hausmüll, hausmüllähnliche Gewerbeabfälle, Sperrmüll, Straßenkehricht und Marktabfälle fielen 1990 in einer Gesamtmenge von rund 28 Millionen Tonnen (Anteil der neuen Bundesländer: 6,8 Mio t) an. Angaben über Hausmüll im eigentlichen Sinne, also über die in Haushalten anfallenden Abfallmengen, wurden im Rahmen des Forschungsvorhabens „Bundesweite Hausmüllanalyse“ erhoben. Danach fielen in den alten Ländern 1985 etwa 14 Millionen Tonnen Hausmüll an, 1 Million Tonnen weniger als 1980.

Die statistische Erhebung in den alten Ländern der Bundesrepublik Deutschland über die Abfallbeseitigung im produzierenden Gewerbe und in Krankenhäusern wies 1990 eine Gesamtmenge von rund 258 Millionen Tonnen (Anteil der Bundesländer: 43 Mio t) aus. Darin enthalten sind auch Mengen, die durch Abgabe an weiterverarbeitende Betriebe oder den Altstoffhandel einem außerbetrieblichen Recycling zugeführt wurden. Von 1984 bis 1987 hat das gesamte Rückstandsaufkommen, also Abfälle und verwertbare Reststoffe, in den alten Bundesländern um über vier Prozent zugenommen. Die Menge der zu entsorgenden Abfälle hat jedoch um fast fünf Prozent abgenommen, von 160 auf 152 Millionen Tonnen. Die Abfallgruppe „Bauschutt und Bodenaushub“ stellt mit 133 Millionen Tonnen im Jahr 1990 etwa die Hälfte des Gesamtaufkommens an Abfällen aus Industrie und Gewerbe.

1990 fielen in Deutschland 14,9 Millionen Tonnen Sonderabfälle (sog. „nachweispflichtige Abfälle“) an.

Bei der Reinigung von Abwässern entstehen erhebliche Klärschlammengen. 1988 fielen 50 Millionen Kubikmeter Klärschlamm mit 5 Prozent Trockenmasse aus kommunalen Anlagen an. Dies entspricht einer Gesamtmenge von jährlich 2,5 Millionen Tonnen Klärschlamm-Trockenmasse. Durch die weitere Verbesserung der Abwasserreinigung fallen künftig noch mehr Klärschlämme an.

5.2 Verwertung und Entsorgung kommunaler Abfälle

Das zentrale Problem der Abfallentsorgung sind die hohen Abfallmengen in der Bundesrepublik Deutschland, denen nicht ausreichende Entsorgungskapazitäten gegenüberstehen. In einigen Teilen der Bundesrepublik Deutschland besteht ein tatsächlicher Entsorgungsnotstand – sowohl bei kommunalen als auch bei Sonderabfällen. Dieser Entsorgungsnotstand ist vor allem darauf zurückzuführen, daß sich die Planung und Genehmigung neuer Entsorgungsanlagen – gleichgültig ob Deponien oder Verbrennungsanlagen – nur mühsam und in sehr langwierigen Verfahren gegen den Widerstand der betroffenen Bevölkerung durchsetzen läßt.

1991 wurden in der Behälterglasproduktion 2,3 Millionen Tonnen aus dem Hausmüll stammendes Altglas eingesetzt. Dies entspricht einer Verwertungsquote von etwa 55 Prozent. 1989 wurden 1,5 Millionen Tonnen Altpapier aus privaten Haushalten verwertet. Damit ist Altpapier der mengenmäßig bedeutendste Rohstoff für die deutsche Papierindustrie.

In den alten Ländern der Bundesrepublik Deutschland werden in 48 Großverbrennungsanlagen jährlich rund 9,3 Millionen

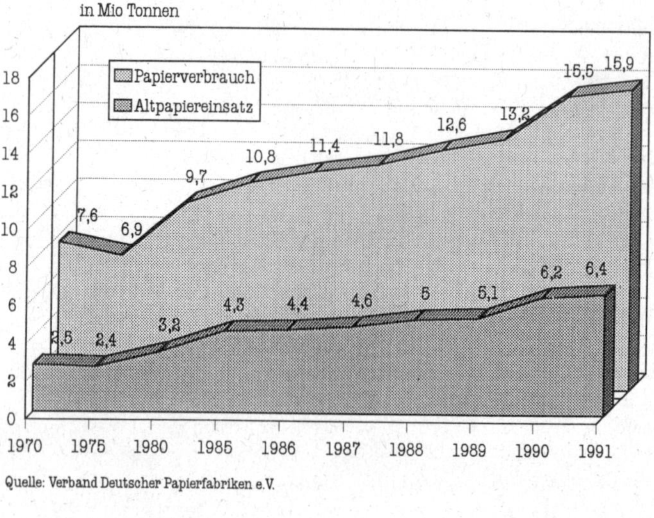

Quelle: Verband Deutscher Papierfabriken e.V.

Tonnen kommunale Abfälle verbrannt. Der Hausmüll von etwa 21 Millionen Einwohnern oder 34 Prozent der Gesamtbevölkerung wird auf diesem Weg entsorgt. In fast allen Anlagen wird die Verbrennungswärme genutzt. Der Beitrag der Müllverbrennung zur Einsparung von Primärenergieträgern ist mit rund 0,6 Prozent relativ gering, regional kann der Beitrag zur Elektrizitäts- und Fernwärmeversorgung jedoch eine beachtliche Größenordnung erreichen. In acht Großanlagen wird die Verbrennungswärme bei der Vorbehandlung und Trocknung von Klärschlamm für eine gemeinsame Abfall-Klärschlamm-Verbrennung eingesetzt.

Mehr als 86% der kommunalen Abfälle in den alten Ländern und nahezu 100% der Abfälle in den neuen Bundesländern wurden 1990 auf Deponien abgelagert. Diese Hausmülldeponien nehmen überwiegend feste Siedlungsabfälle wie Hausmüll, Sperrmüll, hausmüllähnliche Gewerbeabfälle sowie entwässerte Klärschlämme auf.

5.3 Entsorgung von produktionsspezifischen Abfällen und Sonderabfällen

Die nach dem Bundes-Immissionsschutzgesetz genehmigungsbedürftigen Produktionsstätten sind so zu errichten und zu betreiben, daß Reststoffe vermieden beziehungsweise verwertet werden. Falls die Vermeidung oder Verwertung von Reststoffen technisch nicht möglich oder unzumutbar ist, müssen Abfälle ordnungsgemäß entsorgt werden. Insgesamt kann zur Zeit nur grob geschätzt werden, in welchem Maße produktionsspezifische Reststoffe vermieden beziehungsweise verwertet werden, welches Vermeidungs- und Verwertungspotential also vorhanden ist.

Großbetriebe, in denen große Mengen von produktionsspezifischen Abfällen anfallen oder in denen bestimmte gleichförmige Abfallströme vorhanden sind, haben eigene Entsorgungsanlagen. Klein- und Mittelbetriebe, aber auch Großbetriebe mit geringen Abfallmengen, bedienen sich in der Regel Dritter zur Sammlung und Beförderung der Abfälle.

Nach derzeitigem Stand der Technik ist die Sonderabfallverbrennung die einzige großtechnisch verfügbare Methode, durch die eine Vielzahl von Abfällen unschädlich gemacht werden kann. Unter Berücksichtigung der sechs öffentlich zugänglichen

Sonderabfallverbrennungsanlagen betrug in den alten Ländern die Gesamtverbrennungskapazität 1988 rund 750.000 Tonnen. Jährlich besteht ein zusätzlicher Bedarf von etwa 1,1 bis 1,2 Millionen Tonnen Verbrennungskapazität.

Die Deponie ist ein zentraler und unverzichtbarer Baustein in jedem Entsorgungskonzept. Trotz aller Anstrengungen zur Vermeidung und Verwertung bleiben letztlich immer noch Abfälle übrig, die abgelagert werden müssen.

Zur Zeit werden in den alten Ländern der Bundesrepublik Deutschland dreizehn öffentlich zugängliche oberirdische Sonderabfalldeponien und zwei Untertagedeponien betrieben. Neben den öffentlich zugänglichen Sonderabfalldeponien gibt es eine Vielzahl betriebseigener Anlagen. Der Bau weiterer Deponien ist in Planung.

Die Abfallentsorgung auf Hoher See war in der Bundesrepublik Deutschland nach Ratifizierung der internationalen Abkommen von Oslo und London und dem Inkrafttreten des „Hohe-See-Einbringungsgesetzes" seit 1977 erlaubnispflichtig. Sie erfolgte in Form der Verklappung oder Verbrennung und wurde in den letzten Jahren kontinuierlich vermindert: Das Einbringen organisch belasteter Dünnsäure wurde bereits im Jahr 1982 vollständig eingestellt, die Verklappung von Klärschlamm 1983 und das Einbringen von Grünsalz aus der Titandioxid-Produktion 1984. 1989 wurde auch die Einbringung von Dünnsäure aus der Titandioxid-Produktion eingestellt.

Noch bis Oktober 1989 wurden chlorierte Kohlenwasserstoffe (CKW) aus der Bundesrepblik Deutschland auf Hoher See verbrannt, weil dafür an Land keine ausreichenden Entsorgungskapazitäten zur Verfügung standen. Die Verbrennung ist inzwischen eingestellt. Dies wurde durch konsequente Vermeidungs- und Verwertungsmaßnahmen möglich.

5.4 Grenzüberschreitende Abfallentsorgung

Die Entsorgung von Abfällen außerhalb der Staatsgrenzen ist nur zugelassen, wenn eine Entsorgung in der Bundesrepublik Deutschland nicht möglich ist. Da Entsorgungsanlagen im Inland fehlen, wurden 1991 1,15 Millionen Tonnen Abfälle exportiert. Davon waren 0,5 Mio Tonnen Sonderabfälle. Zugleich wurden 0,1 Mio Tonnen Abfälle importiert.

Die Umweltminister des Bundes und der Länder haben 1992 ein Maßnahmenpaket zur Eindämmung des Abfalltourismus vereinbart. Mit den beschlossenen Maßnahmen sollen Abfallexporte drastisch verringert und illegale Müllschiebereien wirksamer bekämpft werden können:

- keine zusätzlichen Genehmigungen für Hausmüllexporte,
- keine Genehmigungen von Abfall-Exporten in Staaten der Dritten Welt sowie in MOE- und GUS-Staaten,
- deutliche Verschärfung der behördlichen Überwachung von Anlagen, in denen Abfälle und Reststoffe anfallen,
- einheitliche Durchführung der Reststoffüberwachung, um Falschdeklarierungen zu verhindern,
- strikte Anwendung des Gewerberechts, um die Tätigkeit von „Abfallschiebern" zu unterbinden,
- Anwendung des objektiven Abfallbegriffs auf Stoffe, deren ordnungsgemäße Verwertung in den Importländern zweifelhaft ist,
- Einlösung von Rücknahmeforderungen der durch illegale Transporte betroffenen Empfängerländer durch die Bundesländer, aus denen die Stoffe exportiert wurden,
- durch Entbürokratisierung von Genehmigungsverfahren
- Beschleunigung des Ausbaus der Entsorgungsinfrastruktur.

Die Beschlüsse der Umweltminister und -senatoren der Länder waren deshalb so wichtig, weil der Vollzug der bestehenden gesetzlichen Regelungen ausschließlich Sache der Länder ist.

Über die vereinbarten Maßnahmen hinaus hat der Bund im Rahmen seiner Mitwirkungsmöglichkeiten veranlaßt, daß die Zoll- und Polizeibehörden im Rahmen ihrer Möglichkeiten bei der Überwachung derartiger Vorgänge mit den Ländern noch enger zusammenarbeiten.

Das Bundeskabinett hat im April 1993 die Entwürfe für ein Zustimmungs- und ein Ausführungsgesetz zum Baseler Übereinkommen beschlossen. Nachdem Einvernehmen über eine Abfallverbringungs-Verordnung der Europäischen Gemeinschaft erzielt wurde, kann nunmehr die Bundesrepublik Deutschland ihren internationalen Verpflichtungen als Zeichnerstaat des Baseler Übereinkommens und als Mitglied der Europäischen Gemeinschaft nachkommen.

Künftig sind Abfallexporte (nicht verwertbare Rückstände) in Länder außerhalb der EG und der EFTA verboten. Damit wird das mit den Bundesländern bereits vereinbarte „faktische Exportverbot" für Abfälle in Staaten, in denen eine geordnete Abfallentsorgung nicht gesichert ist, rechtlich verbindlich festgeschrieben. Sollte es dennoch zu illegalen Exporten kommen, so müssen die Verursacher bzw. falls diese nicht mehr zu greifen sind, ersatzweise die für Überwachung und Vollzug zuständigen Länder für die Rückführung sorgen.

Die noch bestehende „Grauzone" zwischen Abfall und Wirtschaftsgut wird beseitigt und eine klare Grenzlinie zwischen legalen und illegalen Vorgängen gezogen. Dazu werden auch zur Verwertung bestimmte Rückstände in die Verbots- und Überwachungs- und Kontrollregelungen einbezogen. Potentiell gefährliche Rückstände dürfen danach nicht mehr ohne Zustimmung der betroffenen Staaten grenzüberschreitend verbracht werden.

Exporteure müssen für jede Verbringung Sicherheit leisten, so daß bei einer notwendigen Rückführungsmaßnahme auf diese Sicherheitsleistung zurückgegriffen werden kann.

Es besteht eine Wiedereinfuhrpflicht bei gescheiterten oder illegalen Exportvorgängen. Für die Kosten muß dafür primär der Verursacher aufkommen. Falls dies nicht möglich ist, haften die für die Überwachung und für den Vollzug zuständigen Länder.

Informationen über grenzüberschreitende Verbringungen müssen gegenüber dem Sekretariat des Baseler Übereinkommens und den Mitgliedstaaten dieses Abkommens ausgetauscht werden. Dazu wird beim Umweltbundesamt in Berlin eine „Anlaufstelle" eingerichtet, die auch mit den Vollzugsbehörden der Länder zusammenarbeitet.

Künftig benötigen Makler von „Abfallexportgeschäften" eine Genehmigung der zuständigen Behörde. Hiermit soll „Abfallschiebern" das Handwerk erschwert werden.

Darüber hinaus werden zukünftig illegale Verbringungen von gefährlichen Abfällen und Reststoffen unter Strafe gestellt.

5.5 Zukünftige Maßnahmen

Die Abfallwirtschaftspolitik ist derzeit ein Schwerpunkt der Umweltpolitik. Der Bundesumweltminister plant weitere weitreichende Maßnahmen zur Abfallvermeidung und -verwertung.

Ziel der Maßnahmen ist es, die Verantwortung des Herstellers eines Produktes über den gesamten Lebenszyklus dieses Produktes einzufordern. Der Produzent wird somit veranlaßt, bereits bei der Produktplanung die Abfallproblematik mit einzubeziehen, also seine Produkte entsorgungsfreundlich zu konstruieren. Deshalb hat die Bundesregierung dem Entwurf eines Kreislaufwirtschafts- und Abfallgesetzes vorgelegt, das Entwicklungen in der Europäischen Gemeinschaft, der OECD und der UNO aufgreift.

Ressourcenschonung und Vermeidung von Abfällen sind das oberste Gebot des neuen Gesetzes. Industrie, Handel und Verbraucher müssen künftig Rückstände weitestgehend vermeiden und unvermeidbare Rückstände verwerten, d. h. als Sekundärrohstoffe in den Wirtschaftskreislauf zurückführen. Dies hat Vorrang vor der Abfallentsorgung. Nichts soll zu Abfall werden, was noch als Sekundärrohstoff verwertet werden kann.

Das Gesetz erfaßt alle Rückstände, die bei Produktion und Konsum anfallen. Rückstand ist der Zentralbegriff des neuen Gesetzes. Unter **Abfall** werden künftig nur noch solche **Rückstände** verstanden, die nicht mehr als **Sekundärrohstoff** im Wirtschaftskreislauf verwertet werden können.

Die umweltverträgliche Kreislaufwirtschaft soll sich an der **Rangfolge** „Vermeidung – stoffliche Verwertung– energetische Verwertung – Abfallbehandlung und Abfallentsorgung“ ausrichten. Diese Rangfolge kann verändert werden, wenn beispielsweise eine stoffliche Verwertung technisch unmöglich, ökologisch unsinnig oder wirtschaftlich unzumutbar ist.

Zur Förderung dieser umweltverträglichen Kreislaufwirtschaft sind insbesondere **Stoffbilanzen** aufzustellen (d. h. Bilanz des Verbleibs der Rückstände: Wie entwickeln sich Art und Menge der Gesamtrückstände? – Wo und wie werden sie als Sekundärrohstoffe verwertet? – Wieviel Abfall ist übriggeblieben?).

Die Verwertungs- und Entsorgungsaufgaben können durch **Verbände und Selbstverwaltungskörperschaften** (Kammern, z. B. Industrie- und Handelskammern, Handwerkskammer) der Wirtschaft übernommen werden. Diese dürfen sich auch sach- und fachkundiger Spezialfirmen bedienen.

Das Gesetz fordert Hersteller und Vertreiber zur neuer **Produktverantwortung** auf, damit umweltverträgliche Produkte entwickelt, produziert und Stoffkreisläufe geschlossen werden. Um diese Ziele durchzusetzen, wird die Bundesregierung ermächtigt, durch Rechtsverordnungen – wie bisher – **Rückgabe- und Rücknahmepflichten** einzuführen. Die Kosten dazu sollen sich im Preis der Produkte widerspiegeln.

Das Gesetz unterstreicht die Verpflichtung, **Abfälle** innerhalb des Bundesgebietes zu entsorgen.

6. Zur Lösung der Probleme: Die gezielte Information

Probleme, wie sie im Bereich der Abfallwirtschaft auftreten, können auf Dauer nur dann erfolgreich gelöst werden, wenn sie als gemeinsame Aufgabe von Staat, Wirtschaft und Bürger verstanden werden. Hier ist es Aufgabe des Staates, Ziele zu setzen und Handlungshilfen sowie Informationen für die Problemlösung anzubieten. In diesem Prozeß kommt dem Umweltbundesamt eine wichtige Funktion zu. Seine Aufgabe ist es, Informationen zu sammeln und aufzubereiten, Probleme wissenschaftlich zu analysieren und die Ergebnisse der Bundesregierung, aber auch der Wirtschaft und interessierten Bürgern zu Verfügung zu stellen. Im Rahmen dieser Zielsetzung hat das Umweltbundesamt den Auftrag, für länderübergreifende Fragen der Abfallwirtschaft Daten zu speichern und die benötigten Informationen öffentlichen und privaten Benutzern zugänglich zu machen. Die besondere Aufmerksamkeit ist hier neben den vorrangigen Zielen der Abfallvermeidung auf die Rückgewinnung von Wertstoffen aus Abfällen gerichtet.

Das Umweltbundesamt hat daher von vielen Firmen auf freiwilliger Basis unter Mitarbeit von Industrie- und Handelskammern sowie Handwerkskammern und Verbänden Informationen und Daten zusammengetragen, um Interessenten, im wesentlichen aus dem Bereich der gewerblichen Wirtschaft, Aufschluß zu geben über die Möglichkeiten, Abfallstoffe aus der Produktion wiederzuverwerten. Es werden folgende Informationen angeboten:

- Hinweise für Abfallerzeuger, die Möglichkeiten einer Weiterverwendung oder Verwertung der entstandenen Rückstände auszuschöpfen.

- Stand der gebräuchlichen Recycling-Verfahren, die der Neuplanung oder Umstellung von Produktionsverfahren dienen können.
- Art und Beschaffenheit einzelner Abfallarten und ihre Verwertungs- oder Beseitigungsmöglichkeiten.

Den Zugriff zu den Informationen erhält der Benutzer über die **Abfallwirtschaftsdatenbank AWIDAT** mit ihren Dateien **„Abfallarten"** (Bezeichnung, Herkunft und Zusammensetzung der Abfälle, Eigenschaften und Behandlungsmöglichkeiten), **„Verwertern"** (Art und Leistungsumfang der Verwerterbetriebe) und **„Technologie"** (Verfahren der Abfallbehandlung).

Interessenten können zu den einzelnen oben genannten Stichworten Listenausdrucke beim Umweltbundesamt anfordern, außerdem sind die wesentlichen Informationen bereits in dem vom Umweltbundesamt herausgegebenen

- Handbuch der Verwerterbetriebe
- Recycling-Handbuch

verfügbar.

Speziell für den PC hat das Umweltbundesamt die Datenbank „ÖKOBASE" entwickeln lassen, die umfangreiche Informationen auch aus dem Bereich der Abfallwirtschaft enthält und gegen eine geringe Gebühr jedermann/frau zur Verfügung gestellt wird.

Daneben finden sich in den zahlreichen Veröffentlichungen des Umweltbundesamtes weitere Informationen zur Fragen der Abfallwirtschaft. Ein entsprechendes Publikationsverzeichnis gibt es kostenlos beim Umweltbundesamt.

7. Gesucht: Neue Ideen
(Forschungs- und Entwicklungstendenzen)

Die Vermeidung von Abfällen bei Produzenten und Verbrauchern ist heute vorrangiges Ziel der Abfallwirtschaftspolitik; die nicht vermeidbare Abfälle sollen so weit wie möglich verwertet, und nur der nicht verwertbare Rest muß kontrolliert beseitigt werden.

Die Entstehung von Abfällen wird am besten vermieden, wenn bereits bei der Gestaltung und Entwicklung von Produkten alle konstruktiven und werkstofftechnischen Möglichkeiten genutzt werden, um Material und Energie zu sparen, die Nutzungsdauer zu steigern und die Rückgewinnung und Verwertung gebrauchter Werkstoffe oder Bauteile zu erleichtern. Ingenieure und Konstrukteure, Forscher und Designer, Handwerker und Unternehmer sind aufgefordert, „abfallwirtschaftlich" zu denken, „recyclinggerecht" zu konstruieren und rohstoff- und energiesparend zu produzieren!

Reparatur- und Wartungsfreundlichkeit, Langlebigkeit durch die Verwendung leicht austauschbarer Bauteile und der Einsatz von Sekundärwertstoffen (z. B. Altglas und Altpapier) sollten die wichtigsten Merkmale künftiger Produktentwicklungen sein; auch die Kaufentscheidungen der Verbraucher müssen sich an diesen Kriterien immer stärker orientieren.

Die Bundesregierung fördert diese Entwicklung nicht nur durch Zielvorgaben, die Vermittlung von Informationen und die Ausschreibung von Wettbewerben, sondern auch durch die Bereitstellung umfangreicher Forschungsmittel.

8. Auch auf den Bürger kommt es an

Ein wirksamer Beitrag zum Umweltschutz im Bereich der Abfallwirtschaft kann aber nur geleistet werden, wenn auch die große Mehrheit unserer Mitbürger die Ziele der Abfallwirtschaftspolitik der Bundesregierung mitträgt.

Heute schon lassen sich zahlreiche Beispiele dafür anführen, das „Wegwerfmentalität" und „Ex- und hopp"-Praktiken nicht mehr geschätzt sind und der Vergangenheit angehören. Meinungsumfragen bestätigen immer wieder, daß das Umweltbewußtsein in der Bevölkerung der Bundesrepublik Deutschland hoch ist und daß eine Mehrheit der Befragten bereit ist, für den Umweltschutz auch persönliche Opfer zu bringen.
Dieses zeigt sich zum Beispiel bei der

- aktiven Mitwirkung an Sammelaktionen (z. B. für Altglas und Altpapier)
- unerwartet großen Menge gesammelten Verpackungsabfalls beim Dualen System

- der Bevorzugung von Mehrwegverpackungen (z. B. Mehrwegflasche) gegenüber Einwegverpackungen dort, wo Mehrwegsysteme noch oder wieder angeboten werden und bei der
- wachsenden Nachfrage nach umweltfreundlichen und energiesparenden Produkten.

Das vorhandene Umweltbewußtsein wird sich noch stärker als bisher in umweltbewußtes Handeln und Verhalten umsetzen können, wenn konkrete Handlungsalternativen unterbreitet werden und der Bürger darüber aufgeklärt ist.

Ein solches Handlungsangebot hat die Bundesregierung mit dem „Umweltzeichen" geschaffen, das den Bürger auf umweltfreundliche Produkte und Produktionsverfahren aufmerksam machen und damit die Markteinführung solcher Produkte fördern soll. Das „Umweltzeichen" wird von einer unabhängigen „Jury Umweltzeichen" für Produkte verliehen, die sich im Vergleich zu anderen, demselben Gebrauchszweck dienenden Produkten durch besondere Umweltfreundlichkeit auszeichnen, ohne daß dadurch ihre Gebrauchstauglichkeit oder Sicherheit beeinträchtigt wird. Das Zeichen besteht aus dem Umweltemblem der Vereinten Nationen und enthält jeweils in einer Umschrift die Begründung für die Art der Umweltfreundlichkeit.

Die ersten Umweltzeichen wurden am 5. Juni 1979, dem internationalen „Tag der Umwelt", verliehen, und seit Herbst 1979 sind Umweltzeichen-Produkte im Handel. Von den abfallwirtschaftlich besonders relevanten Produkten wurden z. B. ausgezeichnet:

- Mehrwegflaschen,
- die Altglas-Sammelcontainer-Aktion,
- runderneuerte Reifen,
- Hygiene-Krepp aus Altpapier
- Schreib- und Druckpapiere aus Altpapier
- Tapeten und Rauhfaser aus Papier-Recycling.

Das Umweltzeichen hilft nicht nur dem privaten Verbraucher, selbst einen Beitrag zum Umweltschutz zu leisten, sondern ist auch für die Beschaffungsstellen der öffentlichen Verwaltung eine wichtige Entscheidungshilfe bei der Vergabe von Aufträgen; auch die öffentliche Hand soll künftig die mit dem Umweltzeichen ausgezeichneten Produkte verstärkt nachfragen.

Der umweltbewußte Bürger hat darüber hinaus zahlreiche weitere Möglichkeiten, umweltbewußt und „abfallwirtschaftlich" zu handeln: „Abfallvermeidung" kann bereits beim Einkauf praktiziert werden, indem eine Einkaufstasche mitgebracht und auf Einwegverpackungen so weit wie möglich verzichtet wird; Mehrwegverpackungen sollte immer der Vorzug vor Einwegverpackungen gegeben werden!

Auch „Abfallverwertung" kann im Haushalt viel mehr praktiziert werden als bei oberflächlicher Betrachtung möglich erscheint. Für Glasabfälle gibt es den Altglascontainer. Verpackungsabfälle gehören in die dafür vorgesehenen Sammelbehälter. Altpapier, Textilien, Schuhe usw. sind begehrte Artikel bei den Sammelaktionen, die von zahlreichen caritativen Organisationen regelmäßig durchgeführt werden; wer nicht auf einen Abholtermin warten möchte, kann diese Stoffe auch selbst bei den entsprechenden Annahmestellen dieser Organisationen vorbeibringen.

Wer einen Garten besitzt oder Haustiere hält, kann die organischen (Küchen-)Abfälle gut verwerten: indem er einen Komposthaufen anlegt und hochwertigen organischen Dünger daraus gewinnt, oder indem er die Küchenabfälle – soweit möglich – direkt an die Haustiere verfüttert. Vielerorts können auch unabhängig vom eigenen Garten „Biotonnen" und „Grüncontainer" für organische Abfälle genutzt werden.

Durch alle diese Maßnahmen kann die Menge der nicht verwerteten, zur Beseitigung anstehenden Abfälle erheblich vermindert werden. Die ordnungsgemäße Beseitigung ist durch die regelmäßige Haus- und Sperrmüllabfuhr gewährleistet.

9. Herr Wiesenhuber schlägt zurück ...

Wir haben unsere Betrachtung mit Herrn Wiesenhubers morgendlichen Überlegungen begonnen, wir wollen sie mit Familie Wiesenhubers zwischenzeitlich gewonnenen Erkenntnissen abschließen. Nachdem sich Herr Wiesenhuber lange genug über die vollen morgendlichen Mülltüten (Sie erinnern sich?) geärgert hatte, begann er zu überlegen, wie er dem Müllproblem beikommen konnte. Bei diesen Überlegungen ärgerte er sich aber dann gleich nochmal, als er nämlich herausfand, wie teuer ihn all dieser Müll zu stehen kam: Die Verpackungskosten, die Gebühren für den „Grünen Punkt“ . . . Und dazu noch die nicht geringen Müllabfuhr-Gebühren. Unglaublich, was diese Wegwerfmentalität ihm an Kosten aufbürdete. Und so beschloß er, aber auch seine ganze Familie, zu handeln. Das Sofortprogramm der Wiesenhubers war einfach und . . . wirksam und bestand aus fünf Grundregeln:

1. Abfallvermeidung hat Vorrang vor Abfallverwertung und -beseitigung.
2. Statt Einwegverpackungen soweit wie möglich Mehrweg-/Pfandbehältnisse (z. B. Pfandflaschen) verwenden.
3. Beim Einkaufen auf umweltfreundliche Produkte achten. Man erkennt sie auch am Umweltzeichen.
4. Verwertbare Abfälle wie Papier, Altglas und gebrauchte Verpackungen getrennt sammeln und in die entsprechenden Sammelbehälter werfen.
5. Problemfälle wie Lösemittel-, Arzneimittel- und andere umweltbelastende Chemieabfälle nicht in den Hausmüll, sondern in die Problemabfallsammlung geben. Das gilt auch für Batterien.

WÖRTERBUCH* ABFALL** UND UMWELT

Verwendete Abkürzungen:

BGBL	=	Bundesgesetzblatt
i. a.	=	im allgemeinen
i. d. R.	=	in der Regel
i. S.	=	im Sinne
RGBL	=	Reichsgesetzblatt
u. a.	=	unter anderem
u. ä.	=	und ähnliches(m)
u. U.	=	unter Umständen
z. B.	=	zum Beispiel
z. T.	=	zum Teil
z. Z.	=	zur Zeit

---

*fettgedruckte Wörter verweisen auf weitere Stichwörter

**dort, wo es erforderlich schien, wurden auch Begriffe aus der Wasserwirtschaft in dieses Taschenbuch übernommen

Patente, Gebrauchsmuster und Warenzeichen werden nicht als solche ausgewiesen. Bestehende Verwertungsrechte u. ä. werden nicht erwähnt. Die Angabe von Markennamen, Herstellern u. a. erfolgt stets nur beispielshalber.

Abbau

Bezeichnung für den Zerfall von chemischen Substanzen zu einfacheren Molekülen durch physikalische (Licht, Wärme u. a.), chemische (z. B. durch **Hydrolyse**) und/oder biologische (z. B. durch **Mikroorganismen**) Prozesse. A.-Prozesse spielen in allen Bereichen der **Abfall-Behandlung** (**Deponie, Abfall-Verbrennung, Kompostierung** u. a.) eine wichtige Rolle, da z. B. die A.-Produkte (z. B. Wasser, Kohlendioxid, Methan) dem natürlichen Stoffkreislauf entsprechen. Es können jedoch auch Schadstoffe beim A.-Prozeß freigesetzt werden. So entsteht bei der Abfall-Verbrennung von z. B. PVC in erheblicher Menge umweltbelastende Salzsäure und in Spuren – aber von der Giftwirkung bedeutend – ein unterschiedliches Gemisch giftiger **chlorierter Kohlenwasserstoffe** (z. B. Phosgen, PCB).

→ **Kläranlage, Mikrobieller Abbau**

Abfall

Bewegliche Sachen, deren sich der Besitzer entledigen will oder deren geordnete Beseitigung zur Wahrung des Wohls der Allgemeinheit insbesondere des Schutzes der Umwelt notwendig ist. Abfallarten sind z. B. die kommunalen Abfälle (**Hausmüll, Sperrmüll**), **Gewerbeabfälle, Klärschlamm, tierische Reststoffe, Altreifen, Autowracks** und die **Sonderabfälle**. Der A. besteht aus verwertbaren Bestandteilen (**Wertstoffen**) und nicht verwertbaren Stoffen (Restmüll). Wichtige **Abfall-Behandlung**sarten sind die Ablagerung (Deponie), die **Abfall-Verbrennung**, die **Kompostierung** und die **Abfall-Verwertung**.
Die ordnungsgemäße Entsorgung von Abfällen wird im **Abfallgesetz** geregelt.

Abfallablagerung

Entsorgung von Abfällen auf **Deponien**.
Nach dem Wasserhaushaltsgesetz dürfen Abfälle nur so gelagert oder abgelagert werden, daß eine schädliche Verunreinigung des Grundwassers oder eine sonstige Veränderung seiner Eigenschaften nicht zu befürchten ist. Die heute übliche kontrollierte A. findet auf obertägigen Deponien statt. Abgelagert werden unbehandelte **Siedlungsabfälle** wie **Hausmüll, Sperrmüll, hausmüllähnliche Gewerbeabfälle**, aber auch **Sonderabfälle, Klär-**

schlämme sowie Rückstände aus Abfall-Verbrennungsanlagen, und chemisch-physikalisch-biologischen Behandlungsanlagen. Die Grundsätze, die bei der A. auf Deponien zu beachten sind, sind im **Abfallgesetz** festgelegt. Ein Sonderfall der A. ist die Ablagerung in **Unter-Tage-Deponien**.

Abfall-Ablagerung auf der Deponie

Abfall-Arten

Nach dem **Abfallgesetz** vom 27. August 1986 (BGBl. I S. 1410, ber. S. 1501) gibt es folgende A.:

- Abfälle aus Haushaltungen
- Abfälle, die nach ihrer Art und ihrer Menge nicht mit den in Haushaltungen anfallenden Abfällen beseitigt werden können.
- Abfälle aus gewerblichen oder sonstigen Unternehmen, die nach Art, Beschaffenheit oder Menge in besonderem Maße gesundheits-, luft- oder wassergefährdend, explosibel oder

brennbar sind oder Erreger übertragbarer Krankheiten enthalten oder hervorbringen können (§ 2 Abs. 2 AbfG).

Der Begriff **„Sonderabfall"** wird im Gesetz genausowenig verwendet, wie die Begriffe „Müll" oder „Hausmüll". Neben der Unterteilung nach dem Abfallbeseitigungsgesetz lassen sich A. nach ihrer Herkunft (kommunale Abfälle, Gewerbeabfälle, landwirtschaftliche Abfälle, Industrieabfälle), nach ihrer Art (**Sperrmüll, Klärschlamm, Altreifen, Autowracks, Altöl**), nach der Zusammensetzung (mineralische Abfälle, organische Abfälle u. a.), nach dem Zustand (feste, flüssige oder schlammige Abfälle) und nach der Behandlungsmöglichkeit (**Hausmüll**, hausmüllähnliche Abfälle, Sonderabfälle, inerter Abfall) unterteilen.

→ **Abfall-Aufkommen, Abfallwirtschafts-Datenbank, Container-Sammlung, Informationsschrift „Abfallarten"**

Abfallartenkatalog

Von der Länderarbeitsgemeinschaft Abfall (LAGA) in Abstimmung mit dem Bundesminister für Umwelt, Naturschutz und Reaktorsicherheit in 3. überarbeiteter Auflage herausgegebener Katalog über Abfälle und deren Herkunft. Im A. sind etwa 900 Abfallarten erfaßt. Der A. dient als Grundlage einer einheitlichen Begriffsbestimmung, Systematik, Beschreibung und Bewertung. Der neue A. berücksichtigt die novellierte **Abfallbestimmungs-Verordnung**, die **Reststoffbestimmungs-Verordnung** und die **TA-Abfall, Teil 1 (Sonderabfall)**.

Der A. ist nach einem gemischten System gegliedert, das sich vorwiegend auf die Eigenschaften wie die Zusammensetzung und den Aggregatzustand sowie auf die Herkunft der Abfallarten bezieht. Den Abfallarten sind Schlüsselnummern nach übergeordneten Sortierbegriffen zugeordnet. Die Angaben über die Herkunft der Abfallarten haben beispielhaften Charakter. Sie dienen als zusätzliche Hilfe für die Beschreibung der Abfallarten. Für die besonders überwachungsbedürftigen Abfälle, die gemäß § 11 Abs. 3 **Abfallgesetz** nachweispflichtig sind, wurden Entsorgungswege als Orientierungshilfen mit aufgenommen. Seine Hauptanwendungsbereiche sind die Deklarierung von Abfällen im Rahmen der Abfall- und Reststoffüberwachungs-Verordnung, die Zulassung von Abfallentsorungsanlagen (Zulassung bestimmter Abfälle zu den Anlagen) sowie die **Abfallstatistik** nach dem Um-

A

weltstatistikgesetz. Die 3. Auflage wurde 1991 in der **„Informationsschrift Abfallarten“** veröffentlicht.

Abfall-Aufarbeitung

Herstellung von verwertbaren und verkaufsfähigen Zwischen- und Fertigprodukten aus **Abfällen** mit Verfahren bzw. Maschinen mechanischer Aufbereitungstechnik.

Bei der A. von **kommunalen Abfällen** unterscheidet man Verfahren zur Materialrückgewinnung, zur Gewinnung von Bodenverbesserungsmitteln (z. B. **Kompost**) und zur Gewinnung von Brennstoffen (z. B. **BRAM**).

Wesentliche Verfahrensschritte sind Zerkleinern, Sieben, Sichten, Sortieren, ggf. Trocknen und Brikettieren. Die einzelnen Verfahren unterscheiden sich in Anzahl und Kombination dieser Verfahrensschritte sowie in der maschinen-technischen Ausführung.

Abfall-Aufkommen

Gesamtmenge des in einem bestimmten Zeitabschnitt (Kalenderjahr) anfallenden **Abfalls**. Nach den amtlichen Erhebungen im öffentlichen Bereich, im produzierenden Gewerbe und in Krankenhäusern betrug das gesamte Abfallaufkommen auf der Grundlage der Erhebung von 1990 297 Mio. Tonnen, 1991 wurden 345 Mio. Tonnen erfaßt.

Im Jahre 1990 setzte sich das A. wie folgt zusammen:

Produktionsspezifische Abfälle aus Industrie und Gewerbe	123 Mio. t
(davon Sonderabfälle: 11 Mio. t)	
Hausmüll, hausmüllähnliche **Gewerbeabfälle**, **Sperrmüll**	52 Mio t
Bodenaushub, Bauschutt	113 Mio. t
Klärschlamm (Trockenmasse)	4 Mio. t

→ **Abfall-Behandlung, Abfall-Bewußtsein, Abfall-Verringerung, Müll-Lawine, Verpackungsverordnung**

Abfälle aus der Lebensmittelindustrie

Abfälle aus der Verarbeitung tierischer und pflanzlicher Produkte sowie der Herstellung alkoholischer Getränke. Art und Menge der Abfälle sind branchenspezifisch unterschiedlich. Sie setzen sich zum überwiegenden Teil aus den organischen Reststoffen aus der Landwirtschaft sowie aus betrieblichen Hilfsstoffen zusammen. Die Entsorgung bzw. Verwertung fester Reststoffe erfolgt herkömmlich im Tierfutter und Düngemittelbereich. Einige feste Abfälle wie z. B. Filterhilfsmittel, bestimmte Flotate aus dem Abwasser sowie ein Großteil des Überschußschlammes aus biologischen Reinigungsstufen müssen deponiert werden. Umweltrelevante Abfälle der Lebensmittelindustrie sind z. B. Kieselgur aus Brauereien und der Fruchtsaftindustrie, Klärhilfsmittel aus Winzereien, Rübenschnitzel aus der Zuckerindustrie, Abfälle aus Schlacht- und Fleischverarbeitungsbetrieben.

Abfall-Behandlung

Bezeichnung für Verfahren und Handlungsweisen der **Abfallwirtschaft**, die einer umweltschonenden **Abfall-Ablagerung** oder **Abfall-Verwertung** dienen. Im Interesse des Umweltschutzes und der Schonung der Ressourcen sollten **Abfälle**, soweit sie nicht zu vermeiden sind (**Abfall-Verringerung**) verwertet werden. Der überwiegende Teil der nicht verwertbaren Abfälle muß zukünftig vor seiner Ablagerung auf Deponien behandelt werden, um die Anforderungen an die Qualität der abzulagernden Abfälle zu erfüllen (Festlegungen in der **TA Abfall**).

Abfall-Bestimmungsverordnung

Die Verordnung zur Bestimmung von Abfällen nach § 2 Abs. 2 des **Abfallgesetzes** vom 24. Mai 1987 (BGBl. I S. 773) hat zum Ziel, eine Gruppe besonders überwachungsbedürftiger Abfälle, den sog. „harten Kern der **Sonderabfälle**", bundeseinheitlich einer verschärften Überwachung zuzuführen.

Die betreffenden Abfälle sind in der Anlage zur Verordnung benannt und hinsichtlich ihrer Eigenschaften und Herkunft bezeichnet.

Auf Abfälle, insbesondere auf den § 2 Abs. 2 AbfG bezogen, bestehen u. a. folgende besondere Pflichten:

- die Pflicht zur Bestellung von **Betriebsbeauftragten für Abfall** für Anlagen, die diese Abfälle erzeugen;
- die Pflicht der Länder „vorläufige" **Abfall-Entsorgungspläne** für diese Abfälle aufzustellen (§ 6 Abs. 3 AbfG);

– eine besondere Pflicht der zuständigen Behörden zur Auskunftserteilung über geeignete Entsorgungsmöglichkeiten.

Abfall-Bewußtsein

Das Umweltproblem „Abfall“ wird auf Dauer nur dann befriedigend gelöst werden können, wenn alle Möglichkeiten von **Abfallvermeidung und Abfallverwertung** ausgeschöpft werden. Dieses setzt ein breites A. bei Produzenten und Konsumenten gleichermaßen voraus. Nicht zuletzt durch eine intensive Auflärungsarbeit der Bundesregierung (z. B. Abfall-Kampagne des Bundesumweltministers „Mensch, mach Müll-Diät“) wie auch der mit Abfallfragen befaßten Behörden in den einzelnen Bundesländern ist das A. in den letzten Jahren gewachsen. Jetzt muß es darum gehen, das bei vielen Bürgern vorhandene A. in abfallbewußtes Handeln zu überführen.

→ **Umweltbewußtsein**

Abfall-Börse

Ziel der A. ist die Bereitstellung von Informationen für Abfallerzeuger und Abfallverwerter, um ein technisches und wirtschaftliches **Recycling** zu ermöglichen.

Potentielle Abfallverwerter sollen informiert werden, wo und in welchen Mengen verwertbare Rückstände erzeugt und abgegeben werden. Umgekehrt soll der Abfallerzeuger wissen, wo an anderer Stelle für die bei ihm anfallenden **Reststoffe** eine Nachfrage besteht. Die Vermittlung der Angebote und Nachfragen übernehmen chiffriert die A. des Deutschen Industrie- und Handelstages und des Verbandes der Chemischen Industrie.

Seit 1980 ist die DIHT-Abfallbörse auch Koordinator der A. im benachbarten Ausland.

Abfall-Entsorgung

Abfälle sind solche **Rückstände**, die nicht als **Sekundärrohstoffe** verwertet werden können. Das Entsorgen der Abfälle umfaßt das Einsammeln, Transportieren, Behandeln und Ablagern. Rückstände sind den Entsorgungspflichtigen zu überlassen. Das sind in der Regel die nach Landesrecht zuständigen Körperschaften des öffentlichen Rechts. Die Länder stellen dazu **Abfallentsorgungspläne** auf. Die Behandlung und Ablagerung der Abfälle erfolgt in dafür zugelassenen Abfallentsorgungsanlagen. Die Behandlung der Abfälle soll so geschehen, daß wiederverwertbare Stoffe in den Wirtschaftskreislauf zurückgeführt werden. Damit kann die abzulagernde Menge verringert werden. Die Abfallbehandlung soll auch das Schadstoffpotential in den Abfällen vermindern.

→ **Kreislaufwirtschafts- und Abfallgesetz; Wirtschaftskreislauf**

Abfallentsorgung an öffentlichen Anlagen

	1980	1984	1987	1990
Abfallmengen in Mio. t/a	82,7 (–)	86,1 (–)	99,5 (–)	144,3 [104,8] (39,5)
darunter an **Deponien**	89,4% (–)	89,9% (–)	88,9% (–)	90,3% [86,7%] (99,6%)
Verbrennungsanlagen	7,8% (–)	8,8% (–)	8,5% (–)	5,8% [8,0%] (0,2%)

Abfallentsorgung im Produzierenden Gewerbe und in Krankenhäusern

	1980	1984	1987	1990
In betriebseigenen Anlagen entsorgte Abfallmengen in Mio. t/a	42,0	34,9	35,7	41,7 [31,7] (10,0)
davon in **Deponien**	90,8%	87,7%	87,7%	89,5% [87,8%] (94,6%)
Verbrennungsanlagen	9,2%	12,3%	12,3%	10,5% [12,9%] (5,4%)
An weiterverarbeitende Betriebe oder den Altstoffhandel abgegebene Reststoffe in Mio. t/a	26,4	32,0	43,7	63,5 [56,5] (7,1)

Quelle: Statistisches Bundesamt

Angaben in [ ]: seit 1990 früheres Bundesgebiet, in ( ): Gebiet der ehem. DDR

A

Abfallentsorgung auf See

Abfälle werden nicht nur an Land entsorgt, sondern noch immer in erheblichen Mengen mit Schiffen in die Hohe See eingebracht. Für den Bereich der Nordsee und des Nordost-Atlantiks geht diese Praxis allerdings ihrem Ende zu. Im September 1992 wurde in Paris von 13 Anrainer-Staaten beschlossen, die A. grundsätzlich zu verbieten. Nur Großbritannien darf bis 1998 weiterhin **Klärschlämme** in die Hohe See verbringen. Eine weitere Ausnahme gestattet Frankreich und Großbritannien bis zum Jahr 2008 – wenn auch stark kontrolliert – radioaktive Abfälle in einem bestimmten Meeresgebiet zu versenken. Deutschland hat die Abfallbeseitigung in und an der Hohen See bereits 1989 vollständig eingestellt.

→ **Abfallverbrennung auf See**

Abfall-Entsorgungspflicht

Die A. entscheidet die Frage, wer **Abfälle** beseitigen muß. Sie ist im **Abfallgesetz** (§ 3) geregelt. Die A. haben i.d.R. die Landkreise oder kreisfreien Städte, teilweise auch die Gemeinden. Die Zuständigkeiten sind in den Landesabfallgesetzen oder besonderen Zuständigkeitsverordnungen geregelt. Bestimmte Abfälle (sog. **Sonderabfälle**) können von der A. der Körperschaften ausgenommen werden. **Hausmüll** und vergleichbare Abfälle muß die entsorgungspflichtige Körperschaft in jedem Fall beseitigen. Die praktische Durchführung der Entsorgung kann privaten Unternehmen übertragen werden. Mehr als 50% der kommunalen Abfälle werden (1990) von solchen Firmen entsorgt. Für die Entsorgung von Sonderabfällen ist der Besitzer verantwortlich.

Abfall-Entsorgungspläne

Ein wesentliches Instrument für die Organisation der **Abfall**entsorgung ist die Abfallentsorgungsplanung. In § 6 **Abfall-Gesetz** wurde deshalb festgelegt, daß die Länder A. nach überörtlichen Gesichtspunkten aufzustellen haben. In den A. müssen geeignete Standorte für **Abfall-Entsorgung**sanlagen festgelegt werden, wobei sogenannte **Sonderabfälle** besonders zu berücksichtigen sind. Die Pläne der Länder müssen aufeinander abgestimmt werden. Für die Erstellung der Pläne wurde vom Gesetzgeber keine Frist vorgegeben, so daß eine vollständige Abfall-Entsorgungsplanung bis zum heutigen Zeitpunkt noch nicht vorliegt. Die bisher von den Bundesländern erstellten Pläne weichen erheblich voneinander ab.

Abfall-Exporte → Grenzüberschreitende Abfallentsorgung

Abfallgesetz

Die am 10. 6. 1972 als Abfall-Beseitigungsgesetz verkündete Vorschrift diente zunächst nur der bundeseinheitlichen Neuordnung und Sanierung der Abfallentsorgung.
Wesentlicher Gegenstand des AbfG, das auf der Basis von bereits bestehenden Landesabfallgesetzen entstand, war eine grundlegende Neuordnung und Sanierung der Abfallbeseitigung mit dem Schwerpunkt **Hausmüll**beseitigung. Das AbfG regelt:

- wer (Beseitigungspflicht § 3 AbfG)
- was (Abfallbegriff § 1 AbfG)
- wie (Grundsatz der Abfallentsorgung § 2 Abs. 1 AbfG)
- wo (Anlagenzwang § 4 Abs. 1 AbfG)

beseitigen darf oder muß.
Genehmigungspflichtig ist neben der Einfuhr (Abfall-Einfuhrverordnung) auch die Abfallausfuhr und der Transit von Abfällen.
Daneben wurde die Bundesregierung in § 2 Abs. 3 zum Erlaß einer Verordnung zur Überwachung von Stoffen ermächtigt, die als Reststoffe verwertet werden sollen, soweit es sich um umweltgefährdende Stoffe handelt.
In dem am 1. November 1986 in Kraft getretenen neuen Gesetz über die Vermeidung und Entsorgung von Abfällen (Abfallgesetz – AbfG) vom 27. August 1986 (BGBl. I S. 1410, ber. S. 1501) werden erstmals Grundsätze einer modernen Abfallwirtschaftspolitik verankert:
Abfälle sind möglichst schon im industriellen und gewerblichen Bereich zu vermeiden. Dennoch anfallende Abfälle sind mit Vorrang vor herkömmlichen Verfahren der Abfallbeseitigung zu verwerten – nicht vermeid- und verwertbare Abfälle sind schadlos zu „beseitigen“.
Zur Durchsetzung von Maßnahmen zur **Abfallvermeidung**, insbesondere im Bereich schadstoffhaltiger Abfälle, kann die Bun-

desregierung geeignete Regelungen auf dem Verordnungswege treffen (§ 14). Darüber hinaus bestehen nach dem Bundes-Immissionsschutzgesetz (§ 5 Abs. 1 Nr. 3) bereits Verpflichtungen, Reststoffe zu vermeiden oder zu verwerten.
Der Vorrang der Abfallverwertung ist an bestimmte Randbedingungen geknüpft: Abfälle sind dann zu verwerten, wenn dies technisch möglich ist, die herbei entstehenden Mehrkosten im Vergleich zu anderen Verfahren der Entsorgung nicht unzumutbar sind und für die gewonnenen Stoffe oder Energie ein Markt vorhanden ist oder insbesondere durch Beauftragung Dritter geschaffen werden kann.
Das Abfall-Gesetz wird durch Zielvorgaben (z. B. bestimmte Verwertungsquoten) sowie zahlreiche Verordnungen ergänzt (z. B. Reststoffüberwachungs-Verordnung, **Abfall-Bestimmungsverordnung**, → **Abfallverbrennunganlagenverordnung**, **Klärschlammverordnung**, **Verpackungsverordnung**). 1993 hat die Bundesregierung beschlossen, das Abfallrecht in einem Kreislaufwirtschaftsgesetz grundlegend neu zu regeln.
→ **Abfall-Recht**

Abfall-Lagerung

Zeitlich befristete Aufbewahrung (Lagerung) von Abfällen, mit dem Ziel, die Abfälle zu verwerten oder anderweitig zu entsorgen. Im Unterschied dazu ist die Ablagerung in **Deponien**, die zeitlich unbefristete Lagerung (auf Dauer).
Lager, in denen die Lagerzeit kurz ist, werden als **Zwischenlager** bezeichnet. Die gelagerten Abfälle dürfen in ihren Eigenschaften nicht so nachteilig verändert werden, daß sie für die Verwertung oder anderweitige Entsorgung unbrauchbar werden.

Eingesammelte Abfallmengen in der Bundesrepublik Deutschland (alte Bundesländer) und Prognosen für den Zeitraum bis 2000 [2.2]

Jahr Abfallarten	1975	1977	1980	1982	1984	1990	2000
Hausmüll, hausmüllähnlicher Gewerbeabfall, Sperrmüll, Straßenkehricht, Marktabfälle	31 012	28 914	32 616	29 688	29 604	28 000	24 200
Bodenaushub, Bauschutt, Straßenaufbruch	22 202	28 458	44 244	42 824	46 545	34 900	29 800
Sonstige feste produktionsspez. Abfälle aus Industrie und Gewerbe, stichfeste Schlämme aus Industrie u. Gewerbe, sonstige nicht stichfeste	1 949	4 167	3 602	4 758	5 014	5 200	4 100
Stichfeste Schlämme aus kommunalen Kläranlagen, nicht stichfeste Schlämme aus komm. Kläranlagen, Fäkalien (aus Hauskläranlagen u. Sickergruben), Kanal- u. Sinkkastenschlamm	1 937	1 220	1 698	2 104	2 309	2 520	2 650
Abscheidegut aus Benzin-, Öl u. Fettabscheidern, Ölgetränktes u. sonstiges verunreinigtes Erdreich, Aufsaugmassen aus Unfällen mit Öl u. sonstigen wassergefährdenden Stoffen	569	144	128	151	348	450	850
Flüssige Abfälle	32	23	30	40	35	50	50
Schlacke aus MVA, Kompost, Krankenhausabfällen, sonstige Abfälle	1 021	1 451	1 320	1 495	2 237	1 600	1 300
Gesamt	58 722	64 377	83 638	81 060	86 092	72 720	62 950

A **Abfall-/ und Reststoffüberwachungsverordnung → Technische Anleitung zur Abfallentsorgung**

Abfall-Recht

Das A. enthält Vorschriften zur umweltgerechten Entsorgung von **Abfällen**. Das A. stellt ein Zentralgebiet des Umweltrechtes dar und hat Bezüge zu fast allen anderen Gebieten des Umweltschutzes wie z. B. zum Naturschutz, zum Gewässerschutz und zum Immissionsschutz. Wichtigste Regelungsmaterie des A. ist das **Abfallgesetz**, dieses wird u. a. ergänzt durch die Verordnung zur Bestimmung von besonders überwachungsbedürftigen Abfällen i. S. des § 2 Abs. 2 AbfG die Reststoffbestimmungs-Verordnung, die Abfall- und Reststoffüberwachungs-Verordnung sowie die Abfallverbringungs-Verordnung, die **Klärschlammverordnung**, die **Verpackungsverordnung**, die Einführung eines **Betriebsbeauftragten für Abfall** und die Richtlinien für die Gewährung von **ERP-Krediten** zum Bau von Anlagen zur **Abfallbehandlung** und für einen Buß- und Verwarnungskatalog. Sonderbereiche des A. werden z. B. im Tierkörperbeseitigungsgesetz sowie zur Beseitigung von Abfällen beim Aufsuchen von Bodenschätzen im Bergrecht geregelt. Das A. des Bundes wird ergänzt durch Ausführungsgesetze und Verordnungen der Bundesländer.

Im Rahmen des Abfallgesetzes aus dem Jahre 1986 wurden die Grundprinzipien des Abfallwirtschaftsprogrammes auch durch gesetzliche Regelungen, wie z. B. einem Gebot zur Abfallverwertung, abgesichert. 1993 hat die Bundesregierung beschlossen, das Abfallgesetz in ein neues Kreislaufwirtschaftsgesetz zu überführen, das im Entwurf vorliegt.

→ **Steuergesetzgebung, Technische Anleitung Abfall**

Abfallrechtsausschuß → Abfalltechnikausschuß

Abfall-Sammlung

Maßnahmen zum umweltschonenden und kostengünstigen Einsammeln und Transportieren von festen und flüssigen Abfällen. Zum Einsammeln gehören alle Vorgänge vom Anfall der Abfälle bis zur Befüllung des Sammelfahrzeuges, zum Transport gehören alle darauf folgenden Vorgänge bis zur Übergabe an die **Abfall-**

Behandlungsanlage. Nahezu 100% der Wohnbevölkerung der Bundesrepublik Deutschland werden durch eine regelmäßige öffentliche A. (öffentliche Müllabfuhr) entsorgt. Die Kosten für die A. machen ca. 65–75% der Gesamtkosten der öffentlichen Abfall-Behandlung aus.

→ **Müll-Abfuhr, Müll-Behälter**

Abfall-Statistik

Untersuchungen über Menge und Struktur von **Abfällen** und **Abfall-Entsorgung**sanlagen. Mit dem Gesetz über Umweltstatistiken in der Fassung der Bekanntmachung vom 14. 3. 1980 (BGBl. I S. 311) wurde eine Rechtsgrundlage für eine vollständige Erhebung des Abfallaufkommens in der Bundesrepublik Deutschland geschaffen. Die A. erfaßt in regelmäßigen Abständen (seit 1984 alle 3 Jahre) die Zahl der von der öffentlichen Abfallentsorgung erfaßten Einwohner sowie Angaben über das erfaßte Gebiet, das Einsammeln und Befördern der Abfälle, die Art und Menge der Abfälle, die Art und den Ort der Abfallbehandlungsanlagen. Außerdem werden im produzierenden Gewerbe und bei Krankenhäusern alle 3 Jahre Angaben über Art, Menge und Entsorgung von Abfällen erhoben. Die Statistischen Landesämter haben erstmals für das Jahr 1975 diese Erhebungen durchgeführt. Die Ergebnisse der Statistischen Landesämter faßt das Statistische Bundesamt bundesweit zusammen. Die Abfall-Statistik wird in der Fachserie 19, Reihen 1.1 und 1.2 im Verlag Metzler-Poeschel veröffentlicht.

Abfallstoffe → Abfallarten

Abfalltechnikausschuß (ATA)

Von der **Länderarbeitsgemeinschaft Abfall (LAGA)** 1975 als Arbeitsgruppe „Abfallforschung“ zur Koordinierung von Forschungsvorhaben der Länder und des Bundes auf dem Gebiet der **Abfallwirtschaft** gegründete Einrichtung, die 1977 in einen ständigen Ausschuß „Abfallforschung und Abfalltechnik“ umgewandelt wurde. Heute behandelt der Ausschuß unter seinem Signum ATA (Abfalltechnikausschuß) auf zwei Sitzungen im Jahr vorwiegend technische Fragen der Abfallwirtschaft, um zu einem möglichst gleichförmigen Vollzug der Gesetzgebung in den Bundesländern beizutragen. Spezielle Themen, wie Abfallkatalog,

A

PCB-Entsorgung, Deponiemerkblatt, werden in ad-hoc-Arbeitsgruppen vorgeklärt. Der Bund ist im ATA als Gast durch das **Bundesministerium für Umwelt, Naturschutz und Reaktorsicherheit** und das **Umweltbundesamt** vertreten.
Weitere ständige Ausschüsse der LAGA sind der Abfallrechtsausschuß (ARA) und der Altlastenausschuß (ALA).

ATV → Abwassertechnische Vereinigung

Aufstromsortierung → Sortierung

Abfalltransporte ins Ausland → Grenzüberschreitende Abfallentsorgung

Abfall- und Reststoffüberwachungs-Verordnung → Abfall-Recht, Technische Anleitung zur Abfallentsorgung

Abfall-Verbrennung

Abfall-Behandlung durch Verbrennung in entsprechenden Anlagen. Hierzu gehört unter anderem die Verbrennung von **Hausmüll, Klärschlämmen** und **Sonderabfällen**. Durch die A. nach dem **Stand der Technik** ist ein Verfahren verfügbar, durch das eine Vielzahl teilweise gefährlicher Abfälle unschädlich gemacht werden kann. Soweit möglich, ist dabei die im Verbrennungsprozeß entstehende Wärmeenergie für Heizzwecke (i.a. bei der Hausmüll-Verbrennung verwirklicht) und – bei Kopplung mit einem Kraftwerk – auch für die Elektroenergieerzeugung zu nutzen.

→ **Bundes-Immissionsschutzgesetz, Staubabscheidung, Forschung und Entwicklung, Klärschlamm-Verbrennung, Müll-Bunker, Abgaswäsche, Schlacke, Thermische Abfallbehandlung, Umweltgifte.**

Abfall-Verbrennungsanlage

In der Bundesrepublik Deutschland (alte Bundesländer) wurden 1992 in 50 A. ca. 8,9 Mio. t Siedlungsabfall (im wesentlichen **Hausmüll, Sperrmüll, hausmüllähnlicher Gewerbe-** oder **Industriemüll, Klärschlamm**) verbrannt. Etwa 22 Mio. Einwohner,

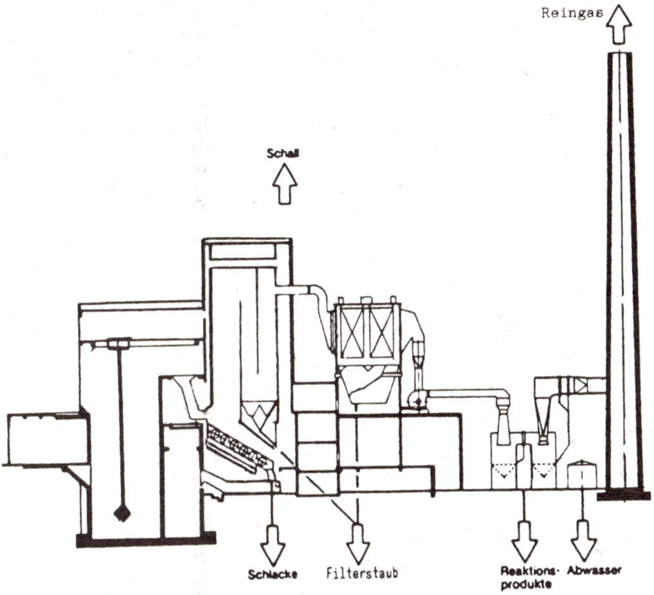

Abfallverbrennungsanlage mit Reststoffströmen

entsprechend 28% der Bevölkerung, waren an diese Anlagen angeschlossen. Etwa 99% der verbrannten Abfälle wurden in Anlagen mit Wärmenutzung (Strom, Fernwärme, Dampf) durchgesetzt. In 68% der Anlagen fand eine Schlackenaufbereitung bzw. Schlackenverwertung statt und 80% verfügten über eine Eisenschrottauslese aus der Schlacke.

Bei der **Abfall-Verbrennung** wird der Abfall auf Rostsystemen in ineinander übergehenden Phasen getrocknet, entgast, gezündet, durch- und ausgebrannt. Die Verbrennung des Abfalls verläuft meist selbstgängig (ohne Zusatzfeuerung) bei Temperaturen zwischen 850 °C und 1.000 °C.

Das dabei entstehende **Abgas** (ca. 4.000–5.000 m^3 je t Abfall), welches im wesentlichen aus Kohlendioxid, Wasserdampf, Sauerstoff und Stickstoff besteht, enthält sowohl partikelförmige bzw. -gebundene (Stäube und Schwermetalle) als auch gasförmige

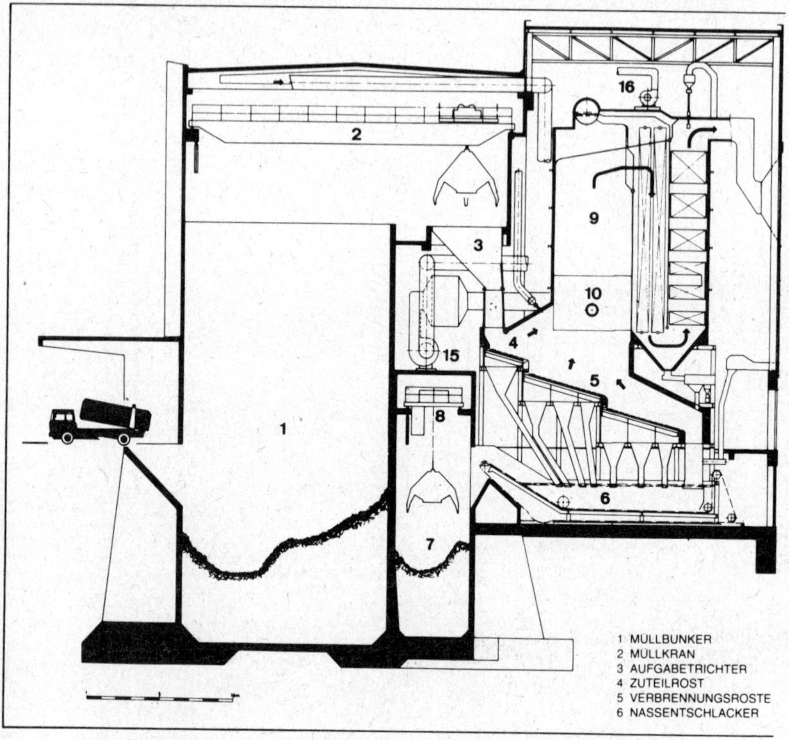

Hausmüllverbrennungsanlage
Der **Hausmüll** wird in den Bunker (1) abgekippt und von dort mittels eines Krans (2) in den Aufgabetrichter (3) geworfen. Auf dem Rost (4 u. 5) trocknet und verbrennt der Müll. Die verbleibenden Reststoffe gelangen

(saure Schadgase) Schadstoffe und muß vor Verlassen der Anlage gereinigt werden. Zur Entstaubung werden überwiegend Elektro- und Gewebefilter eingesetzt. Die Schadgasabscheidung erfolgt über trocken, quasi-trocken oder naß arbeitende Verfahren. Neue A. müssen zusätzlich mit Einrichtungen zur Stickoxid-Reduzierung sowie zur **Dioxin**-Abscheidung aus-

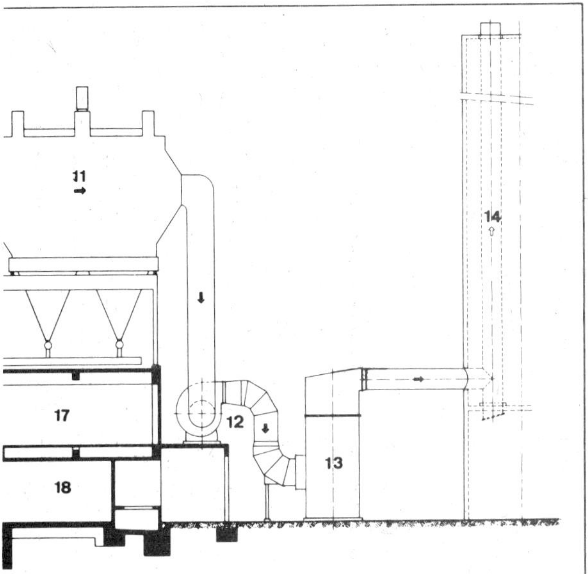

7 SCHLACKENBUNKER
8 SCHLACKENKRAN
9 KESSEL
10 ÖLBRENNER
11 ELEKTROFILTER
12 SAUGZUGGEBLÄSE
13 RAUCHGASWÄSCHE
14 SCHORNSTEIN
15 PRIMÄRLUFT-GEBLÄSE
16 SEKUNDÄRLUFT-GEBLÄSE
17 KOMMANDORAUM / NIEDERSPANNUNG
18 HOCHSPANNUNGSANLAGE

über den Naßentschlacker (6) in den **Schlacke**bunker (7). Die heißen Rauchgase geben einen Teil ihrer Wärmemengen an den Kessel zur Dampferzeugung (9) ab und werden im **Elektrofilter** (11) und in der **Rauchgaswäsche** (13) gereinigt, danach über den Schornstein (14) abgeleitet.

gerüstet sein, bestehende Anlagen sind entsprechend zu modernisieren.

Die bei der Verbrennung verbleibende **Schlacke**, die noch etwa 5–10% des Ausgangsvolumens bzw. 25–35% des aufgegebenen Abfallgewichts ausmacht, kann zu einem verwertbaren Baustoff aufbereitet werden. Aus der Abgasentstaubung fallen etwa

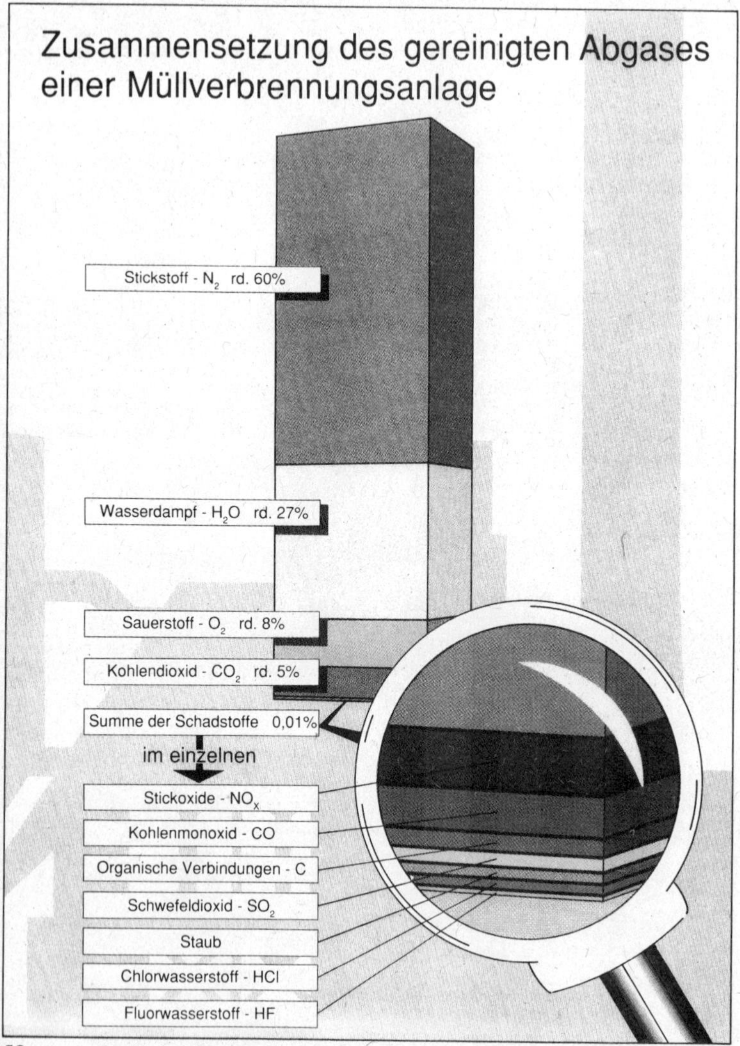

 Grafik: VEBA Kraftwerke Ruhr AG

20–40 kg Filterstaub je t Abfall und als Reaktionsprodukte aus der Schadgasabscheidung je nach Reinigungsverfahren zusätzlich etwa 15–45 kg je t Abfall an. Filterstaub und Reaktionsprodukte müssen als **Sonderabfall** abgelagert werden.
Das bei der nassen Schadgasabscheidung anfallende Abwasser wird entweder anlagenintern in einem Sprühtrockner eingedampft oder nach Reinigung in einen Vorfluter oder die Kanalisation eingeleitet.
Durch die Nutzung der bei der Verbrennung entstehenden Wärme zur Stromerzeugung und/oder zu Heizzwecken können an anderer Stelle fossile Brennstoffe eingespart und damit Emissionen vermieden werden. Die **Energienutzung** ist jedoch als untergeordneter Nebenzweck der Abfall-Verbrennung anzusehen (unter 1% des Gesamtprimärenergiebedarfs).

Abfallverbrennungsanlagen-Verordnung

Die Verordnung über Verbrennungsanlagen für Abfälle und ähnliche brennbare Stoffe (17. BImSchV vom 23. November 1990) gilt für die Errichtung, die Beschaffenheit und den Betrieb von Anlagen, in denen feste oder flüssige Abfälle verbrannt werden. Die Regelungen dieser Verordnung sind sowohl auf Verbrennungsanlagen für Siedlungsabfälle als auch für besonders überwachungsbedürftige Abfälle (**Sonderabfälle**) anzuwenden.
In der Verordnung werden emissionsbezogene Anforderungen an die Anlieferung und Zwischenlagerung der Einsatzstoffe, an die Feuerung, Emissionsgrenzwerte, Ableitungsbedingungen für Abgase, die Behandlung von Reststoffen und die Wärmenutzung festgelegt. Erstmalig gilt ein Grenzwert für polychlorierte Dibenzodioxine und Dibenzofurane von 0,1 ng/-TE/m^3 (→ **Dioxine**).
Für Altanlagen sind Übergangsregelungen bis 1. Dezember 1996 geschaffen worden. Die Betreiber der Anlagen haben die Öffentlichkeit einmal jährlich über die Beurteilung der Messung von Emissionen und der Verbrennungsbedingungen zu unterrichten.
→ **Abfallgesetz**

Abfall-Verbrennung auf See

Verfahren zur Behandlung von **Sonderabfällen**. Aus der Bundesrepublik Deutschland wurden bis 1989 vorwiegend halogenierte Kohlenwasser auf See verbrannt. Für die A. bestanden keine Ab-

gasreinigungsvorschriften, so daß die Verbrennungsgase unverändert in die Atmosphäre gelangten. Ca. 0,1% der zur Verbrennung gelangenden Abfälle wurden in die Umwelt emittiert. Die Beendigung der A. – allein aus Gründen des **Vorsorgeprinzips** – wurde dadurch ermöglicht, daß neben der Entwicklung von Vermeidungs- und Verwertungsverfahren, die das Abfallaufkommen drastisch reduzierten, heute in ausreichendem Maße Beseitigungsanlagen an Land vorhanden sind. Die Vulcanus II war weltweit das letzte, für die Verbrennung auf See geeignete Schiff, das inzwischen jedoch außer Dienst gestellt wurde.
→ **Abfallentsorgung auf See**

Abfallverbringungs-Verordnung

Abfallverdichtung

Verlagerung fester Abfallpartikel in Porenräume unter Druck bei Austrieb des Porenwassers. Die Abfallverdichtung dient der besseren Ausnutzung des knapp verfügbaren Deponievolumens und der größeren Standfestigkeit des **Deponiekörpers**. Nach Verfüllung der **Deponie** sollten Setzungen des Deponiekörpers so gering wie möglich ausfallen, damit die Funktionstüchtigkeit des **Deponieoberflächenabdichtungssystems** nicht beeinträchtigt wird. Relativ hohe Abfalldichten erreicht man u. a. durch folgende Maßnahmen:

- Vor**behandlung** der **Abfälle** z. B. Sortierung oder Mischung, thermische Behandlung, mechanisch-biologische Behandlung
- Einbauverfahren (Dünnschichteinbau besser als konventioneller Kippkantenbetrieb)
- Verdichten der Abfälle durch moderne, schwere Verdichtungsgeräte (Kompaktoren)

Während noch vor einigen Jahren bei **Hausmülldeponien** die Abfalldichten weit unter 1,0 t/m^3 Abfall lagen, erreicht man heute auch ohne Erdbeimengungen Werte bis zu 1,45 t/m^3. (s. Abb. S.)

Abfall-Verklappung → Klärschlammverklappung

Abfall-Vermeidung → Abfallgesetz

Abfall-Verringerung

Maßnahmen und Verhaltensweisen zur Verringerung von Menge und Schädlichkeit des Abfallaufkommens. Eine Bereitschaft zur A. hat sich bisher vornehmlich im Bereich der Industrie und des Handels gezeigt, wobei überwiegend Kostenvorteile und weniger ein gestiegenes **Umweltbewußtsein** der Grund für ein abfallbewußtes Handeln waren. Als besonders erfolgreich haben sich dabei Maßnahmen zur Verringerung des Materialeinsatzes (z. B. Herstellung der „Leichtglasflasche"), zur Verringerung der Produktionsverluste (z. B. Verringerung von Ausschuß), zur Erhöhung der Lebensdauer (z. B. durch Verwendung verschleiß- und korrosionsarmer Materialien), zur Mehrfachnutzung (z. B. **Mehrwegverpackungen**) und zur Verbesserung der Reperaturfreundlichkeit gezeigt. So kann davon ausgegangen werden, daß leicht zu reparierende Produkte auch länger in Gebrauch bleiben und erst später zu Abfall werden. Die Verwertung von **Produktionsabfällen**, die verwertungsfreundliche Gestaltung von Produkten und die Rückgewinnung von Stoffen aus Abfällen sind mengenmäßig von großer Bedeutung für die A. Künftig wird es noch mehr darauf ankommen, auch im Konsumbereich das Abfall-Aufkommen einzuschränken. Dieses kann nur erreicht werden, wenn der Verbraucher abfallarmen, langlebigen Produkten und Verpackungen den Vorzug vor abfallintensiven, kurzlebigen Produkten und **Verpackungen** gibt (**Hausmüll-Vermeidung**).

→ **Abfall-Bewußtsein, Einwegverpackungen, Elektronik**-Schrott, **Energiesparen, Forschung und Entwicklung, Umweltschonende Technik, Verpackungsverordnung**

Abfall-Verwertung

Verfahren zur Rückgewinnung oder Nutzung von Stoffen (sog. **Wertstoffen**) aus **Abfällen** (auch Nutzung des Energieinhalts von Abfällen).

Bei der Rückgewinnung von Stoffen aus **Hausmüll** unterscheidet man nach Sortierverfahren (mechanische **Abfallaufbereitung**), die verwertbare Stoffe aus dem Gesamtgemisch Hausmüll gewinnen und Verfahren der **getrennten Sammlung**, die verwertbare Stoffe aus den beim Abfallerzeuger vorsortierten Abfällen gewinnen. Das wichtigste Verfahren der thermischen A. ist die **Brennstoff**gewinnung **aus Müll**. die thermische A. in Abfall-Verbrennungs-, Pyrolyse- oder Schwelbrennanlagen ist ein Neben-

A

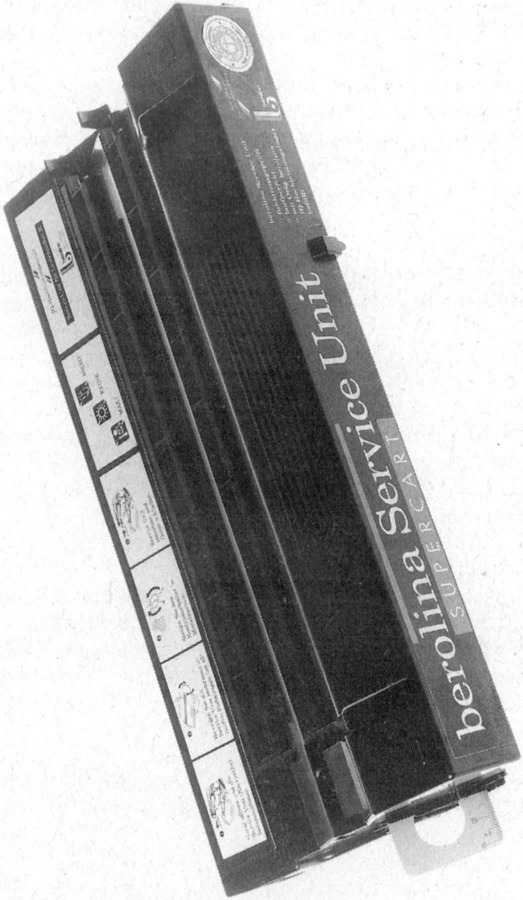

Die mehrfach befüllbare Toner-Kartusche für Laserdrucker reduziert das Abfallaufkommen im Büro

Abb.: Berolina Schriftbild

A

ziel der thermischen Abfallbehandlung. Die **Kompostierung** bestimmter Hausmüllfraktionen ist zur Verwertung organischer Abfallbestandteile geeignet.
→ **Abfall-Behandlung, Abfall-Bewußtsein, Abfall-Börse, Abfallwirtschafts-Datenbank, Container-Sammlung, Demonstrationsanlagen, Energiesparen, Forschung und Entwicklung, Hausmüll-Verwertung, Haussammlung, Integrierte Abfallsammlung, Runderneuerung, Shredder, Sortierung**.

Abfallwirtschaft
Summe aller Maßnahmen zur geordneten und umweltschonenden Behandlung, Verwertung und Ablagerung von **Abfällen** aller Art. Die A. schließt den Bereich der herkömmlichen **Abfall-Behandlung** mit ein, legt aber das Schwergewicht auf die Abfallvermeidung bzw. auf die Verwertung nicht vermeidbarer Abfälle. Die Ziele der A. hat die Bundesregierung im Jahre **1975** in ihrem **Abfallwirtschaftsprogramm** festgelegt, diese **gelten unvermindert weiter**.
→ **Abfall-Börse, Abfall-Recht, Forschung und Entwicklung, Gesetzgebungskompetenzen**

Abfallwirtschafts-Datenbank (AWIDAT)
Informationssystem des Umweltbundesamtes im Rahmen des Informations- und Dokumentationssystems Umwelt (**UMPLIS**). In der AWIDAT werden für länderübergreifende Fragen der **Abfallwirtschaft** Daten gespeichert, die öffentlichen und privaten Nutzern zur Verfügung stehen. Ein besonderer Schwerpunkt bildet die **Abfall-Verwertung**. Die AWIDAT umfaßt z. Z. zwei Informationsgruppen: Verwerter (400 Verwerterbetriebe, die kommunale und industrielle Rückstände verwerten) und Technologien (200 Verfahrensbeschreibungen, die sich für die Reststoffverwertung und -aufarbeitung eignen).
Zu einem späteren Zeitpunkt ist die Übernahme der AWIDAT in eine neu konzipierte Datenbank „Daten zur Abfallwirtschaft“ geplant.

Abfallzusammensetzung → Hausmüll

Abgas

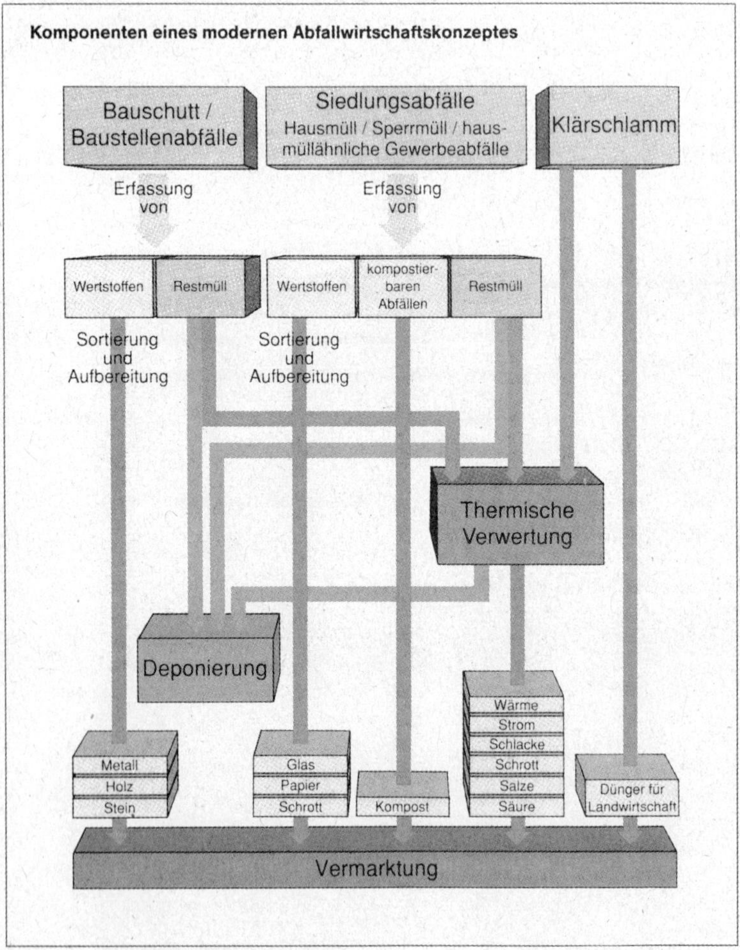

Grafik: VEBA Kraftwerke Ruhr AG

Bei Verbrennungsprozessen (z. B. in **Kraftfahrzeug**motoren, Kohlekraftwerken) entstehende Gase, die feste, flüssige oder gasförmige Luftverschmutzungen, wie z. B. **Schwermetalle, Stickoxide, Kohlenwasserstoffe, Kohlenmonoxid, Staub, Ruß** enthalten können.

→ **Bundes-Immissionsschutzgesetz.**

Abgas-Entschwefelung

Verfahren zur Reduzierung des umweltschädlichen Schwefeldioxidanteils im Abgas von Kraftwerken und anderen Großfeuerungsanlagen. In der Bundesrepublik Deutschland wurden mehrere Verfahren zur A. entwickelt (u. a. Bischoff-Verfahren, Saarberg-Hölter-Verfahren, Bergbau-Forschungs-Verfahren), die sich im großtechnischen Einsatz bewährt haben. Bei den am häufigsten verwendeten Verfahren der Naßwäsche entstehen durch Anbindung des Schwefels an Kalk große Mengen von **Rückstandsgips** (sog. REA-GPS = Gips aus **R**auchgas**e**ntschwefelungs**a**nlagen).

Bis 30. Juni 1988 wurde die Nachrüstung aller fossil befeuerten Kraftwerke im Gebiet der alten Bundesländer abgeschlossen und damit der Großfeuerungsanlagen-Verordnung entsprochen. An 72 Standorten wurden 1992 etwa 160 Abgasentschwefelungsanlagen betrieben. Sie bewirkten eine Verringerung der Schwefeldioxid-Emissionen von 1,5 Mio. t im Jahr 1992 auf etwa 180.000 t (90%).

Abgas-Wäsche

Verfahren zur Reduzierung umweltschädlicher Bestandteile im Abgas von Kraftwerken und anderen Großfeuerungsanlagen sowie von **Abfallverbrennungsanlagen**.

Bei der A. fallen Waschwässer an, die auf Grund des hohen Schadstoffgehaltes einer weiteren Behandlung in Abwasserbehandlungsanlagen unterzogen werden müssen. Eindampfanlagen garantieren einen abwasserlosen Betrieb, die anfallenden Rückstände sind trocken, dürfen aber in der Regel wegen ihres Schadstoffgehaltes nur auf besonders dafür geeignete **Deponien** gebracht werden. Neben den Verfahren zur A. sind verschiedene Verfahren im Einsatz, mit deren Hilfe die in den Abgasen enthaltenden Schadstoffe trocken abgeschieden werden können.

A → **Abfallverbrennung, Elektrofilter, Hausmüll-Verbrennung, Sonderabfallverbrennung.**

Ablagerung → Abfallablagerung

Ablagerungsbereich
Bereiche eines Deponiestandortes, auf denen die Abfälle tatsächlich abgelagert werden.

Abscheider → Ölabscheider

Abwasser
Durch häuslichen, gewerblichen, industriellen, landwirtschaftlichen und sonstigen Gebrauch in seinen natürlichen Eigenschaften verändertes Wasser.
Hierzu gehört auch das aus bebauten Gebieten (befestigten/versiegelten Flächen) abfließende Niederschlagswasser. A. kann vielfältige Verunreinigungen enthalten. Sie können in folgende wesentliche Belastungs- und Schadstoffgruppen unterteilt werden
- leicht abbaubare organische Stoffe,
- schwer abbaubare organische Stoffe,
- Pflanzennährstoffe,
- Schwermetallverbindungen
- Salze und
- Abwärme.

Um die Gewässer zu schützen müssen die Schadstoffe durch Behandlung des Abwassers und andere Maßnahmen, möglichst an der Verschmutzungsquelle, weitgehend reduziert werden.

Abwasserreinigung
Sammelbezeichnung für alle Techniken zur Verringerung von Abwasserinhaltsstoffen durch **biologische, chemische** und/oder **mechanische** Verfahren.
Kommunale Abwässer und Abwässer vieler Industriebranchen, die in der Regel und überwiegend organische Abwasserinhaltsstoffe enthalten, müssen heute zumindest vollbiologisch behandelt werden. Sind die Abwässer besonders stark verschmutzt oder werden sie in leistungsschwache Gewässer oder in Seen eingeleitet, reichen vollbiologische Verfahren allein nicht aus. Die

Abwässer müssen dann „weitgehend" (in Anlagen der „weitergehenden Abwasserreinigung") behandelt werden.
Nach den Erhebungen von 1957 bis 1987 stellt sich die Entwicklung der A. in den alten Bundesländern wie folgt dar:

- die Zahl der an Kanalisationen angeschlossenen Einwohner ist von 31,6 auf etwa 56,6 Millionen angestiegen,
- die Länge des öffentlichen Kanalnetzes ist von 61.000 auf 291.583 Kilometer angestiegen,
- die Zahl der an vollbiologische **Kläranlagen** angeschlossenen Einwohner ist von 10 auf 87,3% der Gesamteinwohner angestiegen,
- die Menge des vollbiologisch behandelten Abwassers ist von 16% auf 85% angestiegen, bezogen auf die in öffentl. Kläranlagen behandelte Abwassermenge.

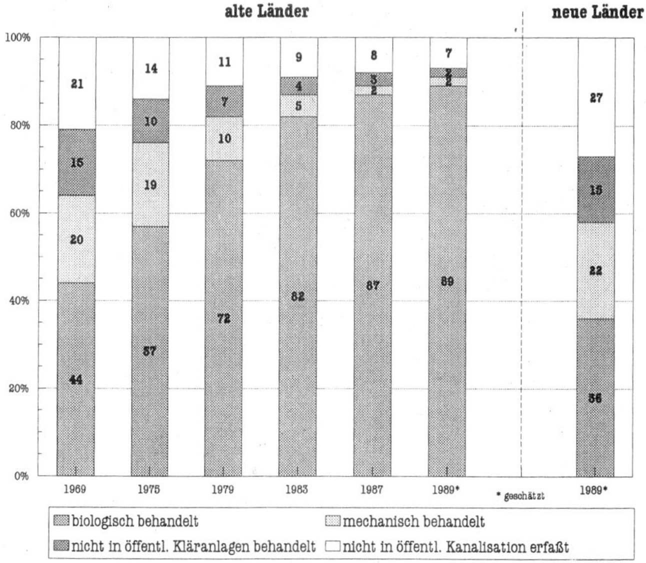

Quelle: Statistisches Bundesamt, Wiesbaden (Fachserie 19, Reihe 2.1)
Entwicklung der öffentlichen Abwasserbehandlung in % (bezogen auf die Einwohner)

A

Abwasserschlamm → Klärschlamm

Abwassertechnische Vereinigung (ATV)

Technisch-wissenschaftlicher Verein, zu dessen Aufgaben im Bereich des **Abwasser**- und **Abfall**wesens die wissenschaftliche und praktische Bearbeitung von Fachfragen, die Förderung der Fachausbildung und Fortbildung, die Ausarbeitung des ATV-Regelwerkes Abwasser und die Vertretung gemeinsamer wirtschaftlicher und rechtlicher Belange des Fachgebietes gehören.
→ **Arbeitskreis zur Nutzbarmachung von Siedlungsabfällen**

Additive Systeme der Wertstoffsammlung

Verfahren der getrennten Sammlung, bei denen **Wertstoffe** auf verschiedene Weise bereitgestellt werden und außerhalb der Müllabfuhr eingesammelt und einer Verwertung zugeführt werden. Die Sammlung kann in **Bring- oder Holsystemen** erfolgen. Holsysteme in Form von Straßensammlungen wendet man insbesondere bei den Wertstoffkomponenten Altpapier und Alttextilien an. Bringsysteme in Form von zentralen Sammelplätzen **(Depotcontainer, Recyclinghöfe)** werden für alle Wertstoffkomponenten angewendet.
→ **Sammelsysteme für Wertstoffe, Bringsystem, Holsystem, Straßensammlung, Depotcontainer, Recyclinghof**

ALA → Abfalltechnikausschuß

Alkoholyse → Hydrolyse

Altablagerungen

Stillgelegte Müllabladeplätze und Deponien und illegale wilde Müllkippen aus der Vergangenheit. Auch stillgelegte Aufhaldungen und Verfüllungen von Gruben mit Bauschutt o. ä. zählen zu den A. Als **Altlasten** werden Altablagerungen nur dann bezeichnet, wenn von ihnen Gefährdungen für die Umwelt, insbesondere für die menschliche Gesundheit, ausgehen, oder zu erwarten sind.

In den alten Bundesländern ist die Erfassung der **Altablagerungen** weitgehend abgeschlossen. Hier wurden etwa 54 000 Altablagerungen ermittelt. In den neuen Bundesländern wurden bis-

her etwa 28.000 Altablagerungen erfaßt. Es wird angenommen, daß rund 10 bis 20% der erfaßten Altablagerungen als Altlasten einzustufen sind.
Sofern eine Altablagerung als Altlast erkannt wurde, sind Sanierungsmaßnahmen (**Altlastensanierung**) einzuleiten. Die Sanierung erfolg entweder mit Hilfe von **Sicherheitsmaßnahmen**, die die Emissionswege langfristig unterbrechen oder mit Hilfe von **Dekontaminationsmaßnahmen**, die die Schadstoffe im kontaminierten Bereich beseitigen oder verringern.
Häufig werden, besonders bei großvolumigen Altablagerungen, Einkapselungs- und Einschließungsmaßnahmen durchgeführt, die einen Schadstoffaustrag über den Wasser- und Luftpfad verhindern bzw. verringern sollen.

Altautos (Autowracks)

Bei einer durchschnittlichen Lebensdauer von 10,6 Jahren wurden 1990 in der Bundesrepublik mehr als 2,6 Mio. Kraftwagen endgültig stillgelegt. Die überwiegende Zahl dieser Altfahrzeuge sind Pkw. A. haben ein Durchschnittsgewicht von 1000 kg und bestehen zu ca. 72% aus Eisen, zu ca. 6% aus NE-Metallen und zu rund 22% aus anderen Materialien wie Glas, Kunstsoff, Gummi etc. Hierbei fällt eine steigende Kunststoffanwendung auf. Der Anteil der Kunststoffe stieg von 2,9% im Jahr 1979 auf derzeit ca. 13%. Gründe hierfür sind vor allem die Forderungen nach Gewichtsreduzierung und die stärkere passive Sicherheit der Fahrzeuge.
Die Verwertung der A. erfolgt privatwirtschaftlich durch den Schrotthandel. Nach einer Zwischenablagerung auf den derzeit ca. 5000 Schrottplätzen, bei der brauchbare Teile demontiert werden, gelangen die A. zu den 45 Shredderanlagen und Schrottmühlen. Diese zerkleinern die A. Die dabei entstehenden Metallteile (Eisen, Nichteisen) können sortenrein getrennt und rückgewonnen werden; die nichtmetallischen Teile gelangen in die Shredderleichtmüllfraktion. Die Verwertung der A. über Scheren und Pressen nimmt ab. Künftig sollen durch eine A.verordnung die Hersteller und Importeure verpflichtet werden, A. selbst oder durch beauftragte Verwertungsbetriebe zurückzunehmen. Bei der A.verwertung werden Demontagetechniken anzuwenden sein, um Altteile und die bisher in Shreddermüll gelangenden nichtmetallischen

A

Anteile wie Kunststoff, Glas und Gummi auch zurückzugewinnen.
Informationen über die aktuellen örtlichen Verwertungsmöglichkeiten für A. erteilen u. a. die Geschäftsstellen der Automobilclubs.
→ **Altauto-Verordnung**

AWIDAT → Abfallwirtschaftsdatenbank
→ **Baggerschlamm → Sedimente**

Altauto-Verordnung

Mit einer A. sollen Hersteller und Vertreiber der Fahrzeuge künftig zur Rücknahme der **Altautos** verpflichtet werden. Altautos sollen zunächst „trockengelegt", d. h. die Betriebsflüssigkeiten aufgefangen und dann umweltverträglich entsorgt werden; Materialien und Bauteile sollen demontiert und – soweit technisch möglich – einer Wiederverwendung oder vorrangig stofflichen Verwertung zugeführt werden. Dafür sind geeignete Rücknahmesysteme einzurichten, wobei die Rücknahme für die Letztbesitzer grundsätzlich kostenlos sein soll. Ausgenommen von der Rücknahmepflicht sollen ausgeschlachtete, mit Abfällen beladene und Unfallfahrzeuge, bei denen eine Demontage technisch nicht möglich ist sowie Autos, die vor Inkrafttreten der A. zugelassen wurden.
Zur A. soll eine Verwaltungsvorschrift zur Entsorgung der **Shredderrückstände** erlassen werden, die darauf zielt, die Deponien von den noch erheblichen **Rückständen** der Altauto-Entsorgung zu entlasten.

Altglas

Nach Gebrauch von Glasprodukten anfallende Abfälle bzw. Wertstoffe. Man unterscheidet dabei zwischen Hohlglas (Behälter-, Beleuchtungs-, Laborglas u. a.), Flachglas (Fenster-, Guß- und Spiegelglas) und Glasfaser. Die unter dem Begriff „Behälterglas" zusammengefaßten Verpackungsgläser unterliegen, soweit sie nicht mit gesundheits- oder umweltverträglichen Stoffen gefüllt waren, den Vorschriften der **Verpackungsverordnung** und damit dem Gebot der stofflichen Verwertung außerhalb der öffentlichen Abfallentsorgung (Altglas-Verwertung). Für die übrigen Glassorten existieren keine flächendeckenden Recyclingsysteme; eine gemeinsame Verwertung von Hohl- und Flachglas ist wegen der unterschiedlichen Materialzusammensetzung nicht möglich.

Altglas-Container → Container

Altglas-Aufbereitung

Aufbereitung von Altglas zu einem ofenfertigen **Sekundärrohstoff**. Altglas muß in der Regel vor seiner Wiederverwendung von Fremdstoffen gereinigt werden. Insbesondere zur Herstellung von Weißglas aber auch von Braunglas sind darüber hinaus Höchstwerte für den Anteil an Fehlfarben in den aufbereiteten Glasscherben festgelegt.
Anforderungen an den max. Fremdstoffgehalt:

Keramik, Steinzeug, Porzellan (KSP-Fraktion):		kleiner 20 g/t
Magnetische Metalle:		
Teile größer 4 mm und für Weißglas		0 g/t
Teile kleiner 4 mm und bei Farbglas		2–5 g/t
Nichtmagnetische Metalle:	Aluminium	5 g/t
	Blei	0–15 g/t
Organische Stoffe: (Papier, Holz usw.) (je nach Farbe der Glasschmelze)		100–500 g/t

Für Eisen- und Nichteisenmetalle gibt es bewährte mechanische Trennverfahren. Die Abtrennung der keramischen Verunreinigungen erfolgt dagegen noch überwiegend durch Handauslese. Auch für die mechanisch-optische Farbseparierung steht noch kein für den großtechnischen Einsatz geeignetes Verfahren zur Verfügung. Entsprechende Systeme sind noch in der Erprobung. Für die Glassammlung gilt daher: Nur Glasbehälter ohne Metallverschlüsse und sonstige Fremdstoffe in den Sammel**container** einwerfen. Soweit möglich, das **Altglas** nach Farben getrennt entsorgen.

Altglas-Container → Container

Altglas-Verwertung

Rückführung von Altglas in den Produktionsprozeß. A. führt zur Verringerung der zu entsorgenden Abfallmengen und zur Rohstoff- und Energieeinsparung bei der Glasproduktion; verglichen mit dem Gebrauch von Mehrwegverpackungen stellt sie allerdings nur die zweitbeste Lösung dar. Seit im Jahre 1974 mit dem Sammeln von Altglas begonnen wurde, hat die A. zunehmend an Bedeutung gewonnen (siehe Abbildung). 1991 wurden ca. 2,3 Mio. t **Altglas** verwertet, das sind knapp 54% des in Deutschland produzierten Behälterglases. Altglas wird überwiegend mit **Depotcontainer**n im **Bringsystem** gesammelt.

Beim Altglasrecycling spielt die Farbsortierung eine wichtige Rolle. Neues Weißglas kann nur aus Weißglasscherben herge-

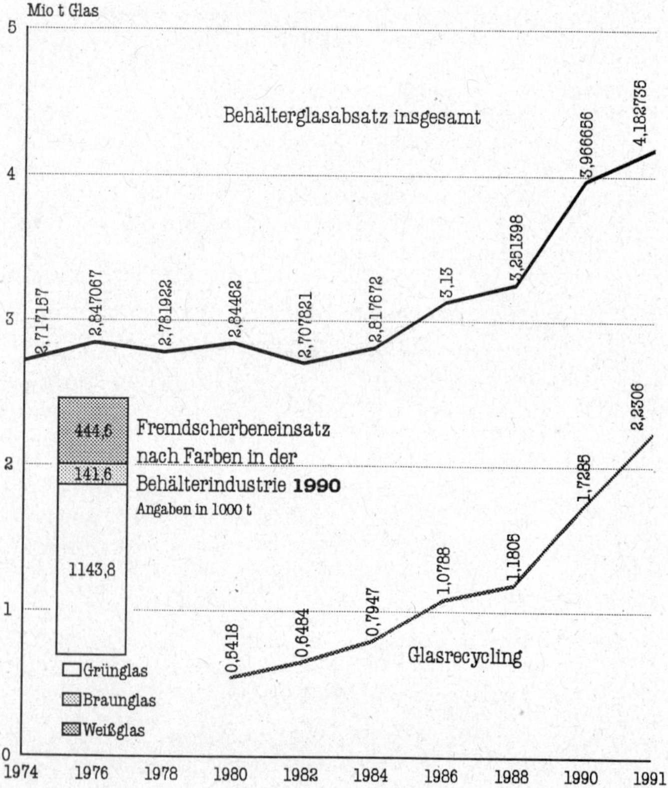

stellt werden, die einen Fehlfarbanteil von weniger als 0,2% aufweisen. Da zur Zeit nur etwa 28% der erfaßten Altglasmenge diesem Kriterium genügt, die Produktion von Weißglas jedoch ungefähr die Hälfte der Gesamtproduktion ausmacht, hat Weißglas im Mittel nur einen Altscherbenanteil von ca. 30%. Bei Grünglas, das einen Anteil von etwa 30% an der Gesamtproduktion hat, liegt der Altscherbenanteil dagegen bei rund 90%. Bei einem weiter steigenden Altglasaufkommen kann die Verwertung deshalb nur gesichert werden, wenn

- die Nachfrage nach Grünglas erhöht und die nach Weißglas gesenkt wird
- der Umfang und die Disziplin bei farbsortierten Sammlungen erhöht werden
- optomechanische Farbnachsortierverfahren weiterentwickelt und eingesetzt werden.

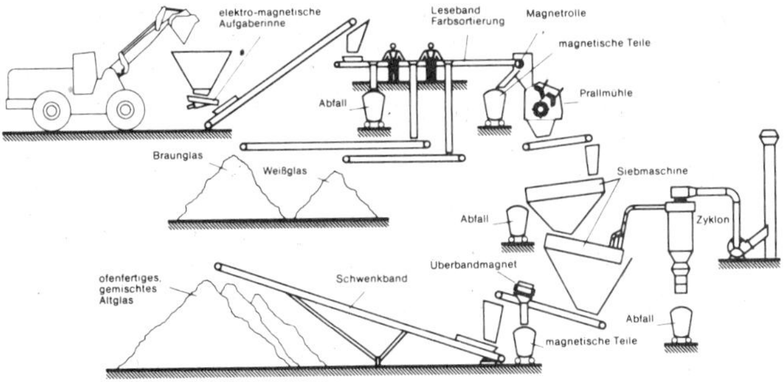

Altglasaufbereitung

Altholz → Holzabfälle

Altlasten

Die Gesamtheit von Altstandorten und Altablagerungen, von denen eine Gefahr für die menschliche Gesundheit und Umwelt ausgeht, werden zum Begriff Altlasten zusammengefaßt. Unter Altstandorten versteht man Flächen ehemaliger Industrie- und Gewerbebetriebe, auf denen mit umweltgefährdenden Stoffen umgegangen wurde. Als → Altablagerungen bezeichnet man

Flächen, auf denen in der Vergangenheit häusliche, gewerbliche und industrielle Abfälle sowie Produktionsrückstände in Form von Deponien, wilden Ablagerungen, Aufhaldungen und Verfüllungen abgelagert wurden.
Allen Altlasten ist gemeinsam, daß von ihnen Schadstoffe ausgehen, die schützenswerte Güter Boden, Wasser und Luft belasten und damit eine z. T. erhebliche Gefahr für Mensch und Umwelt darstellen.
Die Zuständigkeit für die Erfassung, Bewertung und Sanierung von Altlasten liegt bei den Ländern. Die Erfassung ist in den einzelnen Bundesländern relativ weit fortgeschritten. Lagen die Schätzungen für die alten Bundesländer im Jahr 1985 noch bei ca. 35.000 Verdachtsflächen, geht man heut von 68.396 Flächen aus. In den neuen Bundesländern liegt der jetzige Stand bei 63.052 Verdachtsflächen.
Diese Zahlen lassen noch keine Rückschlüsse auf etwaige Umweltbelastungen zu. Erst nach der Bewertung und Einstufung der Verdachtsflächen als „Altlasten" können Rückschlüsse auf die von ihnen ausgehenden Belastungen gezogen werden.
In der DDR ging man bei der Altlastenerfassung von einer erweiterten Altlastendefinition aus. Im Begriff Altlasten wurden hier auch großflächige Bodenkontaminationen, wie Bodenbelastungen durch Überschwemmungen, gärtnerisch-, forst- und landwirtschaftlich genutzte Flächen die mit Abwässern, Fäkalien, Klärschlamm usw. belastet wurden, enthalten. Auch die noch in Betrieb befindlichen Standorte und Ablagerungen wurden mit einbezogen.

Altlastenausschuß → Abfalltechnikausschuß

Altlastensanierung

Die von Altlasten ausgehenden Gefahren können durch Sanierungsmaßnahmen beseitigt oder zumindest verringert werden.
Im Rahmen der Altlastsanierung werden **Dekontaminierungsmaßnahmen** und **Sicherungsmaßnahmen** durchgeführt. Diese technischen Maßnahmen sollen dazu führen, daß nach einer Sanierung keinerlei oder ggf. nur geringe, bekannte und beherrschbare Beeinträchtigungen ausgehen.
Eine Sanierungsmaßnahme erfolgt immer unter Berücksichtigung des Sanierungszieles: Sanierungsziele werden im Hinblick

Altlastenverdächtige Flächen in der Bundesrepublik Deutschland

A

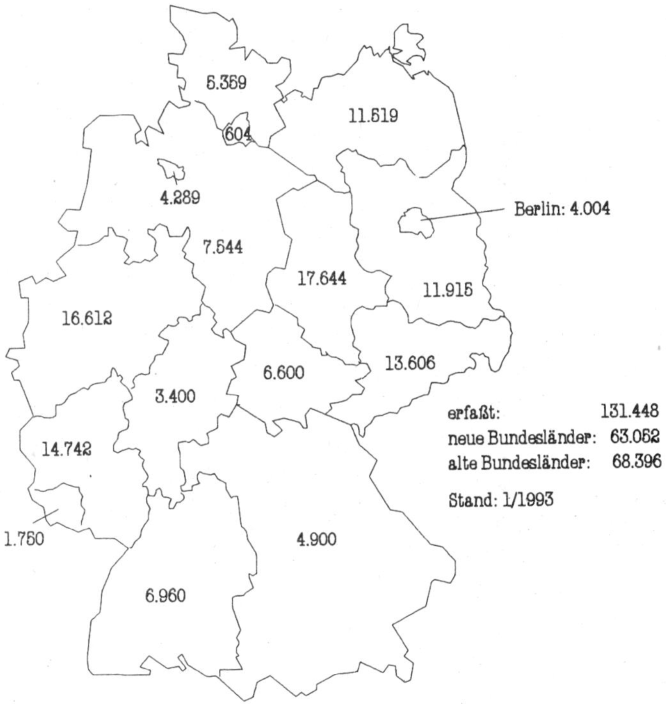

Quelle: Umweltbundesamt

auf die aktuelle und zukünftige Nutzung definiert, da eine „vollkommene Sanierung“ die eine Wiederherstellung der universellen Nutzbarkeit der Fläche beinhaltet, oftmals nicht oder nur unter unverhältnismäßig hohem technischen und finanziellen Aufwand zu verwirklichen ist.

A

Altmedikamente

Reste von nicht verbrauchten oder verfallenen Arzneimitteln aus Haushaltungen werden vielfach über den **Hausmüll** entsorgt. Diese Vorgehensweise birgt erhebliche Unsicherheiten in sich, da bei Sammlung und Transport die A. in unbefugte (Kinder!) Hände geraten können. Vielerorts werden diese A. zusammen mit den Hausabfällen auf einer **Hausmülldeponie** abgelagert und können dort zu einer Belastung des Grundwassers führen. Werden die Altmedikamente mit den Hausabfällen in einer **Müllverbrennung**sanlage verbrannt, entstehen i.d.R. keine zusätzlichen Belastungen der Umwelt, da die vermischten und geringen Mengenanteile im Verhältnis zum Gesamtabfall vernachlässigbar sind. Altmedikamente aus Haushaltungen können auch über die getrennte Sammlung oder durch die Rückgabe bei Apotheken anfallen. Diese dann separat vorliegenden Mengen an Altmedikamenten sollten gesondert entsorgt werden. Altmedikamente können – gemäß dem **Verursacherprinzip** – über Rücknahmevereinbarungen auch an den Handel bzw. Hersteller zurückgegeben werden, der diese z. B. über eine eigene Sonderabfall-Verbrennungsanlage zu beseitigen hat.

→ **Krankenhausabfälle**

Altöl

Gebrauchte Schmieröle auf der Basis von Mineralöl oder synthetischem Öl, wie Motoren- und Getriebeöle, Maschinen-, Turbinen- oder Hydrauliköle. Ferner gehören dazu auch Wasser-Öl-Gemische wie z. B. Kühlschmierstoffe aus der Metallbearbeitung und Oberflächenbehandlung.

In der Bundesrepublik Deutschland wurden 1990 rd. 1,1 Mio. t Schmierstoffe abgesetzt. Der A.-anfall belief sich auf etwa 600.000 t (bezogen auf den Mineralölanteil).

Im A. finden sich neben dem Basisöl die auf den Verwendungszweck eingestellten Wirkstoffe (Additive), gebrauchsbedingte und nicht gebrauchsbedingte Fremdstoffe. „Mehrbereichsöle" enthalten durchschnittlich 15 Gew.% Additive, gewisse Spezialöle bestehen bis zu 50 Gew.% aus Zusatzstoffen. Darunter befinden sich Stoffe, die umweltschädlich und/oder gesundheitsschädlich sind. Bedenklich ist dies vor allem bei der großen Zahl der verwendeten Stoffe. Besorgniserregend wird das Problem der Zusatzstoffe aber vor allem durch eine viel zu geringe Kenntnis

von der Veränderung der Stoffe bei ihrem Gebrauch und später in der Umwelt.
Bei den typischen Fremdstoffen des A. handelt es sich um Stoffe, die aus gebrauchsbedingten Gründen in das Öl gelangt sind bzw. sich durch Alterungsvorgänge dazu gebildet haben, z. B. metallischer Abrieb, Kraftstoffreste, Ruß, Asphaltharze, Wasser. Es ist bekannt, daß sich in Motorölen während der Herstellung polycyclische aromatische Kohlenwasserstoffe (PAH, kanzerogen) bilden und der Gehalt während des Gebrauchs erheblich ansteigt, so daß beispielsweise der Gehalt von Benzo(a)pyren in gebrauchtem Schmieröl tausendmal höher liegen kann als im Frischöl.
Nicht gebrauchsbedingte Fremdstoffe gelangen vor allem durch Vermischungen ins Altöl. Wichtigstes Beispiel war in der Vergangenheit PCB.
Bestimmte A.-arten wie Motoren- und Getriebeöle können zu **Zweitraffinaten** aufgearbeitet und wieder als Schmierstoff verwendet werden. Auch der Energiegehalt von A. kann genutzt werden, wenn es in dafür zugelassenen Feuerungsanlagen (mit Abgasreinigung) verbrannt wird. Hingegen darf A. nicht in Kleinöfen verbrannt werden, da hier die meist im A. enthaltenen Schmwermetall- und Chlorverbindungen mit dem Abgas in die Atmosphäre abgegeben werden und die Luft verschmutzen können.
Nicht verwertete A. müssen in Sonderabfall-Entsorgungsanlagen behandelt werden. Eine Vermischung der A.-arten mit anderen Stoffen oder Abfällen ist untersagt.
→ **Altöl-Verordnung**

Altöl-Annahmestelle

Öffentlich zugängliche Stellen, an denen z. B. Autoablaßöle kostenlos abgeliefert werden können. Wer gewerbsmäßig Verbrennungsmotoren- oder Getriebeöle an Endverbraucher abgibt, z. B. Tankstellen, Werkstätten und Kaufhäuser, ist verpflichtet, eine A. am Verkaufsort oder in dessen Nähe einzurichten oder nachzuweisen. Diese A. muß gebrauchte Verbrennungsmotoren- und Getriebeöle bis zur Menge der im Einzelfall abgegebenen Verbrennungsmotoren- und Getriebeöle kostenlos annehmen und über Einrichtungen zum fachgerechten Ölwechsel sowie eine Möglichkeit zur Rückgabe der beim Ölwechsel anfallenden Ma-

terialien (Ölfilter, leere Öldosen, Putzlappen) verfügen (Rücknahmepflicht nach § 5b AbfG).
A. sind auch bei den lokalen Stadtreinigungsbetrieben, Ölverkaufsstellen, in kleineren Gemeinden bei der Feuerwehr eingerichtet worden, um auch kleine Altölmengen einer ordnungsgemäßen Entsorgung zuzuführen.
→ **Selbstwechsler**

Altölsammlung

Altöl darf nur mit Genehmigung der zuständigen Behörde eingesammelt und befördert werden. Dabei müssen die Altölarten am Anfallsort getrennt gehalten werden und dürfen nicht vermischt werden. Die Altölsammler entnehmen nach § 5 Altöl V bei der Übernahme Proben der angenommenen **Altöle**. Eine Rückstellungsprobe verbleibt bei der Anfallstelle bis der Altölsammler die ordnungsgemäße Entsorgung des Altöls bestätigt hat. Altöle werden sowohl von gewerblichen Unternehmen als auch von Kommunen und Sonderabfallentsorgern eingesammelt.
Nach § 5b **Abfallgesetz** sind Verkaufsstellen für Verbrennungsmotoren- und Getriebeöle (z. B. Tankstellen, Werkstätten, Kaufhäuser) verpflichtet, die gebrauchten Öle bis zur Menge des verkauften Frischöls kostenlos zurückzunehmen.
→ **Altöl-Annahmestelle, Selbstwechsler**

Altöl-Verwertung

Ziel der A. ist es, möglichst viel vom ursprünglichen Schmierstoff wieder nutzbringend zu verwenden. Dabei bestimmt die spätere Verwendung die einzusetzende Technik und das Maß der Reinigung. Einerseits ist z. B. mit dem Ziel der Verwendung als Brennstoffsubstitut die Abscheidung von heizwertreichen Beimischungen gar nicht erwünscht, es entstehen nur unnötige, gesondert zu behandelnde Abfälle. Andererseits kommen bei der Herstellung von **Zweitraffinaten** über die einzelnen Verfahrensschritte zunehmend Schmierstoffzusätze zur Abscheidung, so daß schließlich im wesentlichen nur die Mineralölbasis übrigbleibt. Die vorwiegende Verwertungsmethode für Altöle ist die energetische Nutzung unter Verbrennung in Feuerungsanlagen, entweder unmittelbar beim Anfall oder Sammlung oder unmittelbar nach der Altöl-Aufarbeitung.

→ **Sonderabfälle**

Altpapier
Papiere, die bei der Herstellung von Produkten aus Papier, Karton und Pappe anfallen sowie gebrauchte Papiererzeugnisse. In der Bundesrepublik Deutschland wurden 1990 15,5 Mio. t Papier, Karton und Pappe verbraucht (216 kg/Einwohner in den alten Bundesländern). Das Altpapieraufkommen betrug 6,8 Mio. t, das entspricht einer Altpapier-Rücklaufquote von 43,9%. Unter Berücksichtigung der Altpapierausfuhr und -einfuhr standen 6,2 Mio. t Altpapier für eine Wiederverwertung zur Verfügung.
→ **Abfallverwertung, Umweltzeichen**

Altpapier-Container → Container

Papierrecycling

	1970	1975	1980	1985	1986	1987	1988	1989	1990	1991
Papierverbrauch in Mio. t									15,5	15,9
	7,6	6,9	9,7	10,8	11,4	11,8	12,6	13,2	[14,6]	[–]
	(–)	(–)	(–)	(–)	(–)	(–)	(–)	(–)	(1,4)	(–)
Altpapiereinsatz in der Papierindustrie in Mio. t									6,2	6,4
	2,5	2,4	3,2	4,3	4,4	4,6	5,0	5,1	[5,8]	[–]
	(–)	(–)	(–)	(–)	(–)	(–)	(–)	(–)	(0,4)	(–)
Einsatzquote									40%	40%
	33%	35%	33%	40%	39%	39%	39%	39%	[40%]	[–]
	(–)	(–)	(–)	(–)	(–)	(–)	(–)	(–)	(32%)	(–)

Quelle: Verband Deutscher Papierfabriken

Altpapier-Verwertung
Rückführung von gebrauchten Papiererzeugnissen in den Produktionsprozeß zur Herstellung neuer Papier- und anderer Produkte.
Die A.-V. hat in der Bundesrepublik Deutschland stetig zugenommen. Während die Verwertungsmenge im Jahr 1985 noch 4,5 Mio. t betrug, wurden 1990 schon 6,8 Mio. t Altpapier in der Papierindustrie verwertet. Die Altpapiereinsatzquote ist nach Jahren der Stagnation (um etwa 46%) 1990 auf 48,6% angestiegen. Trotzdem mußten aufgrund des ständig steigenden Papierverbrauchs allein in den alten Bundesländern 1990 noch 5,2 Mio. t Altpapier als **Abfall** entsorgt werden. Bei Verpackungspapieren

und -pappen (Jahresverbrauch 1990: 6,2 Mio. t) ist das Einsatzpotential von Altpapier mit einem Anteil von 92% weitestgehend ausgeschöpft. Bei Hygienepapieren lag die Altpapiereinsatzquote 1990 mit 55% erstmals über dem Durchschnitt. Reserven in der A.-V. liegen vor allem im Bereich der graphischen Papiere, der 1990 mit 48% (= 7,42 Mio. t) am Gesamtpapierverbrauch beteiligt war und nur eine Altpapiereinsatzquote von 18% aufwies.

Von dem bisher als Abfall beseitigten Altpapier aus dem **Hausmüll** sind zusätzlich ca. 2,5 Mio. t als Rohstoffpotential gewinnbar. Da diese Menge allein in der Papierindustrie auch bei Ausschöpfung aller technischen Möglichkeiten nicht unterzubringen ist, kommt alternativen Verwertungsmöglichkeiten außerhalb der Papierindustrie Bedeutung zu.

Eine wichtige Voraussetzung für die Erhöhung der Altpapier-Einsatzmenge ist die Sicherung und Ausdehung von Absatzmärkten für altpapierhaltige Verpackungen und graphische Papiere.

Daher sollten auch weiterhin Technologien zur Optimierung von A.-V. gefördert werden.

Durch eine Verordnung über die Vermeidung und Verwertung von Abfällen aus Druckerzeugnissen sowie aus Büro- und Administrationspapieren soll die Rückführung von Altpapier in den Produktionsprozeß weiter verbessert werden. Der vom BHU Ende 1992 vorgelegte Referentenentwurf wird z. Zt. unter Berücksichtigung der im Anhörungsverfahren gewonnenen Erkenntnisse überarbeitet.

Altreifen

Im Jahre 1987 fielen in der Bundesrepublik Deutschland insgesamt ca. 455.000 Tonnen A. an.

170.000 t wurden energetisch genutzt (157.000 t in der Zementindustrie), 90.000 t wurden runderneuert und ca. 50.000 t exportiert.

Der Reifengummi besteht zu etwa 60% aus Kohlenwasserstoffen, zu ca. 31% aus Ruß, zu 1,5% aus Schwefel, zu 3,4% aus Zinkoxid und zu 4,9% aus sonstigen Stoffen.

Altreifenentsorgung

Altreifen fallen vor allem bei den Reifenmontagestellen (Reifenhändler, Tankstellen) und auf Autoschrottplätzen an. Ein Teil

A

Die Grundmaterialien alter Reifen werden wieder getrennt.

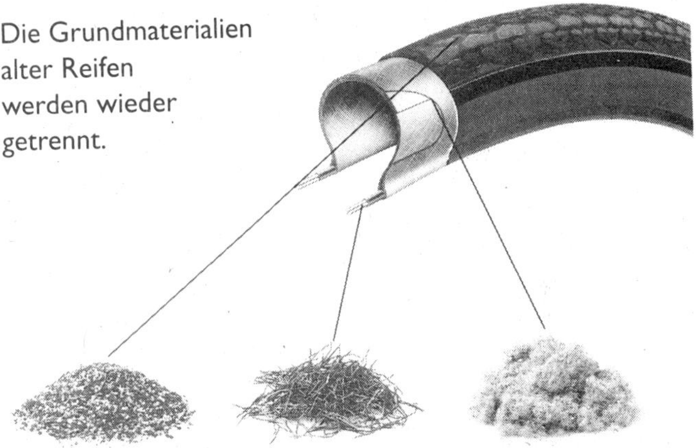

Aus Gummigranulat werden so sichere Spielplatzbeläge.

Recycling von Altreifen
Abb.: Ralf Bohle & Co GmbH, Bergneustadt

A

davon wird der **Runderneuerung** zugeführt oder anderweitig verwertet. Neue Forschungsergebnisse haben weitere Verwertungsmöglichkeiten aufgezeigt.
Erfolgversprechend erscheinen Hochtemperaturverfahren, bei denen die Altreifen durch Einwirkung von Hitze in ihre chemischen Bausteine zerlegt werden.

ANS → Arbeitskreis zur Nutzbarmachung von Siedlungsabfällen

ARA → Abfalltechnikausschuß

Arbeitskreis zur Nutzbarmachung von Siedlungsabfällen (ANS)

Der 1968 gegründete ANS verfolgt gemäß Satzung die Aufgabe, eine zweckmäßige und umweltgerechte Behandlung und Verwertung von Siedlungsabfällen (vor allen Dingen der biologischen **Abfall-Verwertung**) zu fördern. Er tut dies besonders durch Anregungen, Unterstützung von Vergabe von Untersuchungen, Veröffentlichung von Fachartikeln, Abhaltung von Kolloquien und die Aus- und Fortbildung von Fachleuten.

Asbesthaltige Abfälle

Lungengängige Asbestfasern zählen zu den krebserzeugenden Stoffen mit besonders hohem Gefährdungspotential. Wegen seiner chemischen und physikalischen Eigenschaften fand Asbest in mehr als 3.000 Produkten Verwendung. Im Bausektor wurde Asbest aufgrund verschiedener bautechnisch vorteilhafter Eigenschaften zur Herstellung von Baustoffen und Bauteilen verwendet. Heute ist die Verwendung von Asbest verboten. Nur noch für wenige Anwendungen gibt es Ausnahmeregelungen.
Größere Mengen a. A. fallen beim Abriß und bei der Sanierung von Gebäuden an. Von Bedeutung sind hier insbesondere Asbestzementprodukte, asbesthaltige Leichtbauplatten und Spritzasbest. Der unsachgemäße Umgang mit asbesthaltigen Abfällen kann zur Freisetzung von Asbestfasern führen. Es muß daher sichergestellt werden, daß Faserfreisetzungen während des gesamten Entsorgungsweges von der Anfallstelle bis zur Ablagerung so weit wie möglich ausgeschlossen sind.

A

Beim Abbruch von Gebäuden müssen alle asbesthaltigen Materialien durch vorherigen Ausbau getrennt erfaßt werden. Dies ist erforderlich, um ein Recycling der asbestfreien Baustoffe zu ermöglichen. Asbestzementprodukte sollen soweit wie möglich zerstörungsfrei und ohne Staubentwicklung entfernt werden. Spritzasbest soll in abgetrennten Arbeitsbereichen unter Unterdruck ausgebaut und möglichst an der Sanierungsbaustelle verfestigt werden. Als Bindemittel kommt überwiegend Zement zur Anwendung. Daneben gibt es Ansätze für eine Faserzerstörung mit Hilfe thermischer oder chemischer Verfahren. Asbesthaltige Leichtbauplatten werden üblicherweise in Kunststoffolien verpackt bzw. mit geeigneten Mitteln beschichtet oder penetriert. Asbesthaltige Abfälle sollen auf Hausmülldeponien oder auf Monodeponien abgelagert werden. Für eine Ablagerung auf Sonderabfalldeponien besteht keine Notwendigkeit. Zukünftig wird die Ablagerung ausschließlich auf Monodeponien bzw. auf Monoabschnitten von Deponien angestrebt.

Autowracks → Altautos

B

Basisabdichtung → Deponie – Basisabdichtung

Batterien
Geräte zur Speicherung elektrischer Energie. Man unterscheidet aufladbare Systeme (z. B. Blei-Akkumulatoren, Nickel-Cadmium-Akkumulatoren) und nicht aufladbare Systeme (z. B. Quecksilberoxid-B., Silberoxid-B., Zink-Luft-B., Alkali-Mangan-B., Zink-Kohle-B., Lithium-B.). Eine weitere Unterscheidung ist nach der Form möglich (Block-, Stab-, Flach-B., Knopfzellen). Alle B. enthalten mehr oder weniger umweltgefährdende Substanzen u. a. Quecksilber, Blei, Zink, Mangan, Nickel, Cadmium. Außer Blei- und Nickel-Cadmium-Akkumulatoren und Zink-Kohle- sowie Lithium-B. enthält jede B. Quecksilber (bis zu 30 Gewichtsprozent in Quecksilberoxid-B.). Die Mehrzahl der B. (Ausnahme: Akkumulatoren aus Kfz, Notstromanlagen u. a.) gelangt trotz bestehender Rückgabemöglichkeiten beim Handel und bei den Kommunen noch immer nach Gebrauch in den Abfall. Bei der anschließenden **Abfall-Behandlung** (vor allem bei der **Abfall-Verbrennung** und **Kompostierung**) werden die um-

weltgefährdenden **Schwermetalle** freigesetzt und belasten Mensch und Umwelt. Quecksilberoxid- und Alkali-Mangan-Batterien sind die Hauptquellen der Quecksilberbelastung im Hausmüll. Nach dem Entwurf einer Batterie-Verordnung sollen Industrie und Handel künftig verpflichtet werden verbrauchte B. zu erfassen, zu verwerten und zu entsorgen.

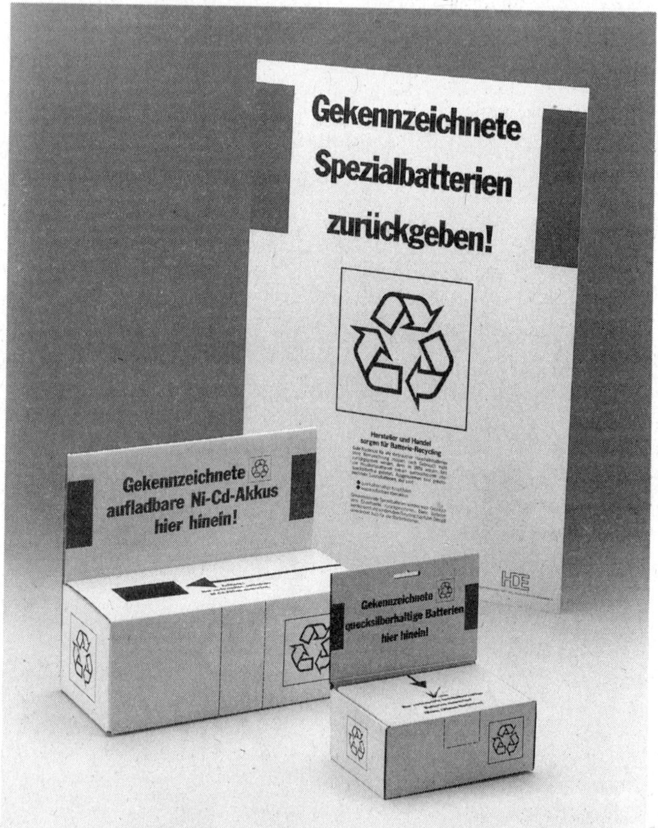

Gebrauchte Batterien und Akkumulatoren gehören zurück zum Handel oder in die Sondermüllsammlung

Bauschutt
Feste Abfallstoffe, die bei Gebäudeabbruch anfallen und überwiegend aus mineralischen Stoffen bestehen. Hierzu gehören alle Baustoffe, die in ursprünglicher, verfestigter oder gebundener Form im Hoch- und Tiefbau verwendet wurden und werden (Ausnahme **Straßenaufbruch**). Insgesamt fielen 1990 23 Mio t an und es wurden ca. 4 Mio t verwertet. Die restlichen Mengen wurden überwiegend auf **Monodeponien** gebracht. Die Verwertung dieser Abfälle gewinnt aufgrund der zunehmenden Verknappung des zur Verfügung stehenden Deponievolumens an Bedeutung.

→ **Inerter Abfall**

→ **Bergbauabfälle**
Bei der Erschließung und dem Abbau von Bodenschätzen entstehen Abfälle (z. B. Grubenberge, Waschberge). Allein beim Steinkohleabbau fielen 1989 64,8 Mio t Nebengestein als sog. **inerte Abfälle** an, das zu knapp 80% aufgehaldet wird. 13,6 Mio t (21%) werden im Straßen-, Damm- und Deichbau verwertet.

→ **Abfallrecht**

Betriebsbeauftragte für Rückstände
Entsprechend der Verordnung über B.f.R. vom 26. 10. 1977 (BGl. I S. 1913) müssen Betreiber bestimmter ortsfester Abfallbehandlungsanlagen und abfallerzeugender Anlagen seit dem 1. 1. 1978 einen B.f.R. bestellen.

Mit der Bestellung des B.f.R., die der nach Landesrecht zuständigen Behörde anzuzeigen ist, soll sichergestellt werden, daß für Betriebe und Anlagen, in denen mit dem Anfall von schwierig zu behandelnden oder besonders überwachungsbedürftigen **Abfällen** zu rechnen ist, ein sachkundiger und zuverlässiger Mitarbeiter sich verantwortlich mit der betriebsinternen Organisation und Überwachung der **Abfallentsorgung** befaßt.

Der B.f.R. ist „Mann des Betriebes“ und kein Erfüllungsgehilfe der Überwachungsbehörde, die keinen unmittelbaren Einfluß auf die Wahrnehmung seiner Geschäfte ausüben kann.

Zu seinen Pflichten gehören insbesondere, den Weg der Abfälle von der Entstehung bis zur Beseitigung zu überwachen, die Einhaltung der Gesetze zu kontrollieren und Mängel in der betrieblichen Abfallentsorgung der Betriebsleitung mitzuteilen bzw. Vorschläge zu machen, wie sie entsorgt werden können. Er muß die Betriebsangehörigen über schädliche Umwelteinwirkungen aufklären, die von den Abfällen ausgehen können. Gegenüber der Betriebszuleitung hat der B.f.R. auf die Einführung umweltschonender Verfahren zur Reduzierung der Abfälle hinzuwirken. Außerdem soll er auch die ordnungsgemäße und schadlose Verwertung oder sonstige Entsorgung der im Betrieb entstehenden **Reststoffe** achten. Vor Investitionsentscheidungen, die für die Vermeidung und Entsorgung von Abfällen bedeutsam sein können, muß die Betriebsleitung den B.f.R. rechtzeitig um Stellungnahme bitten.
Der B.f.R. muß über die zur Wahrnehmung seiner Aufgaben erforderliche Sachkunde und Zuverlässigkeit verfügen.
→ **Abfallgesetz, Abfall-Recht**

Bilgenöl

Die Bilge ist der tiefste Teil des Maschinenraums von Motorschiffen. Während des Betriebs sammeln sich in ihr ausgeflossenes Schmieröl und Treibstoffreste, Putzmittel, ausgetretenes Kühl- und Kondenswasser sowie eingetretenes Süß- oder Meerwasser. Dieses Öl/Wasser-Gemisch nennt man B. Es darf nicht über Bord gepumpt („gelenzt“) werden, da dies zu einer schweren Gewässerverunreinigung u. a. durch den Altölanteil (im Durchschnitt bei 65%) führen würde. Auf dem Rhein und seinen Nebenwasserstraßen sowie auf der Weser sind seit 1961 Bilgen-Entöler-Boote im Einsatz, welche B. aus Motorschiffen kostenlos abpumpen, das Öl von Wasser trennen und der **Altölsammlung** zuführen.
In gleicher Weise erfolgt inzwischen auch die Bilgenöl-Übernahme auf der Elbe und den Berliner Gewässern. Im Rheinstromgebiet z. B. haben die Entölerboote im Jahr 1990 bei über 10.700 Lenkungen ca. 8,6 Mio Liter B. aufgenommen.

→ **Altöl, Altölverwertung, Mineralölhaltige Abfälle**

B

Biofilter

Abluftreinigungsanlagen, bei denen der Schadstoff**abbau** durch **Mikroorganismen** erfolgt, die auf einem festen Träger wie z. B. **Kompost, Humus** oder Torf angesiedelt sind. Die Schadstoffe werden von den Mikroorganismen hauptsächlich zu Wasser und Kohlendioxid abgebaut. Schadstoffart und erforderlicher Reinigungsgrad bestimmen die notwendige Filterdimensionierung sowie die Investitionskosten. B. werden in Etagen- und Flachbauweise errichtet. Die Betriebssicherheit hängt wesentlich von der Einhaltung bestimmter, für die Biologie erforderlicher Milieubedingungen (Temperatur, Feuchtigkeit, Homogenität) ab. Ausführliche Erläuterungen bietet die VDI-Richtlinie 3477 – Biologische Abgasreinigung – Biofilter – 1991. Vorrangig werden B. zur Desodorierung von Abluft organischen Ursprungs eingesetzt (z. B. in Kompostanlagen, Tierkörperbeseitungsanlagen, Blutmehlfabriken, **Intensivtierhaltung** und kommunalen **Kläranlagen**). Es gibt zudem verstärkte Bestrebungen, B. zur Abscheidung von organischen Lösemitteln einzusetzen.

→ **Kompost-Filter, Kompostierung, Tierkörperverwertung**

Biogas

Klärgas (Sumpfgas, Faulgas). Durch **Abbau organischer** Substanzen in Abwesenheit von Sauerstoff entstehendes Gas, das zu 50 bis 70 Prozent aus dem hochwertigen Energieträger Methan, zu 27–43% aus Kohlendioxid sowie aus Spuren von Schwefelwasserstoff, Stickstoff, Wasserstoff und Kohlenmonoxid besteht. Der durchschnittliche Heizwert von B. beträgt 6.000 Kcal/m^3 (entsprechend 25.000 kJ/m^3). B. kann aus nahezu allen **organischen Abfällen** (u.a. menschliche und tierische Exkremente, **tierische** und **pflanzliche Reststoffe**) hergestellt werden. Methangas-Emissionen entstehen auch auf Reisfeldern, in Sümpfen und Mooren, Ozeanen, im Süßwasser sowie bei nichtbiologischen Prozessen in der Industrie und bei Vulkanausbrüchen. Das aus biologischen Prozessen stammende Methan trägt als klimawirksames Spurengas zum Treibhauseffekt bei. Aufgrund seines relativ hohen Heizwertes kann es zur Wärme- und Krafterzeugung genutzt werden. Bereits in den dreißiger Jahren gewannen die Städte Halle, Pforzheim, Essen, Heilbronn, Erfurt und München im Bereich ihrer **Kläranlagen** B. für den Betrieb ihres Fuhrparks. Bei optimalen Produktionsverfahren lassen sich heute aus den organischen Abfällen eines Einwohners ca. 30 bis 35 Liter B. pro Tag gewinnen. Bei einer flächendeckenden B.-Gewinnung innerhalb der Bundesrepublik Deutschland ließen sich so – zumindest theoretisch – 650 Mio m^3 B., dieses entspricht etwa 600 Mio Liter Heizöl, erzeugen.

→ **Deponiegas, Energie-Rückgewinnung, Holzabfälle**

Biogas-Anlagen

Zur Herstellung von **Biogas** geeignete Anlagen. Bei B. für **tierische Reststoffe** unterscheidet man kontinuierliche und diskontinuierliche Systeme.

Beim kontinuierlichen System wird in täglich gleichen Mengen das Faulgut (**organische Abfälle**) in einem Faulbehälter gegeben und die gleiche Menge entnommen; die tägliche Gasproduktion ist dabei nahezu konstant. Beim diskontinuierlichen System sind mindestens zwei Behälter vorhanden, die abwechselnd befüllt und entleert werden; die Gasproduktion schwankt dabei je nach Füllstand der Behälter. B. können aus allen im Behälterbau üblichen Materialien bestehen. Art und Form hängen vom gewählten Gesamtkonzept der Anlage ab. Die Faulraumgröße wird bestimmt durch die zur Verfügung stehende Menge an Faulgut sowie die Aufenthaltszeit im Faulbehälter, welche hauptsächlich von der gewählten Faultemperatur, auf die das Gärmaterial aufgeheizt werden muß (üblich um 33 °C), abhängt. Bei längeren Aufenthaltszeiten ist ein größerer Behälter notwendig als bei kürzeren. Hingegen ist die notwendige Behälter-Isolierung und die Verfahrenstechnik um so aufwendiger, je höher die Temperatur ist, da das Faulverfahren empfindlicher z. B. gegen Temperaturschwankungen wird. Je nach Beschaffenheit des Faulgutes können festere Stoffe im Behälter eine Schwimmdecke und eine Sinkschicht herausbilden, die den Faulprozeß beeinträchtigen. Daher muß das Faulgut regelmäßig gemischt werden. Dies kann durch mechanisches Rühren, Umpumpen des Faulguts, Gaseinpressen und durch Nutzung des Gaseigendrucks erfolgen.

Biogas-Einsatz

Biogas läßt sich in allen bekannten Gasgeräten und Maschinen verwenden. Durch einfache Umrüstung der Düsen kann es in einem Gasherd, einem Gaskessel, einer Gastherme oder einer Trocknungsanlage verbraucht werden. Eine sehr gute Nutzung der hochwertigen Energiequelle Biogas ist durch Betrieb einer Wärme-Kraft-Kopplung möglich. Dabei treibt ein Gasmotor einen Generator an. Die Abwärme des Motors wird als Heizwärme verwandt, der elektrische Strom in Haushalt und Betrieb verbraucht und Überschüsse in das öffentiche Stromnetz eingespeist. Das Gas kann ebenfalls für Fahrzeugmotore genutzt werden. Beispielsweise fuhr der gesamte Fuhrpark der Stadt Stuttgart 1955 mit Biogas aus der Kläranlage. Jedoch sind nur geringe Aktionsradien wegen der geringen Füllmenge der Gasflaschen und der heutigen hohen PS-Zahlen von PKW und Traktor möglich.

Biogas-Sicherheitsbestimmungen

Bestimmungen, die Sicherheitsfragen beim Betrieb von **Biogas-Anlagen** (z. B. bei **Kläranlagen**, landwirtschaftlichen Produktionsbetrieben) regeln, um Gesundheitsschäden für dort arbeitendes Betriebspersonal zu verhindern. Bei Anlagen für **tierische** Reststoffe, die sich überwiegend im Privatbesitz von Landwirten befinden, gilt die „Unfallverhütungsvorschrift der Landwirtschaftlichen Berufsgenossenschaft/Abschnitt 5 (Biogas) aus dem Jahre 1958“. Diese Schrift wird z. Z. im Auftrag des Bundesministeriums für Ernährung, Landwirtschaft und Forsten überarbeitet.

Für Kläranlagen gelten verschiedene Vorschriften wie das „Arbeitsblatt Regelwerk DVGW (Deutscher Verein für Gas- und Wasserfachleute) G 430 Richtlinie für die Aufstellung und Betrieb von Niederdruck-Gasbehältern/Mai 1964“ und das „Merkblatt der Bundesarbeitsgemeinschaft der gemeindlichen Unfallversicherungsträger Explosionsschutz in abwassertechnischen Anlagen/1968“.

Biologische Behandlung von Abfällen

Restmüll kann in der Regel wegen möglicher Gefährdungen von Grundwasser und Luft nicht direkt auf **Deponien** abgelagert

B

werden. Mit Hilfe der b.B. soll die Deponierbarkeit des Restmülls verbessert werden. Als Behandlungsverfahren stehen grundsätzlich aerobe Verfahren (**Rotte, Kompostierung**) und anaerobe Verfahren (Vergärung) zur Verfügung. Die b.B. führt zu einer Umsetzun der leicht abbaubaren Bestandteile des Restmülls. Dadurch wird der Deponievolumenbedarf verringert. Ferner werden **Sickerwasser**belastung und **Deponiegas**anfall reduziert. Besondere Beachtung muß der Vermeidung von Geruchsemissionen bei der biologischen Behandlung gewidmet werden.
Die angestrebte immissionsneutrale Ablagerung läßt sich mit der b.B. allerdings nicht erreichen. Hierzu müßte der Restmüll in einen glasschlackeähnlichen Zustand gebracht werden. Die b.B. bewirkt keine Zerstörung der im Restmüll enthaltenen resistenten Chemikalien. Darüber hinaus sind Einrichtungen zur Erfassung und Behandlung von Deponiegas und Sickerwasser erforderlich, die noch Jahrzehnte nach Abschluß der Deponie unterhalten werden müssen.

Bioreaktor-Deponie

In **Deponien**, in denen biologisch abbaubare Abfälle abgelagert werden, laufen über lange, weitgehend unbestimmte Zeiten (mehrere Jahrzehnte) biologische, chemische und physikalische Prozesse ab, die zur Veränderung der abgelagerten Abfälle, zur Entstehung von **Deponiegas**, zu stark belastetem **Sickerwasser** und zu Setzungen des **Deponiekörpers** führen. Solche Deponien, z. B. die herkömmlichen Hausmülldeponien und Klärschlamm-Monodeponien, werden als Endlager bezeichnet. Das Deponieverhalten von Endlagern wird sehr viel ungünstiger eingeschätzt, als das von Mineralstoff-Deponien oder Reststoff-Deponien.
→ **Endlager**

Biotonne

Spezielle Tonnen oder Container, in denen nur die kompostierbare Fraktion, in der Regel im **Holsystem**, gesammelt wird. Ziel ist die Erzeugung eines schwermetallarmen Kompostrohstoffes. Die in einem Haushalt anfallende Menge an nativ-organischem Material hängt stark vom Gartenanteil, der Jahreszeit und dem

Grad der Eigenkompostierung ab. Für die Sammlung der organischen Abfälle werden die üblichen Tonnen und Container aber auch spezielle Behälter mit Belüftungsschlitzen angeboten.
→ **teilintegriertes System, Sammelsysteme für Wertstoffe**

Bodenaushub

Erdreich, das zur Vorbereitung von Baumaßnahmen im Hoch- und Tiefbau und Gebäudebau ausgehoben und abgetragen wird und an Ort und Stelle nicht verwertet werden kann. Unbelasteter B. ist zu verwerten und darf nicht auf **Deponien** abgelagert werden. Sofern eine unmittelbare Verwertung nicht möglich ist, sollte unbelasteter B. zwischengelagert werden. Mutterboden, ein hochwertiger Rohstoff, sollte nicht mit sonstigen B. vermischt, sondern als solcher weiterverwendet werden.
→ **Bauschutt, inerter Abfall**

Bodenreinigung

→ **Dekontaminierungsmaßnahmen**

Brennstoff aus Müll (BRAM)

Sammelbegriff für feste Brennstoffe, die mit mechanischer Aufbereitungstechnik (**Sortierung**) bzw. Verfahren der Materialrückgewinnung aus kommunalen Abfällen hergestellt werden. Im Unterschied zur Wärmenutzung bei der **Abfall-Verbrennung,** bei der i.a. eine direkte energetische Nutzung der bei der Abfallverbrennung freiwerdenden Wärme erfolgt, wird bei BRAM zunächst mit Verfahren der mechanischen Abfall-Aufbereitung aus den heizwertreichen Fraktionen des Abfalls ein Brennstoff gewonnen, der dann zu einem späteren Zeitpunkt und (meist) örtlich unabhängig von der BRAM-Anlage energetisch genutzt werden soll. Da dies nur mit den bei der Abfallverbrennung üblichen Abgasreinigungseinrichtungen möglich ist, gibt es nur einen eingeschränkten Nutzungsbereich, z. B. in Zementwerken. BRAM sollte einen hohen Heizwert, einen geringen Wasser- und Aschegehalt und einen geringen Schadstoffgehalt haben und lager- sowie transportfähig sein. Die Auslegung bekannter Verfahren zur Herstellung von BRAM unterscheidet sich in Aufwand und Anzahl der Verfahrensschritte erheblich. Einfache Systeme beschränken sich im wesentlichen auf Grobzerkleinerung, Ei-

senauslese und Grobsortierung, während aufwendige Verfahren viele Verfahrensschritte aufweisen.
→ **Abfall-Aufarbeitung, Abfall-Behandlung, Abfall-Verwertung, Energienutzung**

Bringsystem

System, bei dem der Bürger außerhalb der Müllabfuhr **Wertstoffe** zu einer Sammelstelle (Stellplatz, **Recyclinghof**) bringen muß, wo die Wertstoffe entweder in **Depotcontainern** für einzelne Wertstoffe oder **Mehrkammerdepotcontainern** für unterschiedliche Wertstofffraktionen gesammelt werden.
→ **Additive Systeme, Sammelsysteme für Wertstoffe**

Bündelsammlung

Sammelverfahren, bei dem an einem vorgegebenen Abfuhrtag Altstoffbündel zur Abholung an den Straßenrand gestellt werden. Bekannt ist diese Form der Sammlung aus der Papier- und Textilienerfassung. Als Sammler treten zumeist Vereine oder karitative Organisationen auf.
→ **Getrennte Sammlung, Additive Systeme**

Bürgerbeteiligung

Gesetzlich geregelte Beteiligung von Bürgern an Planfeststellungsverfahren oder Genehmigungsverfahren öffentlicher Institutionen; auch: Einbeziehung und Beteiligung von Bürgern in Planungsvorhaben allgemein. Bei allen raumbezogenen Planungen (z. B. Bundesbaugesetz, Städtebauförderungsgesetz) und umweltschutzrelevante Vorhaben (z. B. **Bundes-Immissionsschutzgesetz, Abfallgesetz**) ist heute eine weitgehende B. gesetzlich vorgeschrieben.

Im Rahmen der Planfeststellung für Deponien nach dem Abfallgesetz erfolgt die B. durch die öffentliche Bekanntmachung der Auslegung der Planunterlagen, der Auslegung der Planunterlagen als solcher und durch einen Erörterungstermin, bei dem die von den Bürgern erhobenen Einwendungen erörtert werden. Jeder Bürger, dessen Belange durch das geplante Vorhaben behindert sind, kann Einwendungen gegen dieses Vorhaben vortragen. Die Einzelheiten sind in den Verwaltungsverfahrensgesetzen der Bundesländer geregelt.

Viele Planungsträger erweitern dieses gesetzlich vorgeschriebene Verfahren sehr wesentlich durch eine intensive **Öffentlichkeitsarbeit** und Zusammenarbeit mit **Bürgerinitiativen.**
→ **Bürgerinitiativen, Öffentlichkeitsarbeit, Umweltverbände, Umweltverträglichkeitsprüfung**

Bürgerinitiativen

Vereinigungen engagierter Bürger, die sich z. B. für eine stärkere Verwertung von Abfällen einsetzen oder gegen den Bau einer **Abfall-Behandlungs**anlage eintreten können.
Die Entstehung von B. wurde in der Vergangenheit oft durch mangelnde **Bürgerbeteiligungen** an staatlicher Planung begünstigt, da sich die Bürger von öffentlichen Planungsvorhaben benachteiligt fühlten. B. haben oft sehr wesentlich zur Verbesserung oder Vervollständigung von Planungen beigetragen, aber auch durch ihre Widerstände die Planung und Bauzeit wichtiger, dringend benötigter Entsorgungsanlagen verzögert. Die Anlagenträger versuchen heute teilweise durch sehr frühzeitige Bürgerbeteiligung und Öffentlichkeitsarbeit eine frühzeitige Information einer breiten Öffentlichkeit über ihre Planungsvorhaben sicherzustellen. In den letzten Jahren haben sich eine ganze Reihe von B. gegen die Planung von Abfallbeseitigungsanlagen, insbesondere gegen **Sonderabfall**behandlungsanlagen gebildet.

Bundes-Immissionsschutzgesetz (BImSchG)

Das Gesetz zum Schutz vor schädlichen Umwelteinwirkungen durch Luftverunreinigungen, Geräusche, Erschütterungen und ähnliche Umwelteinwirkungen von 1974 wurde am 14. 5. 1990 (BGBl. I S. 880) neu gefaßt und zuletzt am 22. 4. 1993 (BGBl. I S. 466) durch das Investitionserleichterungs- und Wohnbaulandgesetz geändert. Es bildet die Grundlage für ein umfassendes bundeseinheitliches Recht der Luftreinhaltung, Lärmbekämpfung und Anlagensicherheit. Das BImSchG enthält u. a. Bestimmungen über die Einrichtung und den Betrieb umweltgefährdender Anlagen (z. B. **Abfallverbrennungsanlagen, Sonderabfall-Behandlungsanlagen**), die Beschaffenheit und den Betrieb umweltgefährdender Fahrzeuge, den Schutz bestimmter Gebiete und die Bestellung von Immissionsschutz- und Störfallbeauftragte. Daneben enthält das BlmSchG in § 5 Abs. 1 Nr. 3 eine Verpflichtung für die Betreiber genehmigungsbedürftiger Anlagen, Reststoffe aus dem Betrieb der Anlagen zu vermeiden oder zu verwerten. Erst wenn diese Möglichkeiten technisch nicht möglich oder unzumutbar sind, darf ein Reststoff als Abfall entsorgt werden. § 5 Abs. 1 Nr. 4 verpflichtet die Betreiber bestimmer genehmigungsbedürftiger Anlagen, die entstehende Wärme wenn möglich zu nutzen oder an Dritte abzugeben.

→ **Abfallverwertung, Immission, Kooperationsprinzip, Stand der Technik, Verursacherprinzip, Vorsorgeprinzip, Wärmenutzung**

Bundesminister für Forschung und Technologie (BMFT)

Aufgabe des BMFT ist es u. a. auch, Forschung und technologische Entwicklung im Dienste der Umwelt voranzutreiben. Wegen der ökologischen Zusammenhänge, der oft schwierigen Zuordnung von Ursachen und Wirkungen und der Komplexität der technischen Probleme ist hierzu eine umfassende, interdisziplinäre Forschung notwendig, die vom BMFT durch finanzielle Förderung von Forschungseinrichtungen und -projekten unterstützt wird. Insbesondere wenn es sich um Grundlagenforschung oder um typische Querschnittsaufgaben handelt, wenn grundlegende Entwicklungen mit hohen technischen und wirtschaftlichen Risiken zur Anwendungsreife gebracht werden sollen, wenn eine Umweltschutztechnik im überwiegenden Interesse der Allgemeinheit bereitgestellt werden soll, wenn die öffentliche Hand selbst in der Verantwortung steht, für die Erhaltung der Umwelt zu sorgen (kommunale Abwässer, Abfälle) oder wenn Technologie- und know-how-Transfer aus öffentlich geförderten Einrichtungen in den Bereich der privaten Wirtschaft erfolgen soll, setzen die Fördermaßnahmen des BMFT an. Staatliche Förderung ist bei Vorhaben in der Wirtschaft nur als Ergänzung zu einer erheblichen finanziellen Eigenbeteiligung an den Kosten möglich, da sie nicht in die Eigenverantwortung der Wirtschaft für den Umweltschutz eingreifen oder sie gar ersetzen soll.

→ **Projektträgerschaft**

Bundesministerium für Umwelt, Naturschutz und Reaktorsicherheit (BMU)

Die bis 1986 auf verschiedene Ressorts des Bundes (u. a. Bundesminister des Innern, Bundesminister für Ernährung, Landwirtschaft und Forsten, Bundesminister für Jugend, Familie und Gesundheit) verteilten Kompetenzen und Aufgaben im Bereich des Umweltschutzes wurden nach einem Organisationserlaß des Bundeskanzlers (5. 6. 1986) weitgehend in einem neuen Ministerium (BMU) zusammengefaßt. Das BMU ist seitdem auf Bundesebene für folgende Fragen zuständig:

- Luftreinhaltung
- Lärmbekämpfung
- Abfallwirtschaft
- Wasserwirtschaft (u. Gewässerschutz)
- Naturschutz und Landschaftspflege
- Bodenschutz
- Umweltchemikalien
- Gesundheitliche Belange des Umweltschutzes
- Sicherheit kerntechnischer Einrichtungen
- Strahlenschutz

Allerdings verfügen auch andere Bundesressorts weiterhin über Zuständigkeiten mit Umweltbezug. Um alle Umweltaktivitäten zu koordinieren und zu steuern, wurde ebenfalls 1986 der „Kabinettsausschuß Umwelt und Gesundheit“ unter dem Vorsitz des BMU gegründet. Bei der Erfüllung seiner Aufgaben wird der BMU fachlich durch die ihm unterstellten Bundesbehörden **Umweltbundesamt** (Berlin), Bundesamt für Strahlenschutz (Salzgitter) und Bundesamt für Naturschutz sowie durch das „Institut für Wasser-, Boden- und Lufthygiene“ (unter der Fachaufsicht des BMU) des Bundesgesundheitsamtes unterstützt.

Bundesverband der Deutschen Entsorgungswirtschaft e.V. (BDE)

Bundesweiter Zusammenschluß und Interessenvertretung der privaten Entsorgungsbetriebe mit Sitz in Köln (Fach- und Arbeitgeberverband). Der Verband wurde 1961 als Verband privater Städtereinigungsbetriebe (VPS) gegründet. 1986 wurde der VPS in BDE umbenannt.

Dem BDE gehörten 1992 ca. 800 eigenständige Unternehmen

B

als ordentliche Mitglieder an, die ca. 20.000 Städte und Gemeinden in der Bundesrepublik Deutschland entsorgen. Daneben werden 70% der hausmüllähnlichen Gewerbeabfälle und rund 95% des Sonderabfalls von den Mitgliedsfirmen des BDE entsorgt. Der BDE veranstaltet Fortbildungsseminare, Symposien u. a. und berät seine Mitglieder in allen abfallwirtschaftlichen Fragen sowie in Fragen der Öffentlichkeitsarbeit.

CCMS → NATO-Umweltausschuß

C

Chlorierte Kohlenwasserstoffe (CKW)

Sammelbezeichnung für organische Verbindungen, die chemisch gebundenes Chlor enthalten. Einige CKW verursachen aufgrund ihrer schlechten Abbaubarkeit und ihrer Toxizität erhebliche ökologische Schäden. Viele der CKW werden biologisch (d. h. im Stoffwechsel von Pflanzen und Tieren) oder ökologisch (d. h. im natürlichen Stoffkreislauf) nur sehr langsam zersetzt; sie können sich aufgrund ihrer guten Fettlöslichkeit im Fettgewebe von Mensch und Tier anreichern. Darüber hinaus sind viele CKW von erheblicher Giftigkeit, einige können krebserzeugend wirken. Zu den CKW gehören u. a. auch PCB oder die polychlorierten Dibenzodioxine (Dioxine), durch die z. B. infolge eines Störfalls im Jahre 1976 bei Seveso in Italien ein ganzer Landstrich vergiftet wurde.
Typische Anwendungsgebiete für CKW sind **Pflanzenschutzmittel** (z. B. Chlordan – in der Bundesrepublik Deutschland verboten), Holzschutzmittel (z. B. Pentachlorphenol – in der Bundesrepublik Deutschland verboten), Reinigungs- und Lösemittel (z. B. Trichlorethylen, Perchlorethylen), die Kunststoffherstellung (z. B. Vinylchlorid, **Polyvinylchlorid**) und Narkosemittel (z. B. Halothan). In der Bundesrepublik Deutschland werden jährlich mehr als 2 Mio t CKW (davon 1,3 Mio t PVC) hergestellt.
→ **Halogenierte Kohlenwasserstoffe, Sonderabfälle**

Container

Allgemein geschlossene Behälter, geeignet zur Beförderung von Gütern durch unterschiedliche Verkehrsmittel, ohne Umpacken der Ladung.

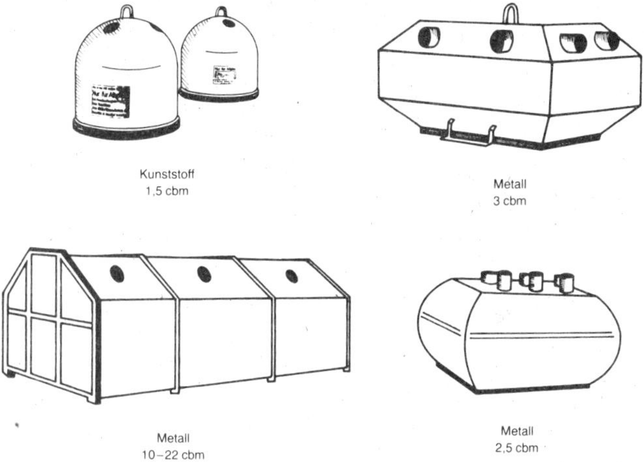

Altglassammelcontainer
Quelle: Informationszentrum Glas

Im Zusammenhang mit der Abfallsammlung versteht man unter C. offene oder geschlossene Behälter bis zu 40 m^3 Inhalt, die zur Aufnahme von Abfällen und/oder Wertstoffen geeignet sind und vornehmlich im Straßentransport bewegt werden. Der Einsatz derartiger C. erfolgt überwiegend bei der Erfassung von Geschäfts- bzw. **Industrieabfällen**.

Bei **getrennter Sammlung** sind spezielle, zentral aufgestellte Behälter gemeint, die entsprechend dem Verwendungszweck entweder mit Löchern (**Altglas**sammlung) oder mit Einwurfschlitzen (**Altpapier**sammlung) versehen sind.

→ **Container-Sammlung, Kombicontainer**

Container-Sammlung

Getrennte Sammlung verwertbarer **Abfälle** in Sammelbehältern an zentralen Orten.

Vorteil der C. ist, daß die Abfälle nach **Abfall-Arten** (bei der **Altglas**-Sammlung auch nach Glasfarben) getrennt gesammelt werden und somit ohne zusätzliche **Sortierung** einer unmittelbaren Abfall-Verwertung zugeführt werden können. Die C. wird in nennenswertem Umfang zur Zeit nur von der Behälterglasin-

C

- ☐ Ist der Container für Hausfrauen beim Einkaufen zu Fuß und mit dem PKW leicht zugänglich?
- ☐ Fällt der Container hinreichend auf, ohne die Gegend zu verschandeln und abzuschrecken?
- ☐ Ist der Grundbesitzer (Stadt, Gemeinde, Private) mit der Aufstellung des Containers einverstanden?
- ☐ Kann der Container regelmäßig entleert werden, ohne daß dabei Verkehrsprobleme entstehen?
- ☐ Ist der Container weit genug von Kindergärten, Kinderspielplätzen, Schulen und Krankenhäusern entfernt?
- ☐ Ist die Lärmbelästigung (durch Innenpolsterung und Hinweise, nur zwischen 7 und 20 Uhr Glas einzuwerfen) minimiert?
- ☐ Steht die zuständige Firma mit Telefonnummer sichtbar auf dem Container, so daß man sie verständigen kann, wenn es Probleme gibt?
- ☐ Ist die Bevölkerung durch Pressenotizen und anderweitig (Flugblätter, Aushänge) auf die Sammelaktion und speziell auf die Standplätze der Container hingewiesen worden?

Checkliste für das Aufstellen von Containern im Rahmen einer getrennten Sammlung
Quelle: Informationszentrum Glas

dustrie durchgeführt, während die Papiersammlung noch im Aufbau begriffen ist. Über Glascontainer werden derzeit (1986) bereits 1.076.000 t Altglas in die Glashütten zurückgeführt.

→ **Altglas-Verwertung, Haussammlung**

Chemisch-physikalische Abfallbehandlungsanlagen (CPB)

C. dienen zur Vorbehandlung vorwiegend pumpfähiger Sonderabfälle. Man unterscheidet grundsätzlich zwei Anlagentypen:

- die anorganische CPB
- die organische CPB

Die in der anorganischen CPB-Anlage behandelten Abfälle bestehen im wesentlichen aus Säuren, Laugen, schwermetallhaltigen Lösungen, Konzentraten und Dünnschlämmen sowie Lö-

sungen und Konzentraten mit toxischen Anionen wie Cyanid, Nitrit und Chromat. Diese Abfälle stammen überwiegend aus den Bereichen der Oberflächenbehandlung und der Hydrometallurgie.
Ziel der anorganischen CPB ist die Entgiftung der toxischen Anionen, Neutralisation der Säuren und Laugen, die Abtrennung der fällbaren Kationen, insbesondere der Schwermetalle sowie die Entwässerung von Schlämmen.
Die in der organischen CPB-Anlage behandelten Abfälle bestehen im wesentlichen aus Wasser mit Beimischungen von Ölen und Fetten sowie Feststoffen als Suspension. Sie kommen vornehmlich aus Benzin-, Öl- und Fettabscheidern sowie Schlammfängen (Tankstellen, Kfz-Waschanlagen und -Reparaturbetriebe), bestehen aus Schneid- und Bohrölemulsionen oder fallen bei der Reinigung von Lager-, Betriebs- und Transportbehältern für Schwer-, Leicht- und Schmieröle an. Die stoffliche Zusammensetzung dieser Abfälle bestimmt die Abfolge ihrer Behandlung. Als erstes werden die Feststoffe (Sand, Metallspäne, Rost) abgeschieden.
Diese Rückstände sind kaum deponierbar und müssen nach der **TA Abfall** in Sondermüllverbrennungsanlagen weiterbehandelt werden. Die sich anschließende Öl-/Wasserphase wird nach folgenden Verfahren durchgeführt:
- Chemische Emulsionsspaltung
- Thermische Emulsionsspaltung
- Membran-Verfahren.

De-Inking-Verfahren

Verfahren bei der Altpapieraufbereitung, bei dem die Druckfarben durch Zugabe von Hilfsmitteln herausgelöst und abgetrennt werden (Flotations- oder Waschverfahren). Voraussetzung für die Anwendung des D.-I.-V. ist, daß sich die Druckfarben aus dem Altpapier herauslösen lassen. Dies ist jedoch bei Anwendung moderner Druckverfahren nicht immer gegeben.
In der Bundesrepublik Deutschland wurden die D.-I.-Kapazitäten in den letzten Jahren kontinuierlich von 0,3 Mio t (1983) auf 1,4 Mio t (1990) erweitert. Durch den Einsatz des D.-I.-V. bei der Altpapieraufbereitung wird die Herstellung hochwertiger graphischer Recyclingpapiere, wie Druck-, Schreib-, Kopier-

D

papiere u. a., aus Druckerzeugnissen (z. B. sortierte Haushaltssammelware) möglich.

Dekontaminierungsmaßnahmen (von Böden)
Dekontaminierungsmaßnahmen haben das Ziel, den Schadstoffgehalt im kontaminierten Gefahrenbereich zu verringern oder ggf. ganz zu beseitigen.
Hier kommen folgende Verfahren zur Anwendung:

a) Mikrobielle Verfahren: Zersetzung organischer Schadstoffe mittels Mikroorganismen
b) Hydraulische Verfahren: Bodenspülprozeß unter Zugabe von Hilfsstoffen
c) Thermische Verfahren: Überführung der Schadstoffe des Bodens in den gasförmigen Zustand mit anschließender Verbrennung
d) Separationsverfahren
   - Bodenluftabsaugung: gasförmige Schadstoffe in der Bodenluft werden abgesaugt
   - Bodenwaschverfahren: ausgekoffertes, kontaminiertes Bodenmaterial wird ggf. unter Zugabe von waschaktiven Substanzen und Energie gereinigt.

Die Eignung der verschiedenen Dekontaminationsverfahren für die Sanierung hängt von der Art und Menge der vorhandenen Schadstoffe sowie der Beschaffenheit des kontaminierten Bodens ab.

Demonstrationsanlagen
Maßnahmen zur Vermeidung, Verminderung, Verwertung und umweltschonenden Behandlung von **Abfällen** erfordern sowohl die Anpassung entsprechender Anlagen an einen fortschrittlichen Stand der Technik als auch neue technische Verfahren, deren Entwicklung das Finanzvermögen und die Risikobereitschaft einzelner privater oder öffentlicher Unternehmen und Institutionen überfordern. Im Interesse des Umweltschutzes, aber auch zur Förderung von Know-How und Wettbewerbsfähigkeit der Wirtschaft, fördert die Bundesregierung die **Forschung und**

Entwicklung und in diesem Rahmen auch den Bau und Betrieb von D.

→ **Projektträgerschaft „Abfallwirtschaft und Altlastensanierung“**

Deponie

Abfallentsorgungsanlage zur dauerhaften, geordneten und kontrollierten Ablagerung von **Abfällen**. Die Ablagerung von Abfällen auf D. ist die Entsorgungsmethode für Restabfälle, die nicht vermieden, nicht verwertet und nach Möglichkeit vorbehandelt worden sind. Auf D. mit unterschiedlichen abgelagerten Abfällen (**Hausmülldeponien**, **Sonderabfalldeponien**) laufen die physikalischen, chemischen und mikrobiologischen Prozesse im **Deponiekörper** weitgehend unkontrolliert ab. Die dadurch ausgehenden **Sickerwasser-** und **Deponiegas**emissionen sind durch geeignete technische Maßnahmen zu minimieren.

Grundlage für Planung, Bau und Betrieb aller (oberirdischer) Deponien sollte das **Multibarrierenkonzept** sein, das immer mehrere Sicherheiten bietet:

- Der **Deponiestandort** sollte hydrologisch und geologisch geeignet sein (hohes Adsorptionsvermögen, geringer Gebirgsdurchlässigkeitsbeiwert, ausreichender Sicherheitsabstand zum Grundwasserleiter).
- **Das Deponiebasisabdichtungssystem** sollte für eine lange Zeit unterbinden, daß Sickerwasser in den Untergrund gelangt. Die Funktionstüchtigkeit des Basisabdichtungssystems muß insbesondere in den ersten Jahrzehnten gewährleistet sein, da in dieser Zeit schlecht vorhersagbare, teilweise hochbelastete Sickerwasserzusammensetzungen zu erwarten sind (Dichtungsarten).
- Im Deponiekörper sollen sich die Abfallstoffe weitgehend immobil verhalten. Stoffe, die miteinander reagieren und somit ein Umweltrisiko darstellen, sind von der Ablagerung auszuschließen (Zuordnungskriterien).
  Der Deponiekörper muß in sich selber und in bezug auf seine Umgebung mechanisch stabil hergestellt werden (Verdichtung).
- Der Eintrag von Fremd- und Niederschlagswasser in den Deponiekörper muß durch eine **Deponie-Oberflächenabdichtung** minimiert werden.

D

- Die Folgenutzung der verfüllten Deponie muß kontrolliert werden, um eine Beschädigung der Oberflächenabdichtung auszuschließen.
- Das **Deponielangzeitverhalten** muß kontrolliert und dokumentiert werden.

Nur bei Beachtung des Multibarrierekonzepts kann eine Deponie umweltverträglich sein.

Im Jahre 1987 gab es in der Bundesrepublik Deutschland über 4.200 Deponien, die eine Abfallmenge von mehr als 123 Mio t aufnahmen. Die bisher übliche Klassifizierung der Deponien ist:

- Erdaushubdeponien
- Bauschuttdeponien
- Hausmülldeponien
- Industrieabfalldeponien
- Monodeponien (Schlacke, Schlämme, u. ä.)
- Sonderabfalldeponien
- Untertagedeponien

Künftig werden Abfälle entsprechend den Anforderungen entsorgt, die in den **Technischen Anleitungen** (**TA Abfall**) zum **Abfallgesetz** festgelegt sind. Die Deponien, die nach diesen Technischen Anleitungen errichtet werden, sind komplexe Ingenieurbauwerke, die nicht nur über moderne technische Anlagen im eigentlichen Ablagerungsbereich verfügen (Sickerwasserfassungssystem, Sickerwasserreinigung, Deponiegasfassungssystem, Deponiegasreinigung, Deponiegasverwertung, teilweise **Abfallbehandlungsanlagen**) sondern auch über eine bauliche Infrastruktur verfügen, wie Deponiestraßen, Betriebsgebäude mit verschiedenen Räumen, Hallen und Werkstätten für Fahrzeuge und Geräte, Speicherbehälter für Wässer aus dem Deponiebereich und umfangreiche Meßeinrichtungen für Wetterdaten und Deponiekontrolldaten. Solche modernen Entsorgungsanlagen werden meist als große Zentraldeponien kostengünstig geführt.

→ **Hausmülldeponie, Monodeponie, Müllkippe, Sickerwasser, Sonderabfalldeponie, Untertagedeponie**

Deponiebasis-Abdichtung

Technische Einrichtungen an der Basis von Deponien zum Schutz des Bodens und des Grundwassers vor Schadstoffen.

Flüssige (z. B. Lösemittelrückstände, Altöle) und in Lösung gegangene Schadstoffe (z. B. Schwermetalle) würden der Schwerkraft folgend in den Untergrund versickern. Unterstützend wirkt hierbei ein Überangebot an Wasser aus Niederschlägen bzw. das durch Auflast freigesetzte Porenwasser. Dieser Schadstofftransport in flüssiger Phase soll durch die Basisabdichtung gestoppt und in Richtung **Sickerwasser**fassung/Sickerwasserreinigung umgelenkt werden. Ungereinigt darf Sickerwasser in der Regel nicht in das Grund- oder Oberflächenwasser eingeleitet werden. (Eine Ausnahme bildet Sickerwasser von unbelasteten Bauschuttdeponien).

Haus- und Sondermülldeponien werden heute in der Bundesrepublik Deutschland nicht mehr ohne Basisabdichtungen genehmigt.

Sie bestehen in der Regel von unten nach oben aus folgenden Komponenten:

- hochverdichtetes, mit dem erforderlichen Gefälle profiliertes Deponieauflager
- dichtende Schichten
- Entwässerungsschicht mit Entwässerungsröhren
- Feinmüllschicht

Da Dichtungs- und Entwässerungsschichten mit konstanter Stärke eingebaut werden, ist das erforderliche Gefälle zum

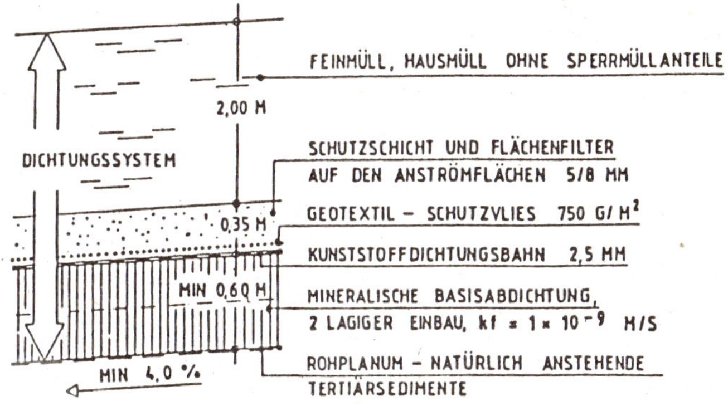

Abb. 1

D freien Abfließen des Sickerwassers schon bei der Herrichtung des Deponieauflagers anzulegen. Es dient als Planum für den weiteren Dichtungsaufbau, muß als Tragschicht für Dichtung und Deponieauflast hochverdichtet werden, damit spätere ungleichförmige Setzungen nicht die Dichtung zerstören können und muß unter den zu erwartenden Belastungen stabil sein. Gleichzeitig werden in den Vorschriften bestimmte Dichtigkeitsanforderungen an das Auflager gestellt.

Die D.-A. selbst kann aus natürlichen Materialien (z. B. Tone), aus künstlichen Materialien (z. B. Kunststoffdichtungsbahnen) oder deren Kombinationen bestehen. Als Regelabdichtung wird heute in der **Technischen Anleitung Abfall**, Teil 1 die Kombinationsdichtung angesehen.

Die Kontrollierbarkeit dieses Dichtungssystems ist nur indirekt gegeben, einmal durch Messung der Setzungen in den Dränagerohren, zum anderen in den Grundwasser-Meßstellen, hier allerdings erst mit mehrjähriger Verzögerung.

Eine direkte Dichtheitskontrolle ermöglicht erst eine Kontrolldränage unterhalb der Dichtung.

Reparierbar wird ein Dichtungssystem erst, wenn die Schadstelle auch lokalisiert werden kann. Das erfordert das Abteilen der Kontrolldränage in hydraulisch unabhängige Felder.

Eine andere Art der Reparaturmöglichkeit besteht im Injizieren von dichtenden Materialien in Extraschichten. Dazu sind aber

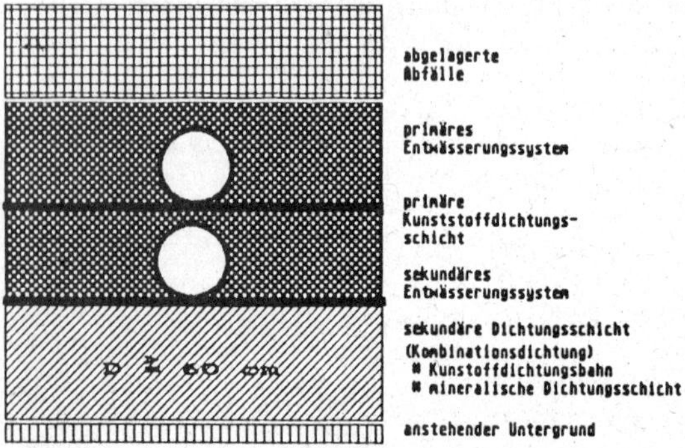

Abb. 2a

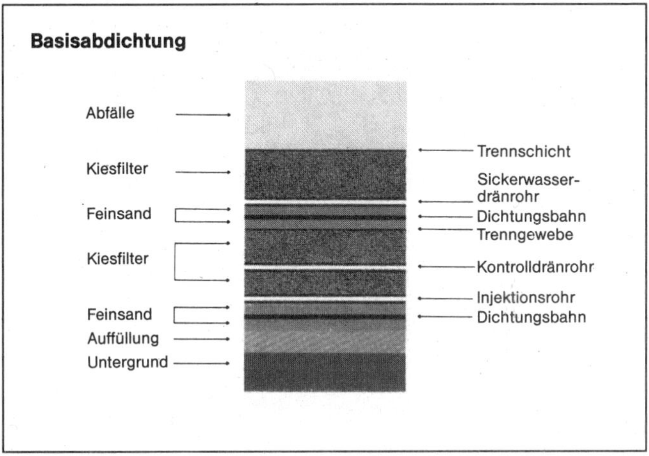

Abb. 2b

auch diese Schichten in Felder einzuteilen und mit Injektions- und Entlüftungsrohre auszustatten.

Deponiebetrieb

Sammelbegriff für alle auf der **Deponie** im Zusammenhang mit der Abfallablagerung ablaufenden Vorgänge. Er wird für das Betriebspersonal durch eine Betriebsanweisung eindeutig geregelt. Wichtig für den D. ist die Eingangskontrolle. Die angelieferten **Abfälle** werden auf ihre Zulässigkeit zur Ablagerung kontrolliert, gewogen und nach Art und Menge im Betriebstagebuch aufgenommen. Die Abfälle werden so eingebaut und verdichtet (**Abfallverdichtung**), daß die Deponien standfest sind und möglichst geringe Setzungen auftreten.
Durch betriebliche Maßnahmen (Einbautechnik, Zwischenabdeckung, Schutzwälle, Schutznetze) lassen sich die **Emissionen** einer Deponie (**Deponiesickerwasser**, **Deponiegas**, Papierflug, Staub, Lärm) entscheidend beeinflussen.
Zum D. gehört auch der Betrieb, die Unterhaltung und die Instandhaltung von Anlagen zur Fassung und Ableitung des Oberflächenwassers sowie zur Fassung und Ableitung des Deponiesickerwassers, ggf. auch von einer deponieeigenen **Deponie-**

D

Erweiterung der Deponie Vechta-Tonnenmoor – Toneinbau
Abdichtung des durchlässigen Sanduntergrundes durch verschweißte Kunststoffdichtungsbahnen aus HDPE auf mineralischer Dichtungsschicht aus Ton (Kombinationsdichtung)

sickerwasserbehandlungsanlage. Auch die auf zahlreichen Deponien befindlichen Entgasungseinrichtungen und Anlagen der **Deponiegas**verwertung können dazugehören. Ferner gehören die regelmäßigen Untersuchungen des Langzeitverhaltens (**Deponienachsorge**) und die Überprüfung der Emissionen dazu.
Ein ordnungsgemäßer D. vermindert erheblich das von einer Deponie ausgehende Gefährdungspotential.

Deponieentgasung

Die Entgasung von Hausmülldeponien, Klärschlammdeponien und Altablagerungen, auf denen organische Abfälle abgelagert wurden, ist erforderlich, um von der Deponie ausgehende gasförmige Emissionen in die Atmosphäre so weit wie möglich zu vermindern. Auch Brand- und Explosionsgefahren sowie Beeinträchtigungen des Pflanzenwuchses auf und in der Umgebung der Deponie werden so verhindert.
Es ist zu unterscheiden nach der passiven Entgasung und der ak-

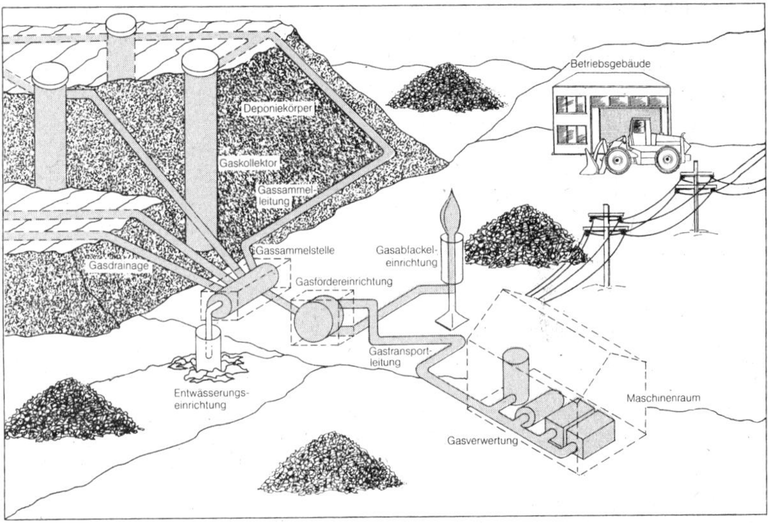

tiven Entgasung von Deponien. Bei der passiven Entgasung wird das **Deponiegas** durch den sich im Deponiekörper aufbauenden Gasdruck aus der **Deponie** gedrückt. Bei der aktiven Entgasung wird das Gas dagegen mit Hilfe von Gasfördereinrichtungen aus der Deponie abgesaugt.

Eine zufriedenstellende Gasfassung läßt sich nur mit Hilfe der aktiven Entgasung erreichen. Die passive Entgasung kommt nur bei Altdeponien mit sehr geringem Gasaufkommen zur Anwendung. Mit der Entgasung sollte bereits während des Deponiebetriebs begonnen werden.

Die Wirksamkeit der Deponieentgasung ist durch Messungen zu überprüfen. Dazu sind z. B. Begehungen der offenen und abgedichteten Deponieoberflächen und der Randbereiche mit Gasspürgeräten (z. B. Flammenionisationsdetektor) erforderlich. Weiterhin muß die Gasfreiheit der Vegetationsschicht mit Hilfe von Gaspegeln überprüft werden.

Deponiegas

D. entsteht bei der Ablagerung von organischen Abfällen, insbesondere auf **Hausmülldeponien**. Die Bildung von D. erfolgt überwiegend durch mikrobielle Abbaureaktionen. Die Hauptbestandteile des D. sind Methan und Kohlendioxid.

Voraussetzung für die Bildung von Gas im **Deponiekörper** ist ein weitgehender Ausschluß von Luft (anaerober Abbau). Weiterhin müssen bestimmte Milieubedingungen eingehalten werden. Der wichtigste Einflußfaktor ist der Wassergehalt im **Abfall**. Bei Wassergehalten über 60% ist die Methanbildung optimal. Auch die Temperatur im Müllkörper beeinflußt die Methanbildung. Optimale Bedingungen liegen im Temperaturbereich von 10 bis 45°C vor.

Die insgesamt produzierte Gasmenge (Gaspotential) liegt pro Tonne feuchtem Hausmüll nach Laborversuchen zwischen 150 und 250 m^3. Bei realen Deponien ist wegen unvollständiger Umsetzungsprozesse eher mit niedrigeren Werten zu rechnen. Die Gasproduktion setzt etwa ein Jahr nach Ablagerungsbeginn ein. Aussagen über die Gesamtdauer der Gasproduktion sind schwierig. Bei einzelnen Altablagerungen wurden noch Jahrzehnte nach Beendigung des Deponiebetriebs Methankonzentrationen von über 20% festgestellt.

Sofern keine Luft in den Deponiekörper eindringt, beträgt der Methangehalt des D. etwa 55% und der Kohlendioxidgehalt etwa 45%. In der Praxis sind die Methangehalte jedoch oftmals niedriger, da z. B. durch die Gasfassung und die Gasförderung eine Verdünnung des Deponiegases mit Luft erfolgt. Bei normalen Betriebsbedingungen liegen die Methangehalte bei etwa 35 bis 55%. Der Heizwert beträgt dementsprechend etwa 3,5 bis 5,5 kWh/m^3.

Neben den Hauptkomponenten Methan und Kohlendioxid enthält D. Sauerstoff und Stickstoff aufgrund des Eintritts von Luft sowie eine Vielzahl von Spurenstoffen. Dazu zählen insbesondere organische Verbindungen und Schwefelwasserstoff. Auch krebserzeugende Stoffe wie Benzol und Vinylchlorid sind in den meisten Fällen im D. enthalten. Der Anteil der Spurenstoffe liegt in der Regel deutlich unter 1%.

Durch D. können Beeinträchtgungen oder sogar Gefährdungen von Mensch und Umwelt hervorgerufen werden. So sind Geruchsbeeinträchtigungen, Brand- und Explosionsgefahren, Gesundheitsgefährdungen, Beeinträchtigungen des Pflanzenwachstums und Auswirkungen auf den Treibhauseffekt in der Atmo-

sphäre möglich. Hausmülldeponien müssen deshalb mit optimalen Systemen zur **Deponiegasfassung** und mit wirksamen Abdichtungssystemen ausgestattet werden. Das gefaßte Deponiegas ist nach dem **Stand der Technik** zu behandeln.
→ **Deponieentgasung**

Deponiegasbehandlung

Das aufgrund der **Deponieentgasung** anfallende Gas kann wegen der damit verbundenen Umweltbeeinträchtigungen nicht unmittelbar in die Atmosphäre abgeleitet werden. Es muß daher in der Regel einer Behandlung zugeführt werden. Nur in Ausnahmefällen wie z. B. bei der Schutzentgasung von bebauten Altablagerungen, wo nur geringe Gasmengen anfallen, wird Deponiegas gelegentlich unmittelbar abgeleitet.
Bei der D. ist zu unterscheiden nach der Behandlung mit und ohne Energienutzung. Die D. ohne Energienutzung erfolgt in Fackeln oder Brennmuffeln. Eine Behandlung mit Energienutzung kann einerseits in Feuerungsanlagen, Verbrennungsmotorenanlagen oder Gasturbinen und andererseits in Anlagen zur Aufbereitung von **Deponiegas** zu Erd- oder Flüssiggas erfolgen.
Die Verbrennung ohne Energienutzung sollte wegen der damit verbundenen Energieverschwendung nur in Ausnahmefällen erfolgen.
Da auch das aufbereitete Deponiegas bei der Nutzung verbrannt wird, ist die D. mit oder ohne Energienutzung letztendlich immer eine thermische Behandlung. Dabei wird das im Deponiegas enthaltene Methan zu Kohlendioxid und Wasserdampf umgesetzt. Halogenkohlenwasserstoffe werden zu Chlor- und Fluorwasserstoff umgesetzt; aus Schwefelwasserstoff entstehen Schwefeloxide. Bei unvollständiger Verbrennung können Halogenverbindungen auch zu Emissionen an hochtoxischen und persistenten Stoffen wie polychlorierten Dibenzodioxinen (PCDD) und polychlorierten Dibenzofuranen (PCDF) führen.
Eine Deponiegasreinigung vor der thermischen Behandlung ist erforderlich, wenn die Spurengehalte im Deponiegas zu Grenzwertüberschreitungen bei den Schadstoffemissionen aus Gasnutzungsanlagen führen oder wenn Korrosionsprobleme an Gasnutzungsanlagen zu befürchten sind. Es stehen verschiedene Technologien zur Deponiegasreinigung zur Verfügung. Auf den

Deponien Kapiteltal (Rheinland-Pfalz) und Brandholz (Hessen) sind Aktivkohleverfahren zur Gasreinigung im Einsatz, auf den Deponien Berlin-Wannsee und Braunschweig (Niedersachsen) erfolgt die Gasreinigung durch Absorption mit organischen Lösemitteln.

Deponiegasfackeln

Anlagen zur Verbrennung von Deponiegas ohne Energienutzung. Auf etwa 30% der in Betrieb befindlichen **Hausmülldeponien** erfolgt die **Deponiegasbehandlung** in D. Obwohl zukünftig eine umfassende Verwertung des anfallenden **Deponiegases** angestrebt wird, werden auch dann in vielen Fällen noch Fackeln als Sicherheitseinrichtung für den Ausfall der Gasnutzungsanlage benötigt.
Der einfachste und für lange Zeit am meisten verbreitete Fackeltyp ist die Bunsenfackel mit offener Flamme. Die Verbrennungsqualität dieses Fackeltyps wird durch äußere Witterungseinflüsse wie z. B. Wind stark beeinflußt. Durch die ungünstigen Verbrennungsbedingungen kann es zu erheblichen Schadstoffemissionen kommen. Dieser Fackeltyp zählt zu den Niedertemperaturfackeln.
Neuere Fackeln haben vollständig umschlossene Verbrennungsräume aus hitzebeständigem Stahl mit mehr oder weniger aufwendiger keramischer Auskleidung. Das Emissionsverhalten dieser Fackeln ist deutlich besser. Ein guter Abgasausbrand ist etwa bei Verbrennungstemperaturen ab 1000°C zu erwarten. Besonders niedrige Emissionswerte wurden bei Fackeln (Brennmuffeln) mit Verbrennungstemperaturen von etwa 1200°C ermittelt. Bei Temperaturen von mehr als 1000°C, teilweise auch bei mehr als 1200°C spricht man von Hochtemperaturfackeln. Gelegentlich werden Fackeln mit Verbrennungstemperaturen von 1000°C bis 1200°C auch als Mitteltemperaturfackeln bezeichnet.

Deponiegasfassung

Zum Deponiegasfassungssystem gehören Einrichtungen zur Fassung und Ableitung des Deponiegases. **Deponiegas** wird in der Regel mit Hilfe von Gasbrunnen, Kies- oder Schottersäulen abgesaugt. Insbesondere im Ablagerungsbereich kommen auch horizontale Fassungselemente (geschlitzte Kunststoffrohre) zum Einsatz.

Bei größeren **Deponien** wird das Gas aus den Gasbrunnen und den übrigen Fassungselementen über Kunststoffleitungen zu Sammelstationen geführt. Die verschiedenen Sammelstationen sind direkt oder über eine Ringleitung mit der Zentralstation verbunden. Gelegentlich kommen auch doppelte Ringleitungen zum Einsatz, in denen „Gutgas" für die Gasnutzung und „Schlechtgas" zur Verbrennung in Fackeln gefördert wird. Bei kleineren Deponien wird das Gas aus den Brunnen direkt zur Sammelstation geführt.

Als Gasfördergeräte kommen je nach dem erforderlichen Unterdruck z. B. Radialventilatoren und Drehkolbenmaschinen zum Einsatz. Die Regelung der Gasmenge und -qualität erfolgt entweder manuell oder mit Hilfe automatischer Systeme durch Einstellung des Unterdrucks an den Gasbrunnen und den Sammelstationen.

Zur Auslegung des Gasfassungssystems muß der zeitliche Verlauf des Deponiegasanfalls hinreichend bekannt sein. Die Gasmengen werden in der Regel rechnerisch nach Prognosemodellen ermittelt.

Deponiegasnutzung

Anlagen zur D. sind Anlagen zur Deponiegasbehandlung zur Minimierung der von der Deponie ausgehenden Schadstoffemissionen. Eine energetische Nutzung von **Deponiegas** bietet sich an aufgrund seines hohen Gehaltes an Methan. Ein m^3 Deponiegas hat etwa den Energieinhalt von 0,3 bis 0,4 l Heizöl. Der Heizwert von Deponiegas ist etwa identisch mit dem von Stadtgas.

Der Schwerpunkt der Deponiegasnutzung in Deutschland liegt bei der Stromerzeugung mit Hilfe von Verbrennungsmotorenanlagen und der Erzeugung von Raum- und Prozeßwärme durch Verbrennung in Feuerungsanlagen. Ende 1991 verfügten 32% der 295 in Betrieb befindlichen Hausmülldeponien über Anlagen zur Deponiegasnutzung. Nach den vorliegenden Planungen soll der Anteil in den nächsten Jahren auf über 50% ansteigen. Daneben gibt es eine größere Anzahl von Gasnutzungsanlagen auf bereits geschlossenen Deponien.

Mit der Verbrennung von Deponiegas in Feuerungsanlagen können in der Regel die höchsten Wirkungsgrade erzielt wer-

D

den. Da jedoch oftmals kein geeigneter Wärmeabnehmer in der Umgebung der Deponie vorhanden ist, ist der Anteil der Deponiegasfeuerungsanlagen an den Gasnutzungsanlagen vergleichsweise gering. Deponiegas wird überwiegend verbrannt in Dampf- und Warmwasserkesseln zur Gewinnung von Raumwärme, Prozeßwärme und gelegentlich auch zur Stromerzeugung sowie in Tunnelöfen von Ziegeleien und auch in Drehrohröfen in Zement- und Blähtonwerken. Ein besonders guter Abgasausbrand läßt sich mit Hilfe von Hochtemperaturfeuerungen (Verbrennungstemperatur > 1000°C) erzielen.

Auf der überwiegenden Zahl der Deponien erfolgt die D. durch Verstromung von Deponiegas über Verbrennungskraftmaschinen. (s. Abb.) Der elektrische Wirkungsgrad liegt dabei zwar nur bei knapp über 30%, der erzeugte Strom kann aber problemlos in das Stromnetz eingespeist werden. Aufgrund des Stromeinspeisungsgesetzes müssen die Elektrizitätsversorgungsunternehmen den Strom abnehmen und angemessen vergüten. Derzeit liegen die durchschnittlichen Erlöse zwischen 12 und 13,8 Pfennig/kWh.

Andere Möglichkeiten der D. die in Deutschland allerdings noch keine größere Bedeutung haben, sind der Einsatz in Gas-

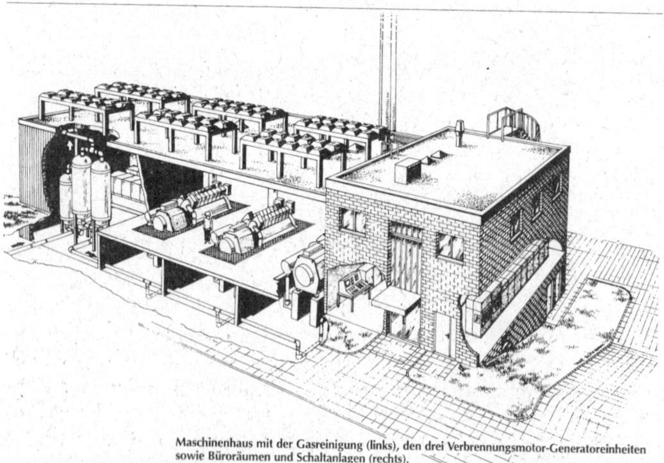

Maschinenhaus mit der Gasreinigung (links), den drei Verbrennungsmotor-Generatoreinheiten sowie Büroräumen und Schaltanlagen (rechts).

turbinen und die Aufbereitung zu Erdgas oder zu Treibstoff für Deponiefahrzeuge.
→ **Biogas**

Deponiekörper

Bezeichnung für die in einer **Deponie** abgelagerten Abfälle. Die Abfälle sollen in den D. hochverdichtet und hohlraumarm eingebaut werden, damit der D. standfest ist und nur sehr geringe Setzungen auftreten können.
Die Zusammensetzung des D. und damit das Deponieverhalten (**Deponiesickerwasser-** und **Deponiegas**emissionen, Setzungen) hängt von den abgelagerten **Abfällen** ab. Der D. ist so aufzubauen, daß keine nachteiligen Reaktionen der Abfälle untereinander oder mit dem Sickerwasser erfolgen. Der Aufbau erfolgt in Abschnitten (Führung eines Abfallkatasters).
Es dürfen nur Abfälle angelagert werden, die den Zuordnungskriterien für die Deponieklasse oder anderen behördlichen Auflagen entsprechen. Bei der Planung der Deponie ist das Verhalten des D. zu prognostizieren.

Deponielangzeitverhalten

Das langfristige Deponieverhalten wird vom zeitlichen Verlauf der Auslaugungs-, Gasbildungs-, und Setzungsprozesse der abgelagerten Abfälle bestimmt und hängt im wesentlichen vom Deponietyp (Mineralstoff-, **Hausmüll-**, **Sonderabfalldeponie**) ab. In Deponien, insbesondere Hausmülldeponien mit relativ mobiler Abfallvielfalt, laufen ungesteuerte biologische, chemische und physikalische Prozesse ab, die von den Eigenschaften der Abfälle (organisch, anorganisch, sauer, alkalisch, fest, flüssig) abhängen und sich nicht zuverlässig vorhersagen lassen. Bei der Deponieplanung müssen die für einen umweltverträglichen Betrieb erforderlichen Maßnahmen (**Deponiebasisabdichtungs**system, **Deponiesickerwasser**fassung und -behandlung, **Deponiegasfassung** und -behandlung, **Deponieoberflächenabdichtung**ssystem) berücksichtigt werden. Der Einsatz solcher Maßnahmen muß aufgrund regelmäßiger **Eigenkontrollen** gesteuert werden.

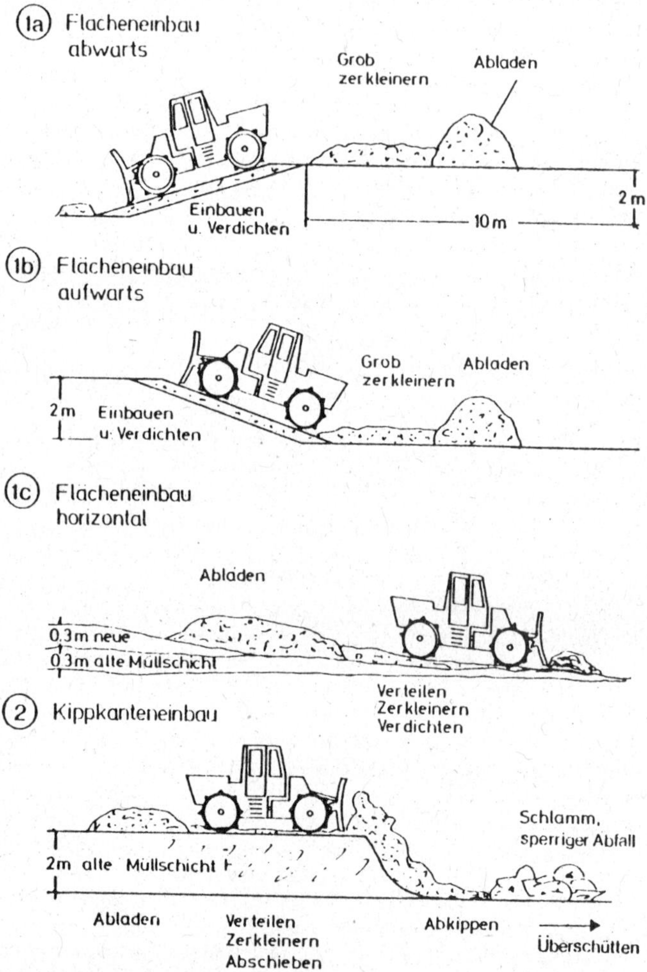

Schematische Darstellung der Abfallverdichtung
Quelle: Deponie-Merkblatt der LAGA

Deponienachsorge

Deponien bedürfen unbedingt der Nachsorge. Sie beginnt zum Zeitpunkt der Schlußabnahme durch die Behörde. Es sind insbesondere Langzeitsicherungsmaßnahmen und Kontrollen des Deponieverhaltens durchzuführen und zu dokumentieren, wie z.B. Funktionsfähigkeit, Verformungen und Wasserhaushalt des **Deponieoberflächenabdichtung**ssystems. Darüberhinaus sollten weitere Kontrollen durchgeführt werden, um darauf zu achten, daß **Rekultivierung** und Nutzung der stillgelegten **Deponie** den behördlichen Vorgaben entsprechen.

→ **Eigenkontrollen, Deponielangzeitverhalten**

Deponieoberflächenabdichtung

Bestandteil der **Rekultivierung**smaßnahmen. Die D. verhindert den Eintrag von Niederschlagswasser und somit die Bildung von Sickerwässern. Außerdem wird die unkontrollierte Emission von Deponiegasen unterbunden. Die D. sollte möglichst rasch nach Verfüllung eines Deponieabschnittes aufgebracht werden. Dem steht aber entgegen, daß die Setzungen des **Deponiekörpers** zuvor weitgehend abgeklungen sein müssen, um die D. nicht durch übermäßige Verformungen zu beschädigen. Setzungen sind minimierbar durch gut verdichtenden Einbau von möglichst nur mineralischen Abfällen, die keinen volumenvermindernden Abbauvorgängen unterworfen sind. Um auch schon währen des Betriebes die **Sickerwasser**bildung zu verhindern, empfiehlt es sich, die Ablagerung der Abfälle unter Dach zu vollziehen.

Für die D. wird in der Technischen Anleitung Abfall verlangt, daß Undichtigkeiten für die Dauer der Nachsorge lokalisiert und repariert werden können. Fehlstellen können z. B. durch eine zweite, in Abschnitte unterteilte Dichtung mit dazwischenliegender Dränage geortet werden (siehe auch **Deponiebasisabdichtung**). Die Reparatur gestaltet sich wesentlich weniger aufwendig, als an der Basis, da die D. nur noch von der Dränage- und der Rekultivierungsschicht überlagert wird.

Als Regelabdichtung gilt für die D. auch die Kombinationsabdichtung, bestehend aus wenigstens 50 cm mineralischen Dichtmaterials und einer aufliegenden verschweißten Kunststoffdichtungsbahn.

D

Als Aufleger dient eine mineralische Schicht, z. B. **Bauschutt**, die erforderlichenfalls als Gasdränschicht mit Gassammeleinrichtungen ausgelegt sein kann.

Deponierekultivierung → Rekultivierung

Deponiesickerwasser

D. Bezeichnung für das aus einem **Deponiekörper** heraussickernde, mit **Schadstoffen** belastete Wasser. Ein Teil des auf **Deponien** fallenden Niederschlages versickert, durchfließt dabei die abgelagerten **Abfälle** und nimmt wasserlösliche Substanzen auf. D. ist deshalb mit organischen und anorganischen Stoffen zum Teil stark verunreinigt.

D. sind bezüglich der Inhaltsstoffe und deren Konzentrationen sehr unterschiedlich. Die Zusammensetzung hängt u. a. vom **Deponiekörper** (**Abfallarten**), vom Alter, Betrieb und auch von der Bauweise einer **Deponie** ab.

Sickerwasser aus **Hausmülldeponien** und **Sonderabfalldeponien** dürfen aufgrund ihrer hohen Schadstofffracht keinesfalls in den Untergrund gelangen. Das auf den abgedichteten Deponien an der Deponiebasis gefaßte Sickerwasser wird in Rückhaltebehältern gesammelt und ist nach dem Wasserhaushaltsgesetz entsprechend dem Stand der Technik zu behandeln (**Deponiesickerwasserbehandlungsanlage**).

Die Deponiesickerwassermenge auf **Hausmülldeponien** ist sehr unterschiedlich. Je nach Niederschlagsverhältnissen, Alter und Betriebsweise der Deponie beträgt sie 0.01 bis 0.1 Liter pro Sekunde und Hektar Deponiefläche (ca. 5 m3/d*ha).

Die Sickerwasserbildung sollte beim **Deponiebetrieb** durch möglichst geringe Einbauflächen (übrige Flächen abdecken) wirkungsvoller jedoch durch Ablagerung unter Dach eingeschränkt werden.

Besonders wichtig nach Verfüllung der Deponien oder Abschnitten der Deponie ist der unverzügliche Einbau eines **Deponieoberflächenabdichtung**ssystems.

Deponiesickerwasserbehandlungsanlage

Spezielle Anlage zur Reinigung der im allgemeinen hochbelasteten **Deponiesickerwässer** (Sickerwasserreinigungsanlage).

Das anfallende Deponiesickerwasser ist nach den wasserrechtli-

chen Vorschriften zu kontrollieren und ggf. zu behandeln. Sickerwasser von **Hausmülldeponien** und **Sonderabfalldeponien** mit ihren unterschiedlichen und sehr hohen Schadstoffgehalten sind nach dem Wasserhaushaltsgesetz entsprechend dem Stand der Technik zu behandeln.
Während bei der Reinigung von **Abwässern** mittels konventioneller Methoden, wie biologische und chemisch/physikalische Behandlung meist eine ausreichende Reinigungsleistung erzielt wird, ist aufgrund der Eigenschaften des Deponiesickerwassers (geringe Menge aber hohe Schadstoffkonzentration, Vielzahl von Inhaltsstoffen, zeitabhängiges Verhalten) der Einsatz höherwertiger kostenintensiver Verfahren notwendig (Adsorption, Filtration, Oxidation, Umkehrosmose, Eindampfung). Eine optimale Reinigungsleistung wird meist nur durch eine Kombination verschiedener Verfahren erreicht.

Deponiestandfestigkeit

Zur D. werden Fragen der Stabilität und der Verformungen des **Deponiekörpers** gezählt. Unterschieden wird zwischen der äußeren und der inneren Stabilität. Die äußere betrifft die Deponierandbereiche, d. h. die Kontur der Deponie mit den Dichtungssystemen; die innere hängt mit dem **Deponiebetrieb** zusammen (z. B. Befahrbarkeit). Problematisch ist für die Gleitsicherheitsnachweise die Annahme der Sickerparameter des Abfalls, da sich diese über die Zeit der Abfallannahme verändern können; einerseits durch Veränderung der Abfallarten (neue Produkte, abfallpolitische Maßnahmen wie getrennte Sammlung, **Recycling** bestimmter Materialien), andererseits auch durch Veränderungen der Eigenschaften schon abgelagerter Materialien (chemische und biologische Abbau- und Umwandlungsprozesse, Auslaugung). Die Berücksichtigung der Abfalleigenschaften in der Planung ist für die Festlegung der Grenzböschungsneigung unvermeidlich. Ihre richtige Wahl muß während des Betriebes unter realen Verhältnissen regelmäßig überprüft werden. Verformungen größeren Ausmaßes oder unregelmäßige Verformungen können die Funktion der Dichtungen, der Dränage und auch der Gasfassung beeinträchtigen, bis hin zur Zerstörung.
Den besten Schutz vor Schäden durch Verformungen bietet die ausschließliche Ablagerung von Abfällen, die sich nur gering

setzen oder sacken, die also mineralisch, inert und gut verdichtet eingebaut sind, so daß Reaktionen, Auslaugungen und Abbauprozesse ausgeschlossen sind.
→ **Deponiegasfassung, Deponie-Langzeitverhalten, Deponie-Nachsorge, Deponie-Standort**

Deponie-Standort

Im engeren Sinne der Ablagerungsbereich und das Gelände, das zusätzlich für den **Deponiebetrieb** in Anspruch genommen wird. D. sollen soweit von vorhandenen oder ausgewiesenen Siedlungsgebieten errichtet werden, daß die Anlieger nicht beeinträchtigt werden.
Zum D. rechnet aber auch der Untergrund im Ablagerungsbereich (**geologische Barriere**) und das weitere Deponieumfeld. Deponien dürfen nur auf geologisch und hydrogeologisch geeigneten D.-Standorten errichtet werden.

Depotcontainer

Spezielle, zentral aufgestellte Behälter, zu denen der Bürger Wertstoffe bringen kann (**Bringsystem**). Sie sind entsprechend dem Verwendungszweck entweder mit Löchern oder/und Schallschutzvorrichtungen (Glas, Metall), Einwurfschlitzen und/oder Brandschutzvorrichtungen (**Altpapier**) oder Kämmen (Alttextilien) versehen. Das Fassungsvermögen der Container beträgt 0,9 bis 5,5 m^3, sie werden in unterschiedlichem Design angeboten (z. B. Iglu, Wabe), sind meist als Umleerbehälter konstruiert und werden für die Sammlung von Altpapier, Glas, Weißblech, Kunststoff, Alttextilien, Batterien eingesetzt. Mehrere einzelne D. bzw. **Mehrkammerdepotcontainer** bilden einen zentralen Sammelplatz, an den folgende allgemeine Forderungen gestellt werden:

- gute Sichtbarkeit an Plätzen mit größerem Verkehrsaufkommen
- bequeme Erreichbarkeit für den Bürger und den Entsorger
- städtebauliche Einbindung und sorgfältige Pflege des Standplatzes
- zu vermeidende Belästigung der Anwohner.

D. stehen deshalb bevorzugt auf Parkplätzen, Märkten, Einkaufszentren, Hauptverkehrsstraßen und öffentlichen Plätzen.
→ **Additive Systeme, Sammelsysteme für Wertstoffe**

Dioxine

Sammelbezeichnung für 210 Verbindungen aus der Gruppe der polychlorierten Dibenzo-p-dioxine (PCDD) und Dibenzofurane (PCDF), die zu den chlorierten Kohlenwasserstoffen zählen. Einige D., u. a. das 2, 3, 7, 8 TCDD (Sevesogift), werden zu den gefährlichsten Umweltschadstoffen gerechnet. D. entstehen als unerwünschte Nebenreaktionen in Spuren bei der Herstellung bestimmter chlorhaltiger Chemieprodukte (z. B. Pflanzenschutzmittel, Holzschutzmittel). Neben den chlorierten Dioxinverbindungen können sich mit anderen Halogenen (z. B. Brom) bromierte oder gemischte bromierte/chlorierte Dioxine bilden. Auch bei der Abfallverbrennung oder beim Brand von PCB-haltigen Transformatoren wurden D. in Spuren nachgewiesen. Gelangen D. oder dioxinhaltige Abfälle in hohen Konzentrationen in die Umwelt, können ganze Landstriche vergiftet werden (Seveso, Times Beach). Eine umweltverträgliche Entsorgung von D. kann in entsprechenden thermischen Behandlungen erfolgen.
→ **Chlorierte Kohlenwasserstoffe, Umweltschadstoffe Abfallverbrennungsanlagen-Verordnung**

Dioxine aus Abfallverbrennungsanlagen

Das Entstehen von D.a.A. ist seit langem bekannt. Dabei gelten „Dioxine" als Sammelbegriff für eine Reihe von organischen Schadstoffverbindungen, die bei der Abfallverbrennung in Spuren emittiert werden können (75 polychlorierte Dibenzodioxine (PCDD) und 135 polychlorierte Dibenzofurane (PCDF).
Es ist davon auszugehen, daß derartige Substanzen primär bereits im Abfall enthalten sind. Sie werden aber auch unter bestimmten Bedingungen nach dem Feuerraumaustritt im gesamten Abkühlbereich der Abfallverbrennungsanlage und im Bereich der Entstaubung neu gebildet. Eine unmittelbare Gefahr für die Umwelt wurde von zahlreichen Expertengruppen als nicht signifikant eingestuft. Der Sicherheitsfaktor zwischen einer nocht tolerierbaren Atemluftkonzentration und der möglichen

Immissionskonzentration im höchstbelasteten Bereich einer Verbrennungsanlage beträgt mindestens drei Zehnerpotenzen. Man geht davon aus, daß dieser Sicherheitsabstand auch das Gefährdungspotential durch die übrigen PCDD- und PCDF-Verbindungen abdeckt. Aus Vorsorgegründen müssen aber alle Maßnahmen getroffen werden, um diese Schadstoffemissionen so weit wie möglich zu vermindern. Hierfür ist es wichtig, den Betrieb der Verbrennungsanlagen so zu optimieren, daß eine weitgehende Zerstörung der halogenorganischen Bestandteile im Abfall und die Vermeidung der Bildung von Dioxinen sichergestellt ist. Darüber hinaus müssen alle Abfallverbrennungsanlagen spätestens bis 1996 mit entsprechenden Abgasreinigungseinrichtungen ausgestattet sein, um den in der 17. BImSchV vorgeschriebenen Grenzwert von 0,1 ng I-TE/m^3 (I-TE: Internationale toxische Äquivalente) einzuhalten.

Dosenschrott → Weißblechabfälle

Duales System Deutschland (DSD)

Die Verpackungsverordnung verpflichtet Hersteller und Vertreiber dazu, Verpackungen nach Gebrauch zurückzunehmen. Verkaufsverpackungen (Erstverpackungen) sind seit 1. Januar 1993 im Laden kostenlos zurückzunehmen, es sei denn, Hersteller und Vertreiber beteiligen sich an einem System, welches die Verpackungen endverbrauchernah mit Hol- oder Bringesystemen erfaßt.

Dieses System wird Duales System genannt, da es außerhalb der öffentlichen Abfallwirtschaft tätig wird. Zur privatwirtschaftlichen Umsetzung dieses Systems hat sich die Duale System Deutschland GmbH (DSD) gegründet.

Diese vergibt nach Vorlagen einer entsprechenden Verwertungsgarantie der Packstoffhersteller Lizenzen (Grüner Punkt) gegen Entgelte, die gestaffelt je nach Verpackungsgröße erhoben werden.

 → **Grüner Punkt, Verpackungsverordnung**

D

Düngung

Einbringung von Nährstoffen in den Boden, um die Bodenfruchtbarkeit zu erhalten oder zu erhöhen bzw. die Erträge der Nutzpflanzen zu steigern. Man unterscheidet organische D. (Einsatz von Stallmist, **Gülle, Jauche, Klärschlamm** u. a.), anorganische D. (Einsatz von Stickstoff, Phosphaten, Kalk u. a.), Grün-D. (Unterpflügen bestimmter Grünpflanzen) und Einsatz von **Kompost**. Die D. spielt unter Umweltschutzgesichtspunkten eine große Rolle. So können zahlreiche **Abfall-Arten** entweder direkt (z. B. Jauche) oder nach entsprechender Behandlung (z. B. Müllkompost) zur D. verwendet werden. Dabei können jedoch im Abfall enthaltene Umweltschadstoffe (z. B. Cadmium) in den Boden und über die Nahrungskette in die Lebewesen gelangen und diese schädigen. Eine zu reichliche D. (Überdüngung), insbesondere mit Phosphaten und Nitraten kann ebenfalls Umwelt- (z. B. Eutrophierung von Gewässern aufgrund abgeschwemmter Düngemittel) und Gesundheitsschäden (z. B. hohe Nitratgehalte in überdüngten Pflanzen können sich zu gesundheitsgefährlichen Nitriten umwandeln) verursachen.

Der Umgang mit Düngemitteln wird durch das Düngemittel-Gesetz v. 14. 8. 1962 (BGBL I S. 558), zuletzt geändert durch Gesetz v. 2.3.1975 (BGBL I S. 469), geregelt.

→ **Gefahren für Gewässer**

Dünnsäure (Schwefelsäure)

D. fällt in vielen Prozessen der organischen und anorganischen Grundstoffchemie an. D. weist in der Regel eine geringere Konzentration als die Prozeßsäure auf. Sie kann mit allen Produkten und Nebenprodukten aus der chemischen Umsetzung verunreinigt sein (z. B. mit **Schwermetallen** oder toxischen organischen Verbindungen), was bei der Entsorgung zu berücksichtigen ist. D. mit einer Schwefelsäurekonzentration unter 15 bis 20% werden durch Neutralisation mit Kalk als Gips entsorgt. Dabei entsteht Rückstandsgips, der zu entsorgen ist. Höher konzentrierte D. werden aufkonzentriert, gereinigt und wieder verwertet. Organisch stark verunreinigte D. werden thermisch gespalten: Dabei werden die organischen Verbindungen verbrannt und die Schwefelsäure zu Schwefeldioxid umgesetzt. Schwefeldioxid

D

kann in einem weiteren Schritt wieder zu reiner konzentrierter Schwefelsäure verarbeitet werden. Die größte Menge an D. kommt aus der **Titandioxid-Produktion**.

E

EG-Richtlinien (EG-R.)/EG-Verordnungen (EG-V.)
Bei der Unterzeichnung der Römischen Verträge haben sich die Mitgliedstaaten der Europäischen Gemeinschaften (EG) verpflichtet, die von ihnen gemeinsam erarbeiteten Richtlinien nach der Verabschiedung durch nationale Gesetze auszufüllen. Dabei bilden die EG-R. einen Mindestrahmen für das nationale Recht. Erlassene EG-R. werden im Amtsblatt der EG, Teil L, vorgeschlagene EG-R. im Amtsblatt der EG, Teil G, veröffentlicht. Demgegenüber sind EG-V. nach ihrem Erlaß unmittelbar, ohne weitere innerstaatliche Umsetzungsakte, in den Mitgliedstaaten einheitlich anzuwendendes Recht.
EG-R. mit Abfallbezug sind folgende:

1) Richtlinie des Rates vom 15. 7. 1975 über Abfälle
(Amtsblatt der Europäischen Gemeinschaften Nr. L 194 vom 25. 7. 1975, S. 47) geändert durch Richtlinie vom 18. 3. 1991 (Abl Nr. L 78 vom 26. 3. 1991, S. 32)
2) Richtlinie des Rates vom 16. 6. 1975 über die **Altöl**beseitigung
(Amtsblatt der Europäischen Gemeinschaften Nr. L 194 vom 25. 7. 1975, S. 31) geändert durch Richtlinie vom 22. 12. 1986 (Abl Nr. L 42 vom 1. 2. 1987, S. 43)
3) Richtlinie des Rates vom 6. 4. 1976 über die Beseitigung **polychlorierter Biphenole** und Terphenyle
(Amtsblatt der Europäischen Gemeinschaften Nr. L 108 vom 26. 4. 1976, S. 41) zuletzt durch Richtlinie des Rates vom 1. 10. 1985 zur sechsten Änderung (PCB:PCT) der Richtlinie 76/769/EWG zur Angleichung der Rechts- und Verwaltungsvorschriften der Mitgliedstaaten zur Beschränkung des Inverkehrbringens und die Verwendung gewisser gefährlicher Stoffe und Zubereitungen (Amtsblatt der Europäischen Gemeinschaften Nr. L 269, S. 56)
4) Richtlinie des Rates vom 20. 2. 1978 über die Abfälle aus der **Titanoxid-Produktion**
(Amtsblatt der Europäischen Gemeinschaften Nr. L 54 vom 25. 2. 1978, S. 19)

5) Ersetzt durch Richtlinie des Rates vom 12. 12. 1991 über gefährliche Abfälle (Abl Nr. L 377 vom 21. 12. 1991, S. 20)
6) Richtlinie des Rates vom 3. 12. 1982 über Einzelheiten der Überwachung und Kontrolle durch die Ableitungen aus der **Titanoxid-Produktion** betroffenen Umweltmedien (Amtsblatt der Europäischen Gemeinschaften Nr. L 378 vom 31. 12. 1982, S. 1)
7) Richtlinie des Rates vom 6. 12. 1984 über die Überwachung und Kontrolle – in der Gemeinschaft – der grenzüberschreitenden Verbringung gefährlicher Abfälle (Amtsblatt der Europäischen Gemeinschaften Nr. L 326 vom 31. 12. 1984, S. 31) geändert durch Richtlinie des Rates vom 12. 6. 1986 Amtsbl. Nr. L 181 vom 4. 7. 1986, S. 13 und angepaßt durch Richtlinien der Kommission vom 22. 7. 1985 Amtsbl. Nr. L 272 vom 12. 10. 1985 S. 1 und vom 23. 12. 1986 Amtsbl. Nr. L 48 vom 17. 2. 1987, S. 31) ab Mai 1994 ersetzt durch die Verordnung des Rates vom 1. 2. 1993 zur Überwachung und Kontrolle der Verbringung von Abfällen in der, in die und aus der Europäischen Gemeinschaft (Abl Nr. L 30 vom 6. 2. 1993, S. 1)
8) Richtlinie des Rates vom 12. 6. 1986 über den Schutz der Umwelt und insbesondere der Behörden bei der Verwendung von **Klärschlamm** in der Landwirtschaft (Amtsblatt der Europäischen Gemeinschaften Nr. L 181 vom 4. 7. 1986, S. 6)
9) Richtlinie des Rates über die **Umweltverträglichkeitsprüfung** bei bestimmten öffentlichen und privaten Projekten vom 14. 5. 1985 (Amtsblatt der Europäischen Gemeinschaften Nr. L 175, S. 40)
10) Richtlinie des Rates vom 8. 6. 1989 über die Verhütung der Luftverunreinigung durch neue Verbrennungsanlagen für Siedlungsmüll (Abl. Nr. L 163 vom 14. 6. 1989, S. 32)
11) Richtlinie des Rates vom 21. 6. 1989 über die Modalitäten zur Vereinheitlichung der Programme zur Verringerung und späteren Unterbindung der Verschmutzung durch Abfälle der Titandioxid-Industrie (Amtsblatt Nr. L 201 vom 14. 7. 1989, S. 56); für nichtig erklärt durch Urteil des EUGH vom 11. 6. 1991, Rechtssache

E

C 300/89, Kommission gegen Rat und neu beschlossen als Richtlinie des Rates vom 15. 12. 1992, gleicher Titel (Abl. Nr. L 409 vom 31. 12. 1992, S. 11)

12) Richtlinie des Rates vom 21. 6. 1989 über die Verringerung der Luftverunreinigung durch bestehende Verbrennungsanlagen für Siedlungsmüll (Abl Nr. L 203 vom 15. 7. 1989, S. 50)

13) Richtlinie des Rates vom 18. 3. 1991 über gefährliche Stoffe enthaltende Batterien und Akkumulatoren (Abl Nr. L 78 vom 26. 3. 1991, S. 38)

Eigenkontrollen

Durch E. des Deponiebetreibers oder einer von ihm beauftragten Stelle ist nachzuweisen, daß die Anforderungen an das Deponieverhalten eingehalten werden und ein bestimmungsgemäßer **Deponiebetrieb** sowie die Funktionstüchtigkeit der Deponietechniksysteme sichergestellt wird.

E. sind in der Betriebs- und Nachsorgephase der **Deponie** durchzuführen und auszuwerten. Hierzu ist die regelmäßige Erfassung aller relevanten Betriebsdaten erforderlich. Die Ergebnisse der Eigenkontrolluntersuchungen und -messungen sind in einem Betriebstagebuch aufzunehmen. In einer speziellen Jahresübersicht sind sie auszuwerten und zu beurteilen.

→ **Deponienachsorge**

Einkapselung

Neben der **Dekontaminierung** eine mögliche Sanierungsmaßnahme bei **Altlasten**.

Durch die E. wird der Schadstofftransport in die umgebenden Medien (Luft, Wasser, Boden) weitgehend bis vollständig verhindert. E.-maßnahmen werden vorgenommen, wenn noch keine Dekontaminierungsmaßnahmen für das Schadstoffangebot bekannt sind bzw. wenn die kontaminierten Massen so groß sind, daß Dekontaminationen aus finanziellen Gründen zurückgestellt werden müssen. Die Vollständigkeit der E.-maßnahmen hängt von der Lage des kontaminierten Erdreichs oder der Altablagerung zum Grundwasser (GW) ab.

Liegt die kontaminierte Masse oberhalb des Grundwasser(GW)-Spiegels, genügt in der Regel eine Oberflächenabdichtung, um die Sickerwasserbildung zu verhindern. Liegt sie schon im GW-Bereich, und gibt es in erreichbarer Tiefe einen grundwasserstauen-

den Horizont (dichte Bodenschichten), so wird die Oberflächendichtung i. d. R. zusätzlich mittels vertikaler Dichtwände an diesen Horizont angeschlossen. Das kann vollständig (Umschließung) oder teilweise (nur gegen den GW-Anstrom) erfolgen.
Gibt es in technisch erreichbarer Tiefe keinen GW-stauenden Horizont, müßte zusätzlich über eine nachträgliche Basisabdichtung nachgedacht werden.
Oberflächenabdichtungen sind nach dem Stand der Technik, wie z. B. in der TA Abfall, Teil 1 vorgegeben, auszuführen. Vertikale Dichtwände können z. B. mittels Schlitzwänden, Bohrpfahlwänden, Spundwänden oder Injektionswänden hergestellt werden.
Nachträgliche Basisabdichtungen sind herstellbar mittels richtungsgesteuerter Injektionsverfahren, gradliniger Injektionen von der Oberfläche (Keilform) oder von Gräben oder Stollen aus, mittels Rohrvertriebs- oder bergmännischer Verfahren.
Bei letztgenannten Verfahren wird ganzflächig unter der Altlast bergmännisch ein Hohlraum aufgefahren, der mit Dichtstoffen verfüllt wird. Es ist ebenso wie die Rohrvertriebsverfahren für diese Zwecke bisher jedoch noch nicht zur Anwendung gekommen.
→ **Deponieoberflächen-Abdichtung, Deponiebasis-Abdichtung**

Einweg-Produkte

Produkte, die nach ihrem bestimmungsgemäßen Gebrauch automatisch zu **Abfall** werden. Der Drang zu stetigem wirtschaftlichen Wachstum, aber auch die gestiegenen Lohnkosten haben zu einer Vielzahl von E. geführt. Hierzu gehören u. a. Einweg-Verpackungen ebenso wie bestimmte Schreibgeräte, Taschenlampen, Naßrasierer, Windeln, Taschentücher, Eßgeschirr, Scheibenwischer, elektronische Bauelemente u. v. a. m. Charakteristisch für E. ist, daß ein Ersatz beschädigter oder verbrauchter bzw. eine Reinigung beschmutzter Teile nicht vorgesehen ist: z. B. statt der Rasierklinge muß der ganze Rasierapparat ausgetauscht werden. E. vergrößern den Umsatz und Gewinn der Produzenten ebenso wie des Handels, verringern die Lagerhaltungs- und Ersatzteilprobleme und bürden die Mehrkosten dem Endverbraucher auf. Auch wenn aus hygienischen Gründen in Teilbereichen die Verwendung von E. zu begrüßen ist, ist aus Gründen des Umweltschutzes, aber auch aus Gründen der Energie- und Rohstoffeinsparung, die Mehrzahl der E. abzulehnen.
→ **Abfall-Verringerung, Umweltbewußtsein**

E

Einwohnergleichwert
Personenbezogener Gebührenmaßstab im Bereich der **Abfallentsorgung**. Der E. wird z. B. definiert als der Jahresmittelwert der wöchentlich pro Einwohner anfallenden **Hausmüll**menge (ca. 3–7 Kilogramm pro Einwohner und Woche).

Elektrofilter → Staubabscheidung

Elektronikschrott
Gesamtheit aller als Abfall anfallenden elektrischen und elektronischen Geräte und Geräteteile. Dazu gehören Haushaltgeräte, Geräte der Unterhaltungselektronik, Geräte und Anlagen der Büro-, Informations- und Kommunikationstechnik, Geräte für den Geldverkehr, Elektrowerkzeuge, Meß-, Steuerungs- und Regelungsanlagen, Beleuchtungsartikel (Lichttechnik), Spielzeuge, Uhren, Geräte der Labor- und Medizintechnik sowie Geräte der Bildaufzeichnung und -wiedergabe, sofern sie elektrische oder elektronische Bauteile enthalten.
In der Bundesrepublik Deutschland fallen gegenwärtig jährlich ca. 1,2 Mio t E. an. Diese Menge wird voraussichtlich in den nächsten 10 Jahren um 5 bis 10% pro Jahr anwachsen. Derzeit beschäftigen sich bundesweit ca. 300 Firmen mit der Aufarbeitung von E. Die Verfahren sind sehr unterschiedlich, wobei die Altteileverwertung bzw. die Edelmetallrückgewinnung im Vordergrund stehen.
Verwertungsverfahren sind derzeit nur als Lösungsansätze einzelner Herstellerfirmen vorhanden bzw. in Vorbereitung. Eine bundesweite Lösung ist mit dem Inkrafttreten der „Verordnung über die Vermeidung, Verringerung und Verwertung von Abfällen gebrauchter elektrischer und elektronischer Geräte“ in Sicht.

Elektro-Sortierung → Sortierung

Emission
Luftverunreinigungen, Geräusche, Licht, Strahlen, Wärme, Erschütterungen oder ähnliche Erscheinungen, die von einer Anlage (z. B. **Deponie,** Kraftwerk, **Müllverbrennungsanlage**) oder von Produkten (z. B. Autos, **Abfälle**) an die Umwelt abgegeben

E

werden. Die zulässigen E-.grenzwerte regelt für genehmigungsbedürftige Anlagen die Technische Anleitung Luft (TA Luft). Deutschland hat sich zum Beispiel zum Ziel gesetzt, die CO_2-Emissionen bis 2005 gegenüber dem Stand von 1990 um 25 bis 30% zu verringern.

Endlager

Deponien, in denen nur Abfälle abgelagert werden, die sich über sehr lange Zeiträume (Jahrhunderte) im **Deponiekörper** nicht verändern können, werden als E. bezeichnet.

Energie-Nutzung

Angesichts der Ressourcenverknappung der Energieträger, der weltweiten Bedrohung durch den Treibhauseffekt, zu dem die energiebedingten CO_2-Emissionen zu 50% beitragen, ist Einsparung von Energie noch wichtiger geworden. Eine Seite der Medaille ist dabei die volle Nutzung aller Ressourcen. Das geschieht auch durch die E. bei der Abfallverwertung. Grundsätzlich kann dabei nach speicherbaren und wenig oder nicht speicherbaren Energieformen unterschieden werden. Nicht oder wenig speicherbare Energie entsteht z. B. in Form von Verbrennungs- oder Prozeßwärme bei der **Abfall-Verbrennung,** der **Kompostierung** und der **Vergasung**. Speicherbare Energieformen entstehen u. a. bei Faulprozessen ungesteuert auf **Deponien (Deponie-Gas)** und gesteuert in **Kläranlagen** und **Biogas-Anlagen (Biogas)** sowie bei der **Brennstoff**gewinnung **aus Müll** und bei der **Pyrolyse** (z. B. Pyrolseöl). In der 17. BImSchV – Abfallverbrennungsanlagen – wird die Wärmenutzung vorgeschrieben.

→ **Deponie-Gas-Nutzung, Wärmenutzung**

Energierückgewinnung → Wärmenutzung

Energie-Sparen

Alle Maßnahmen der **Abfall-Verringerung** und **-Verwertung** leisten einen größeren Beitrag zum E. als die direkte Energiegewinnung bei der **Abfall-Verbrennung**. Auch läßt sich z. B. aus **organischen Abfällen Biogas** erzeugen, dessen Einsatz ebenfalls andere Energieträger einsparen hilft. Auch die Verwendung langlebiger und reparaturfreundlicher Produkte dient der Energieein-

sparung. Besondere Möglichkeiten des E. bieten sich im Bereich der Verpackungen. Bei einer Umstellung von Einweg- auf Mehrwegflaschen könnten jährlich ca. 0,5 Mio t Steinkohleeinheiten Primärenergie gespart werden. Auch durch die Wahl anderer Verpackungsmaterialien kann Energie gespart werden: Aus einem Liter Heizöl lassen sich etwa 0,46 kg Kunststoff- oder aber 5,42 kg Glasverpackungsmaterial herstellen.
→ **Umweltbewußtsein**

Entbürokratisierung → Abfall-Recht

Entfallstoffe

Gesamtheit der bei der Eisen- und Stahlerzeugung entstehenden verwertbaren und nicht verwertbaren **Abfälle**.
→ **Metallhaltige Abfälle, Schlacke**

Entsorgung → Müll-Abfuhr → Urw-/AbfG

ERP
(European Recovery Programm = Europäisches Wiederaufbauprogramm)

Vom damaligen US-Außenminister George C. Marshall am 05. 06. 1947 verkündeter Hilfsplan Amerikas für den Wiederaufbau Europas. Hierbei spielten für die USA sowohl humanitäre als auch politische und wirtschaftliche Überlegungen eine Rolle. Von 1948 bis 1952 flossen rund 6,5 Milliarden DM als Wirtschaftshilfe in die Bundesrepublik Deutschland.
Die Gesamtleistungen aus dem ERP-Vermögen beliefen sich zum Jahresende 1990 auf über 87,9 Mrd. DM, wovon 13,9 Mrd. DM (entspr. 15,8%) auf den Bereich Umweltschutz, Gemeinden, Investitionshilfen entfielen; 2,1 Mrd. DM wurden für die neuen Bundesländer bereitgestellt.
Seit 1990 wird das Förderinstrument der ERP-Kredite auch als mittelstandspolitische Maßnahme für den wirtschaftlichen Erneuerungsprozeß in der ehemaligen DDR eingesetzt.
1993 werden 2.600 Mio DM für Umweltschutzmaßnahmen bereitgestellt. Dieser Betrag setzt sich aus 800 Mio DM für das Luftreinhaltungsprogramm, 700 Mio DM für das Abfallwirtschafts-

programm, 650 Mio DM für das Abwasserreinigungsprogramm und 450 Mio DM für die rationelle Energieverwendung zusammen.

→ **Abfall-Recht, Zukunfts-Investitionsprogramm**

Eutrophierung

(Überdüngung) Überernährung von Wasserpflanzen (z. B. Algen, Laichkraut) durch ein Überangebot von Nährstoffen. Mit dem Abwasser (u. a. Rückstände von Nahrungsmitteln, Fäkalien) und Abschwemmungen landwirtschaftlicher Flächen (**Düngung**) können große Mengen Nährstoffe (vor allem Phosphate und Nitrate) in die Gewässer gelangen und das Wachstum der Wasserpflanzen beschleunigen. Durch das vermehrte Absterben von Pflanzen wird bei der anschließenden Zersetzung übermäßig Sauerstoff verbraucht. Fällt der Sauerstoffgehalt des Wassers unter ein bestimmtes Mindestmaß, hört der Abbau organischer Verunreinigungen durch aerobe Bakterien auf. Die danach auftretenden anaeroben Bakterien verursachen Fäulnis und belästigende Gerüche, das Gewässer beginnt „umzukippen", es kommt zum Fischsterben. Im Faulschlamm am Gewässergrund gehen die Zersetzungsprozesse weiter, dabei können sich giftige Stoffe wie Schwefelwasserstoff, Ammoniak oder Methan bilden.
Kläranlagen mit weitergehender Reinigung (dritte Reinigungsstufen) können die Nährstoffbelastung der Gewässer erheblich verringern.

Fäulnis

Abbau organischer Stoffe ohne Luftsauerstoff unter Bildung übelriechender Verbindungen (Gegensatz: **Rotte/Verwesung**).

→ **Biogas, Deponie-Gas, Klärschlamm**

Faulgas → Biogas

Faulschlamm

Durch **Abbau**prozesse in Gewässern entstehender Schlamm oder in **Kläranlagen** (**Klärschlamm**) anaerob behandelter Schlamm, der u. a. Schwefelwasserstoff, Ammoniak, Kohlendioxid und Methan freisetzt.

F

FCKW-Halon-Verbots-Verordnung

Die F.-H.-V.-V. vom 6. 5. 1991 (BGBl. I S. 1090–1093) regelt die Verwendung und das Inverkehrbringen und teilweise die Herstellung von ozonabbauenden Stoffen in Deutschland. Der Regelungsumfang umfaßt die folgenden Stoffe:

- R 11, R 12, R 13, R 112, R 113, R 114, R 115 (vollhalogenierte FCKW)
- R 22 (teilhalogenierter FCKW)
- Halon 1211, Halon 1301, Halon 2402
- Tetrachlorkohlenstoff und 1,1,1-Trichlorethan.

Die Verwendung und das Inverkehrbringen dieser Stoffe als Treibmittel in Spraydosen, als Kältemittel, zur Verschäumung von Kunststoffen, als Löse- und Reinigungsmittel sowie als Feuerlöschmittel wird stufenweise bis 1995 untersagt. Die Verbrauchsreduktion, die durch diese Verordnung verursacht wurde, betrug 1992 schon etwa 70% (bezogen auf 1986).
Neben den Verwendungsverboten enthält die Verordnung eine Rücknahmeverpflichtung, die die Entsorgung der gebrauchten Kälte- und Löschmittel sicherstellt. Für Löse- und Reinigungsmittel ist eine solche Verpflichtung bereits seit dem 1. 1. 1990 rechtswirksam (vergl. Verordnung über die Entsorgung gebrauchter halogenierter Lösemittel vom 23. 10. 1989). Druckgaspackungen (Spraydosen), Kältemittel und -anlagen, Schaumstoffe sowie Löschgeräte, die ozonabbauende Stoffe enthalten, müssen in Zukunft mit entsprechenden Hinweisen gekennzeichnet werden, so daß die Information von Käufern und Verbrauchern sowie Wartungspersonal gewährleistet ist. Handfeuerlöscher und Löschanlagen mit Halonen dürfen nur noch bis Ende 1993 benutzt werden. Die Vertreiber sind zur Rücknahme der Halone verpflichtet.

→ **Kunststoffabfälle, Lösemittelrückstände**

Fettabscheider → Ölabscheider

Flotation → Sortierung

Forschung und Entwicklung (F+E)

Im Bereich der **Abfallwirtschaft** fördert die Bundesregierung (hier vor allem das **Umweltbundesamt** für den **Bundesminister für Umwelt, Naturschutz und Reaktorsicherheit** und den **Bundesminister für Forschung und Technologie**) F+E-Vorhaben zur Vermeidung, Verminderung und Verwertung von Abfällen sowie zur Behandlung und zur schadlosen Abfallentsorgung.
Ein breit angelegtes Programm zur Abfall-Vermeidung umfaßt die Entwicklung und Erprobung abfallarmer sowie rohstoff- und energiesparender Produktionsverfahren sowie die innerbetriebliche Rückstandsverwertung.
Eine stärkere Abfall-Verwertung setzt voraus, daß die technischen und wirtschaftlichen Einsatzmöglichkeiten für Abfälle im Produktionsprozeß erweitert werden.
Schwerpunkt der Forschungsprogramme des BMU im Bereich der Abfallwirtschaft ist die Erarbeitung von Grundlagen für die

Forschung und Entwicklung
Über die mit Bundesmitteln durchgeführten Forschungs- und Entwicklungsarbeiten wird die Öffentlichkeit auf vielfältige Art und Weise unterrichtet. Hier das Modell einer Klärschlamm-Kompostierungsanlage auf dem Informationsstand des Umweltbundesamtes auf der Hannover-Messe.

F

Weiterentwicklung des Abfallrechts. Dazu zählen neben der Novellierung des Abfallgesetzes selbst Rechtsverordnungen und Verwaltungsvorschriften zur Umsetzung der abfallwirtschaftlichen Rolle der Bundesregierung.

G

Galvanikschlamm

Bei der Reinigung von Galvanikabwässern anfallender Schlamm. Mit Hilfe der Galvanik werden die Oberflächen von Werkstücken mit dünnen Metallschichten überzogen, wodurch sie Eigenschaften wie Glanz, Härte, Korrosionsfestigkeit oder Leitfähigkeit erhalten sollen.

G. enthält alle im Galvanikprozeß verwendeten Metalle in Form ihrer Hydroxide oder Oxidhydrate, insbesondere Eisen,Chrom, Nickel, Kupfer, Zink sowie in geringerem Umfang Blei, Zinn und Cadmium.

Der Anfall von G. kann durch betriebsinterne Maßnahmen erheblich reduziert werden; die nicht vermeidbaren G. können, nach entsprechender Vorbehandlung, in geeigneten metallurgischen Verfahren als Sekundärrohstoff eingesetzt werden.

Gartenkompostierung → Eigenkompostierung

Gasgewinnung → Biogas-Gewinnung

Geologische Barriere

Als g. B. wird der engere Bereich im Untergrund einer **Deponie** bezeichnet, durch den die Schadstoffausbreitung ins weitere Deponieumfeld verhindert und verzögert wird. Die g. B. besteht aus dem Deponieauflager und einem darüber hinausgehenden Bereich, dessen Ausdehnung je nach Deponietyp und landesrechtlichen Regelungen unterschiedlich sind.

Gefahren für Gewässer

Durch die ungeordnete Ablagerung von Abfällen können **Gewässer** (Grund- und Oberflächenwasser) auf vielfältige Art und Weise in ihrer natürlichen Zusammensetzung geändert und da-

mit in ihrer Nutzung beeinträchtigt werden. Dies gilt zum Beispiel für Abfalltransporte, **Altablagerungen**, aber auch für unzureichend geführte „Autofriedhöfe", bei denen z. B. **Altöl** und Treibstoffreste in den Untergrund sickern und das **Grundwasser** verunreinigen können.
Die Verschmutzung der Meere mit Schwermetallen, organischen Schadstoffen und Öl geschieht auch aus der Atmosphäre und über die Flüsse sowie durch Einleitungen von Ölplattformen und Schiffen. Die Verbrennung von Industrieabfällen auf See und die **Verklappung von Klärschlamm** und Industrieabfällen wurden im Bereich der Nordsee international fast vollständig eingestellt.
Eine weitere Gefahr für die Gewässer ist es, Schiffsmüll über Bord zu werfen.
Neben Schadstoffen gefährden auch Nährstoffe das Meer, die Binnengewässer und das Grundwasser. Ein Überangebot an Nährstoffen führt zur massenhaften Algenvermehrung (**Algenblüte**) und nachfolgendem Sauerstoffmangel im Gewässer. Dieses Phänomen wird als **Eutrophierung** bzw. Hypertrophierung der Gewässer bezeichnet. Verursacht wird die Eutrophierung in den Gewässern durch landwirtschaftliche Überdüngung, Fischintensivhaltung **(Aquakultur)** und unzureichende kommunale Abwasserbehandlung.

Geruchsstoffe

Geruchsintensive Fremdstoffe (Gerüche) in der Luft, von denen z. T. erhebliche Belästungen auch dann ausgehen können, wenn gesundheitliche Beeinträchtigungen nicht nachweisbar sind. Gerüche sind häufig bereits bei sehr niedrigen G.-Konzentrationen wahrnehmbar und somit meßtechnisch nicht oder nur mit unvertretbarem Aufwand zu erfassen. Auch werden Gerüche unterschiedlich empfunden. G. können auch im Bereich von **Abfall-Behandlung**sanlagen auftreten. Durch technische Maßnahmen (z. B. **Biofilter**) können Geruchsbelästigungen weitgehend vermieden werden.

Gesetzgebungskompetenzen

Die Bundesregierung hat die konkurrierende G. im Bereich der Abfallbeseitigung. Auf dieser Grundlage wurde das **Abfallgesetz** (1972/1986) geschaffen. Während das Abfallgesetz des Bundes

G die grundlegenden Vorschriften der Abfallentsorgung enthält, regeln die Ausführungsgesetze der Länder im wesentlichen Zuständigkeits- und Verfahrensfragen. Landesabfallgesetze können darüber hinaus auch solche Fragen regeln, für die das Abfallgesetz des Bundes keine oder nicht abschließende Festlegungen enthält (konkurrierende Gesetzgebung). Daneben enthält auch das Satzungsrecht der Kommunen verbindliche Vorschriften über die Abfallbeseitigung. Diese sind für den Bürger häufig von besonderer Bedeutung, weil sie Fragen regeln, die ihn unmittelbar berühren (z. B. Benutzungs- und Gebührenordnungen). Die Durchführung der Gesetze ist ausschließlich Sache der zuständigen Landesbehörden.

→ **Abfall-Recht**

Getrennte Sammlung

Alternative Lösung gegenüber der Sammlung gemischten Hausmülls mit nachträglicher mechanischer oder manueller Sortierung der Wertstoffe. Die g. S. beinhaltet die vorherige Abtrennung der **Wertstoffe** beim Abfallproduzenten, die Bereitstellung der Wertstoffe mittels verschiedener **Sammelsysteme** und die Aufbereitung für die Verwertung dieser Komponenten.
Die vom Müll getrennt erfaßten Wertstoffe weisen durch geringere Verschmutzung eine höhere Qualität auf, was ihren Absatz erleichtert; die g. S. erfordert jedoch eine erhöhte Kooperationsbereitschaft der beteiligten Bürger.

→ **Abfallbehandlung, Abfallverwertung, Batterien, Bio-Tonne, Hausmüllverwertung, Mehrkammer-Müllsystem**

Gewässerschutz → Wasserhaushaltsgesetz

Gewerbeabfälle → Industrie- und Gewerbeabfälle → Hausmüllähnliche Gewerbeabfälle

Grenzüberschreitende Abfallentsorgung

Nach § 2 des deutschen **Abfallgesetzes** (AbfG) vom Aug. 1986 sind grundsätzlich alle im Geltungsbereich dieses Gesetzes anfallenden Abfälle auch dort zu entsorgen.
Einfuhr, Ausfuhr und Transit von Abfällen sind an Auflagen gebunden und grundsätzlich genehmigungspflichtig. Dabei gilt all-

Systeme der getrennten Sammlung

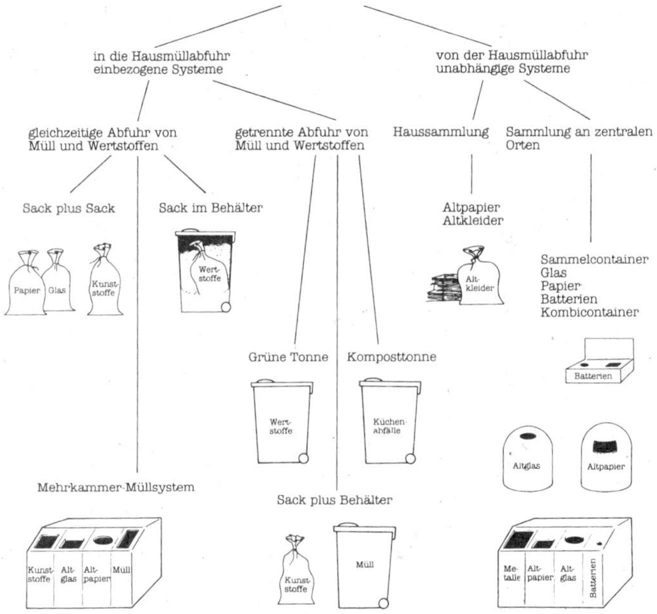

gemein, daß mit der Abfallverbringung keine Beeinträchtigung des Wohls der Allgemeinheit zu besorgen sein darf und sich auch keine Bedenken gegen die Zuverlässigkeit der beteiligten Personen ergeben.

Die Ausfuhr von Abfällen kann in der Regel nur dann genehmigt werden, wenn eine Entsorgung im Inland nicht möglich ist oder etwa wegen großer Transportwege im Vergleich zu grenzüberschreitender Entsorgung eine besondere Härte darstellen würde. Die Einzelheiten des Verfahrens sind in einer Rechtsverordnung geregelt.

Nach § 13 c AbfG gilt für die grenzüberschreitende Verbringung von Abfällen innerhalb der Europäischen Gemeinschaft in Verbindung mit der deutschen Abfallverbringungsverordnung vom November 1988 teilweise ein beschränktes Genehmigungsverfahren. Auch in diesem Bereich ist jedoch die schriftliche Einfuhrgenehmigung des Empfängerstaates maßgebliche Voraussetzung für die Erteilung der Exportgenehmigung.

Diese Regelung muß vor dem Hintergrund gesehen werden, daß die Abfallwirtschaftspolitik der Europäischen Gemeinschaften gemäß Art. 5 Abs. 1 der Richtlinie 75/442/EWG des Rates den Ausbau eines angemessenen integrierten Netzes von Abfallbeseitigungsanalgen fordert, das es der Gemeinschaft erlaubt, die Entsorgungsautarkie insgesamt wie auch eines jeden Mitgliedstaates zu erreichen.

Dies wird auch durch die im Februar 1993 beschlossene und ab Mai 1994 in allen EG-Mitgliedstaaten einheitlich zur Anwendung kommende neue EG-Verordnung 259/93 des Rates zur Überwachung und Kontrolle der Verbringung von Abfällen in der, in die und aus der Europäischen Gemeinschaft nachdrücklich unterstrichen. Diese Verordnung sieht insbesondere ein differenziertes System von Verbringungsverboten und Genehmigungsverfahren zur Verhinderung von unerwünschten grenzüberschreitenden Abfallverbringungen vor. Abfallexporte in Länder außerhalb der EG und der EFTA sollen künftig generell verboten sein.

→ **EG-Richtlinien, OECD, UNEP**

Grüne Tonne

System der **getrennten Sammlung**, bei dem den Haushalten zusätzlich zum **Hausmüll**gefäß ein weiterer Behälter zur Verfügung gestellt wird, der ausschließlich zur Aufnahme eines Wertstoffgemisches oder auch eines Einzelstoffes dient. Dieses Wertstoffgemisch muß nach der Sammlung zerlegt werden.

→ **Teilintegrierte Systeme**

Grüner Punkt

Der grüne Punkt ist ein Lizensierungszeichen der **Dualen System** Deutschland GmbH (DSD) für Verkaufsverpackungen. Er signalisiert ausschließlich, daß für die so gekennzeichneten Verpackungen ein Finanzierungsbeitrag zum Aufbau eines flächendeckenden Sammel- und Sortiersystems geleistet wird. Er ist kein Kennzeichen für besonders umweltverträgliche Verpackungen.

 → **Verpackungsverordnung**

G

Grünsalz

Technisch nur gering verunreinigtes Eisensulfat, dessen blaßgrüne Farbe zu seiner Namensgebung führte. G. fällt bei der **Titandioxidproduktion** nach dem Sulfatverfahren und bei der Eisenbeizerei mit Schwefelsäure an. Aufgrund der Eigenschaft des Eisens, mit Phosphaten unlösliche Eisenphosphatverbindungen einzugehen, eignet sich G. hervorragend zur Phosphateliminierung aus kommunalen Abwässern.

Gülle

Bei der Tierhaltung anfallendes Gemisch aus Kot und Harn der Tiere, vermischt mit Futterresten und mehr oder weniger verdünnt durch Wasser. Die Zersetzung der G. bei offener Lagerung sowie die Ausbringung unzureichend behandelter G. führt zu starken Geruchsbelästigungen. G. ist, in vernünftigem Maße eingesetzt, ein wertvolles natürliches Düngemittel. Die Ausbringung von G. auf landwirtschaftlich genutzte Flächen ist in § 15 des **Abfallgesetzes** geregelt.

→ **Biogas, Düngung, Intensivtierhaltung, Jauche, Tierische Reststoffe**

H

Häusliches Abwasser/kommunales Abwasser

Schmutzwasser aus privaten Haushalten. H. enthält Bade-, Spül- und Waschrückstände sowie Exkremente. Die Menge je Einwohner entspricht in etwa dem Wasserbezug je Einwohner und ist infolgedessen in erster Linie vom Lebensstandard abhängig. Sie beträgt zwischen 80 und 400 Liter am Tag. In Deutschland etwa 145 Liter je Tag.

Abfälle, wie Lösemittel, Lacke, Treibstoffe, Pflanzenbehandlungsmittel, Arzneimittel, aber auch Zigarettenkippen, Metalle, Kunststoffe, u. a. dürfen dem H. nicht beigegeben werden.

→ **Abwasserreinigung**

Halogenierte Kohlenwasserstoffe

Sammelbezeichnung für organisch-chemische Verbindungen, die Halogene (Sammelbegriff für die chemischen Elemente Fluor, Chlor, Brom, Jod) enthalten. Es gilt analog das bei den **chlorierten Kohlenwasserstoffen** Gesagte.

→ **Dünnsäure, Umweltschadstoffe**

H

Handbuch „Verwerterbetriebe“

Im Rahmen der **Abfallwirtschaftsdatenbank** werden Informationen zu Verwerterbetrieben erfaßt und gespeichert. Um zu den Daten einen schnellen und umfassenden Überblick zu erhalten, wurde 1979 auf der Grundlage einer „Verwerterdatei“ das H. V. herausgegeben.

Das **Umweltbundesamt** hat mit Unterstützung der Recyclingbörse des Deutschen Industrie- und Handelstages und verschiedener Branchenverbände ein zentrales Nachschlagewerk erstellt, das 1992 in 3. Auflage veröffentlicht wurde. Das Handbuch enthält Angaben zu ca. 400 Verwerterbetrieben, auch aus den neuen Bundesländern, mit Hinweisen auf Anschrift, eingesetzte Rückstände, Kapazität und Verwertungsmethoden.

Zielsetzung ist es, potentielle Verwerterbetriebe aufzuzeigen und Entscheidungshilfen bei Planungen und Problemlösungen zu geben.

Haushaltsabfälle → Hausmüll

Hausmüll

Feste Abfälle aus Haushaltungen und aus Gewerbebetrieben, Anstalten, Hotels und Gaststätten, Kantinen, Wirtschafts- und Verwaltungsgebäuden mit hausmüllähnlichem Charakter wie z. B. Speisereste und Küchenabfälle, Papierreste, Heizungsrückstände und kleine Gebrauchsgegenstände, die in die bei der **Müll-Abfuhr** ortsüblichen Behälter passen.

Der H. enthält ca. 0,4% Problemabfälle. Dazu gehören z. B. quecksilberhaltige Produkte wie **Batterien**, Fieberthermometer, Reste von **Pflanzenschutzmitteln**, Pinselreiniger etc. Im Vergleich zu der bundesweiten Hausmüllanalyse 1979/80 sind abnehmende Mengen bei Glas und Mineralien zu verzeichnen. Zugenommen haben seit 1979 Verpackungsverbund und Textilien im H. 1991 ergab sich ein Pro-Kopf-Aufkommen von rund 580 kg.

Hausmüllähnliche Gewerbeabfälle

Bezeichnung für die in Geschäfts- und Kaufhäuser, Gewerbe- und Industriebetrieben anfallenden festen, nicht produktions-

Zusammensetzung des Hausmülls (1987)

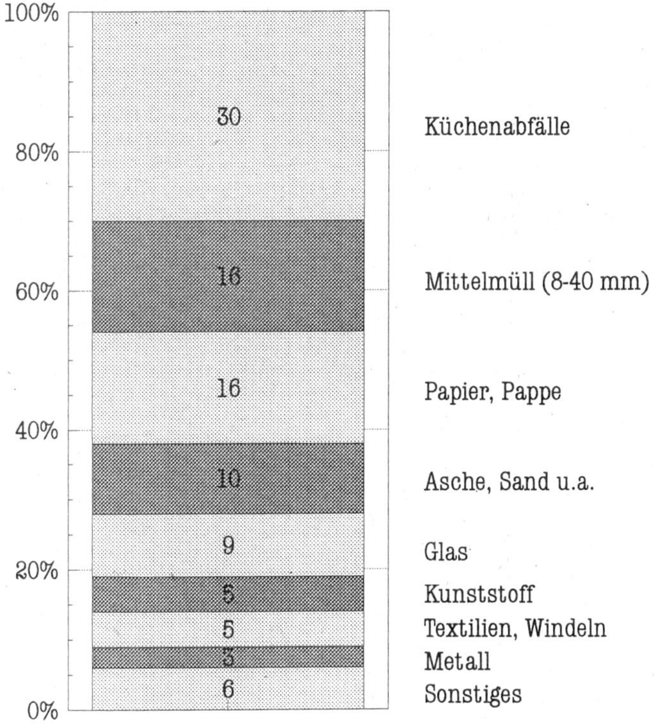

Quelle: Umweltbundesamt

spezifischen Abfälle wie z. B. Verpackungsmaterial, Heizungsrückstände, Büroabfälle u. a. Diese werden entweder im Rahmen der öffentlichen Müllabfuhr eingesammelt und transportiert (hier spricht man auch von Geschäftsmüll) oder vom Abfallerzeuger direkt an der Entsorgungsanlage angeliefert.

H

Hausmülldeponie

Abfallentsorgungsanlage zur dauerhaften, geordneten und kontrollierten **Ablagerung** von überwiegend festen **Siedlungsabfällen**, die in der Regel keine besondere Vorbehandlung erfahren. Dazu gehören u. a. **Hausmüll, Sperrmüll, hausmüllähnliche Gewerbeabfälle,** Baustellenabfälle, Klärschlämme, Garten- und Parkabfälle, aber kein **Sonderabfall.**

Grundlage für Planung, Bau und Betrieb von H. sind die Landesregelungen, die sich weitgehend an das Deponiemerkblatt der **Länderarbeitsgemeinschaft Abfall (LAGA)** orientieren.

Eine H. nach dem Stand der Technik ist ein komplexes, umweltverträgliches Bauwerk. Die meisten **Deponien** verfügen über ein künstliches Abdichtungssystem. Die Basisabdichtung sollte als Kombinationsdichtung ausgeführt sein, die aus einer mineralischen Schicht (Ton) und einer daraufliegenden Kunststoffdichtungsbahn besteht. Das auf der Dichtungssohle gefaßte **Sickerwasser** wird vor der Ableitung in einen Vorfluter gereinigt (**Sickerwasserreinigungsanlage**). Bei den meisten Deponien wird es noch in Speicherbehältern gesammelt und bei Bedarf zu kommunalen **Kläranlagen** verbracht. Die **Deponieentgasung** und

Viele Abfälle gehören nicht in die Mülltonne.

-gasbehandlung müssen heute als notwendiger Bestandteil jeder Hausmülldeponie angesehen werden.
Zum Ausstattungsgrad einer Deponie gehören auch Wiegeeinrichtung und mindestens ein Kompaktor. Über Labor und Reifenreinigungsanlage verfügen nur wenige Anlagen.

H Gegenwärtig sind in den alten Bundesländern 295 Hausmülldeponien in Betrieb. In den neuen Bundesländern werden Siedlungsabfälle noch auf ca. 400–500 Abfallablagerungsplätzen verbracht, die zwar über eine Zulassung verfügen, aber aufgrund ihres größtenteils ungenügenden Standards (keine **Deponieabdichtung**, keine Sickerwasserfassung, keine Deponiegasfassung) nur eine Übergangslösung darstellen bzw. in absehbarer Zeit zu schließen sind.

Es ist davon auszugehen, daß die **Ablagerung** von unbehandelten Abfällen (mobil, rel. hoher Organikanteil) auf Hausmülldeponien in Zukunft nicht mehr erlaubt sein wird. In Arbeit ist zur Zeit die **Technische Anleitung für Siedlungsabfälle (TA Abfall)**, in der u. a. bundeseinheitlich die Anforderungen an Einrichtungen, Betrieb und Nachsorge von Deponien für Siedlungsabfälle vorgeschrieben werden.

→ **Deponie, Sonderabfalldeponie, Monodeponie, Müllkippe, Zentraldeponie, Deponiebasis-Abdichtung**

Hausmüllpyrolyse

Thermische Zersetzung der im Hausmüll enthaltenen organischen Substanzen unter Sauerstoffausschluß. Aus verfahrenstechnischen Gründen muß der Hausmüll vor der Beschickung der Pyrolysetrommel zerkleinert werden. Die Beheizung erfolgt indirekt über die Trommelhaut oder direkt durch im Trommelinneren angebrachte Heizrohrregister. Bei einer Verweilzeit des Abfalls von etwa 1 Stunde in der Pyrolysetrommel erfolgt die Entgasung bei 450 °C bis 750 °C. Dabei entstehen im wesentlichen **Pyrolysegas** und feste **Pyrolyserückstände** (Pyrolysekoks).

Als Vorteil der Pyrolyse gegenüber der Verbrennung sind die verfahrensbedingten niedrigen Abgasmengen und in der Regel geringere luftseitige Schadstofffrachten zu nennen. Ferner erhält man bei der Pyrolyse einen speicherbaren Brennstoff, der ggf. an einem anderen Ort und zu einem anderen Zeitpunkt genutzt werden kann. Weitere Vorteile der Pyrolyse könnten die Rentabilität auch in kleinen Einzugsgebieten und die Flexibilität hinsichtlich unterschiedlicher Abfallzusammensetzung sein.

Im Laufe der fast 20jährigen Entwicklungsphase hat die Praxis

jedoch inzwischen gezeigt, daß man die Vorteile der Pyrolyse nicht voll nutzen kann. Neben Problemen mit Staubablagerungen und Undichtigkeit der Pyrolysetrommel traten Schwierigkeiten bei der Reinigung, Lagerung und Verwertung des Pyrolysegases auf. Ferner fand sich bisher kein zufriedenstellendes Behandlungsverfahren für die Pyrolysereststoffe, um sie verwertbar oder ablagerfähig zu machen.
Von den ursprünglich 50 diskutierten Verfahrensvarianten wurden nur wenige weiter verfolgt. Bei den Pyrolyseverfahren sind Verfahrensvarianten zu unterscheiden, die für die Behandlung von aufbereiteten (z. B. vorzerkleinerten) Abfällen oder nur für bestimmte aussortierte (z. B. heizwertreiche) Abfallfraktionen ausgelegt sind. Nur eine Pyrolyseanlage für vorbehandelte Abfälle, die des Landkreises Günzburg, arbeitet seit 1987 im Entsorgungsmaßstab. In der Schweltrommel dieser Anlage werden Durchsatzleistungen von ca. 3 t/h (35.000 t/a) erreicht, eine Steigerung auf ca. 5 t/h je Trommel erscheint möglich.
Eine weitere Pyrolyseversuchsanlage, die sich in ihren Anlagenkomponenten und Prozeßbedingungen nicht wesentlich von den Hausmüll-Pyrolyseverfahren unterscheidet, steht in Aalen-Unterkochen. Der grundlegende Unterschied dieser Variante zu der vorgenannten Anlage besteht allerdings darin, daß hier lediglich die heizwertreiche Leichtfraktion aus dem **Hausmüll** abgetrennt, zu Pellets gepreßt und anschließend entgast wird. Vorteil dieser Anlagenkonfiguration ist es, daß die Pyrolyseanlage vor problematischen Abfallbestandteilen geschützt und der Prozeß gleichmäßiger abläuft. Nachteilig für die Integration dieses Verfahrens in abfallwirtschaftliche Gesamtentsorgungskonzepte ist, daß mehr als die Hälfte des Abfalls im allgemeinen unbehandelt auf **Deponien** abgelagert werden muß. Diese Verfahrenskonzeption ist von daher vorrangig in Verbindung mit der thermischen Verwertung (**BRAM**-Konzept) und nicht zur thermischen Behandlung der Restabfälle vor der Ablagerung einzusetzen.
Außer bei der Pyrolyseanlage in Günzburg konnte die Verfügbarkeit der anderen Pyrolyseanlagen über längere Zeiträume bisher nicht nachgewiesen werden. Ihr Betrieb kann nur in Verbindung mit ausreichender Deponiekapazität für die Ablagerung von Rohmüll gewährleistet werden. Bei einer Gesamtbetrachtung bezüglich der Umweltauswirkungen ist der Umstand

H

der Ablagerung eines Teils des Rohmülls jedoch ungünstig zu bewerten.

Hausmüllverbrennung → Abfallverbrennung

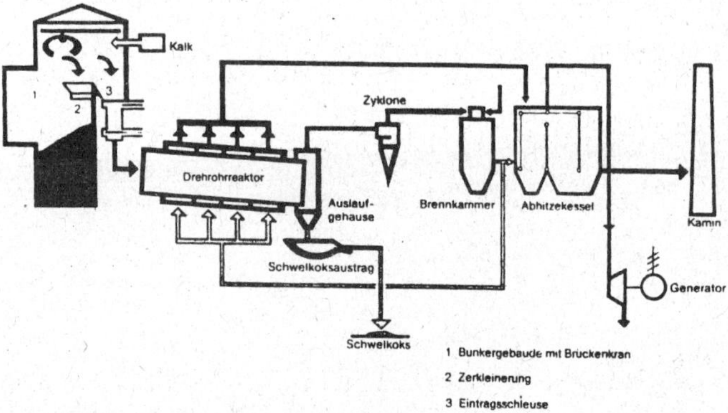

Quelle: DBA-Pyrolyseverfahren Landkreis Günzburg

Hausmüll-Vermeidung

Strategien und Maßnahmen mit dem Ziel, der Entstehung von **Hausmüll** vorzubeugen. Chancen für die H.-V. bestehen vor allem im Verpackungsbereich (z. B. Bevorzugung der Pfandflasche vor Einwegdosen oder Einsatz der Mehrwegtransportverpackungen). Der H.-V. ist in jedem Fall der Vorzug vor der **Abfallverwertung** zu geben, da nur der nicht entstehende Abfall eine wirkliche Verringerung der Umweltbelastung darstellt.

→ **Abfall-Verringerung**

Hausmüll-Verwertung

Verfahren zur Verwertung von Haushaltsabfällen, zu denen vor allem die Gewinnung von Wertstoffen aus Hausmüll durch getrennte Sammlung und/oder Sortierung und die Kompostierung gehören. Mit Ausnahme der Kompostierung, der **Altglas-**

Verwertung und der **Weißblech-Verwertung** (bei **Abfallbehandlungs**anlagen) gibt es in der Bundesrepublik Deutschland bisher keine nennenswerte Rückgewinnung von **Wertstoffen** aus Hausmüll. Um die H.-V. künftig auszuweiten, fördert die Bundesregierung zahlreiche **Forschungs- und Enwicklungs**vorhaben sowie die Errichtung und den Betrieb von Demonstrationsanlagen.
→ **Abfall-Verwertung, Klärschlamm-Kompostierung**

Haussammlungen (von Abfällen)

Von gemeinnützigen oder gewerblichen Organisationen in privaten Haushaltungen durchgeführte **getrennte Sammlungen** von **Wertstoffen** (z. B. Textilabfälle, **Altpapier, Altglas**) zum Zwecke der Verwertung.
→ **Container-Sammlung**

Holsystem

System, bei dem die Wertstoffe direkt beim Erzeuger abgeholt werden. Das kann sowohl systemlos durch **Straßensammlung** erfolgen als auch organisatorisch als **integrierte** oder **teilintegrierte Systeme** in die Müllabfuhr eingebunden sein. Dazu werden zusätzliche Sammelbehälter auf dem Grundstück bereitgestellt. Als Behälter kommen vorwiegend dieselben wie bei der Restmüllsammlung zum Einsatz.
Durch Piktogramme, Aufkleber und Farbgebung wird ihre Funktion angezeigt. Für die Abfuhr kommen Restmüllfahrzeuge zum Einsatz, z. T. mit modifizierten Aufbauten. Holsysteme haben gegenüber den **Bringsystemen** den Vorteil eines höheren Erfassungsgrades bei jedoch höherem Aufwand und geringerer Wertstoffqualität.
→ **Additive Systeme, Integrierte Systeme, Sammelsysteme für Wertstoffe**

Holzabfälle

Bei der Ernte, Be- und Verarbeitung von Holz entstehende **Abfälle**, die sich im wesentlichen aus sog. „Schlagabraum" (Äste, Kronen, Laub u. a.) und Rindenabfällen zusammensetzen. Für H. gibt es zahlreiche Verwertungsmöglichkeiten, die sich von der Verbrennung über die **Kompostierung**, die **Biogas**-Gewinnung, die **Pyrolyse** bis zum Einsatz in der Spanplatten- und Papierfabrikation erstrecken. Neben diesen Abfällen fällt eine bisher nicht erfaßte Menge Altholz („verbrauchte" Möbel, Innenausbauteile, Sägerestholz aus Abbruch- und Umbauarbeiten), Schwellen, Masten, Verpackungen u. a. an. Der **Verpackungsverordnung** unterliegende Holzverpackungen können in der späneverarbeitenden Industrie stofflich verwertet werden.

Humus

Organischer Anteil des Bodens, der vornehmlich aus Zersetzungsprodukten abgestorbener **pflanzlicher** und **tierischer Reststoffe** durch Stoffwechselprozesse von **Mikroorganismen** und vielfältiger biologischer Vorgänge entsteht. Eine H.-Bildung wird bei der **Kompostierung** eingeleitet und nach Einarbeitung des **Kompost**es in den Boden dort fortgesetzt.

Hundekot

Die Tierliebe der Bundesbürger hat in den vergangenen Jahren die Zahl der Hunde ständig ansteigen lassen. Allein in Berlin gab es 1992 ca. 104.000 Hunde, im gesamten Bundesgebiet waren es ca. 3,7 Millionen, die täglich etwa 1.100 Tonnen Kot hinterlassen. Nach dem Buß- und Verwarnungskatalog zum **Abfall-Beseitigungsgesetz** sind Hundehalter verpflichtet, den von ihrem Hund auf Gehwegen, Kinderspielplätzen und ähnlichen Orten abgelegten Kot zu entsorgen. Trotzdem erlauben viele Hundebesitzer ihren Tieren eben diese Verunreinigungen. Dieses ist nicht nur ein Zeichen mangelnden Verantwortungs- und **Umweltbewußtseins**, sondern verursacht unhygienische, belästigende und gefährdende Situationen, von denen insbesondere Kinder und alte Menschen betroffen sind. Aus diesen Gründen sollte im Bereich von Kinderspielplätzen, Sandkästen, Liegewiesen und Badestränden ein striktes Hundeverbot ausgesprochen werden. Hundehalter sollten darüber aufgeklärt werden, daß ein Hund erzogen werden kann und daß dieses im Interesse der Allgemeinheit auch notwendig ist. Auf dem Markt befinden sich zahlreiche H.-Einsammelgeräte.

H

Hydrolyse

Chemische Reaktion, bei der eine Verbindung durch Einwirkung von Wasser gespalten wird.
In Entwicklung befindet sich derzeit ein Verfahren zur Verwertung von Kunststoffabfällen auf der Basis von Polykondensaten und Polyaddukten (z. B. Polyamid, Polyester, Polycarbonat und Polyurethan, nicht jedoch Polyethylen und Polysterol). Unter Einwirkung von Wasserdampf, hohem Druck und hoher Temperatur sollen flüssige und gasförmige Hydrolyseprodukte gewonnen werden, die nach Aufbereitung u. a. zur Herstellung von neuwertigen Kunststoffen mit herangezogen werden können. Bis zur Technikumsreife ist bereits die H. von Polyurethan-Weichschäumen entwickelt. Ein ähnliches Verfahren stellt die Alkoholyse dar, bei der statt Wasser bestimmte Alkohole eingesetzt werden.

Hydrozyklon

Aggregat zum Abscheiden von Feststoffteilchen aus Flüssigkeiten. H.e werden auch verwendet, um gemischte **Kunststoffabfälle** in besser verarbeitbare Fraktionen aufzutrennen. Gewonnen wird im H. zumeist eine Leichtfraktion, bestehend aus Kunststoffen mit einer spezifischen Dichte < $1 g/m^3$ (Polyolefine – gut verwertbar) und einer Schwerfraktion mit einer Dichte > 1g/m3 (PVC, PS, PETP u. a. – schlecht verwertbar).

I

Immision

Einwirkung von Luftverunreinigungen, Geräuschen, Erschütterungen, Strahlen, Wärme u. a. auf Menschen, Tiere, Pflanzen, Boden, Wasser, Atmosphäre sowie Sachgüter.
Meßgröße ist vor allem die Konzentration eines **Schadstoffes** in der Luft, bei Staub auch die Menge, die sich auf einer bestimmten Fläche pro Tag niederschlägt.
→ **Bundes-Immissionsschutzgesetzt, Emission**

Industrie- und Gewerbeabfälle → Abfall-Aufkommen

Inerter Abfall

Abfall, bei dem kaum umweltgefährdende Austauschvorgänge mit der Umgebung stattfinden und der weder gefährlich noch

I

stark belästigend ist. Hierzu gehören neben unbelastetem Bodenaushub und unbelastetem Bauschutt auch Glas- und Porzellanabfälle sowie Schlacken aus Kraftwerken sowie Eisenhüttenschlacken.
→ **Straßenaufbruch**

Informationsschrift Abfallarten

Die **Länderarbeitsgemeinschaft Abfall (LAGA)** hat in Abstimmung mit dem Bundesumweltminister die „Informationsschrift Abfallarten" in 3. überarbeiteter Auflage 1991 herausgegeben. Die I. A. enthält den **Abfallartenkatalog** und darüber hinaus Ergänzungen für den Anwender des Kataloges. Diese bestehen aus einem zusätzlichen alphabetischen und numerischen Verzeichnis des bisherigen Kataloges – Stand 1980 mit Änderungshinweisen gegenüber dem jetzigen Stand. Aufgrund der umfangreichen Überarbeitung des „alten" Abfallartenkataloges waren diese Arbeitshinweise zum Auffinden von Abfallarten gegenüber dem bisherigen Katalog für den Anwender erforderlich.
Die I. A. erscheint beim Erich Schmidt Verlag, Berlin.

Integrierte Abfallsammlung

Verfahren im Rahmen der **Müllabfuhr**, bei denen leicht verwertbare Abfälle (z. B. **Altglas**, **Altpapier**) in besonderen Behältern oder Säcken gesammelt, jedoch mit der normalen **Müll-Abfuhr** entsorgt und einer Verwertung zugeführt werden. Zu der I. A. gehören z. B. das „**Mehrkammer-Müllsystem**" und das „**Sack-im-Behälter**"-Verfahren.
→ **Abfall-Verwertung, Getrennte Sammlung**

Integriertes Abfallwirtschaftskonzept

Das i. A. ist ein Konzept, das für Siedlungsabfälle eines begrenzten Entsorgungsgebietes ein aufeinander abgestimmtes und miteinander verknüpftes System von Verfahren und Technologien zur Vermeidung, zur Schadstoffentfrachtung, zur stofflichen Verwertung, zur Behandlung und Ablagerung der Abfälle festlegt. Dabei sind alle Abfallarten und -quellen integriert zu betrachten und so mit Sammlung, Transport, Behandlung und Ablagerung zu verknüpfen, daß ein Höchstmaß an Entsorgungssicherheit und Umweltverträglichkeit erreicht wird.

Integrierte Systeme der Wertstoffsammlung

Verfahren der **getrennten Sammlung**, bei dem die Wertstofferfassung organisatorisch in die Müllabfuhr eingebunden ist. Dabei unterscheidet man zwischen vollintegrierten und teilintegrierten **Holsystemen**.

Intensivtierhaltung

Ein einer I. werden u. a. Kühe, Rinder, Schweine und Geflügel aufgezogen. Ziel der I. ist eine wirtschaftliche Nahrungsmittelproduktion auf relativ kleiner Fläche. Bei einer Anhäufung von vielen Tieren auf engstem Raum fallen **Abfälle** (z. B. Stallmist, **Jauche, Gülle, tierische Reststoffe**) in großen Mengen an. I. verursacht oft Geruchsbelästigungen in der Umgebung. Gerüche können durch Filteranlagen (Biofilter) verringert oder beseitigt werden.

→ **Biogas, Kompost-Filter**

Internationale Zusammenarbeit

Zur Vermeidung von Umweltschäden ist auch im internationalen Bereich ein abgestimmtes Verhalten notwendig. Deshalb haben sich die Mitgliedstaaten der Europäischen Gemeinschaften entschlossen, auch für den Bereich der **Abfall-Wirtschaft** gemeinsame Rechtsvorschriften zu verabschieden. Daneben unterstützt die Bundesregierung die Arbeiten der **Wirtschaftskommission der Vereinten Nationen für Europa (ECE)** auf dem Gebiet der Entwicklung abfallarmer Technologien. Im Rahmen der I. Z. bestehen mit einigen Ländern auch auf dem Gebiet der **Abfallwirtschaft** Abkommen über den Austausch von Informationen.
Im Bereich der **OECD** (Organisation für wirtschaftliche Zusammenarbeit und Entwicklung) arbeitet eine Arbeitsgruppe „Abfallwirtschaftspolitik", die sich insbesondere mit Fragen der **Sonderabfall**beseitigung befaßt (z. B. grenzüberschreitende Transporte, Begriffsdefinitionen, Vereinheitlichung des Begleitscheinverfahrens, Versicherungsfragen, technische Fragen der Sonderabfallbeseitigung usw.).

Investitionsprogramm

Das **Umweltbundesamt** fördert im Auftrage des **Bundesministers für Umwelt, Naturschutz und Reaktorsicherheit** Investi-

I

tionen mit dem Ziel, Umweltbelastungen zu vermindern. Durch Demonstrationsprojekte im großtechnischen Maßstab soll aufgezeigt werden, in welcher Weise Anlagen einem fortschrittlichen Stand der Technik zur Verminderung der Umweltbelastungen angepaßt und fortschrittliche Verfahren zur Vermeidung und Verminderung von Umweltbelastungen eingesetzt sowie umweltfreundliche Produkte hergestellt werden können.
Unter dem Gesichtspunkt des medienübergreifenden Umweltschutzes werden vorrangig Verfahren, Einrichtungen und Betriebsweisen gefördert, die Abfälle vermeiden bzw. verringern und umweltgefährdende Stoffe nach Möglichkeit erst gar nicht entstehen lassen. Zumindest sollen unvermeidbare **Reststoffe** so aufbereitet werden, daß ihre schadlose Beseitigung möglich wird.
Dies betrifft z. B. Verfahren zur **Abfallvermeidung** durch Einsatz integrierter Techniken und Aufarbeitung der im Produktionsprozeß anfallenden Reststoffe. Auch für Verfahren zur Reduzierung der Abfallmenge durch Verwertung, z. B. bei der **Altölentsorgung**, der **Altautoverwertung** und der Ersetzung von lösemittelhaltigen Lacken durch wasserverdünnbare Klarlacke werden Mittel bereitgestellt.
1988 wurde der Schwerpunkt **Altlasten** in das Förderprogramm aufgenommen. In seinem Rahmen wurde die Entwicklung eines Sicherungs- und Sanierungskonzeptes für einen schwermetallbelasteten Altlastenstandort und die integrierte Mehrkomponentensanierung abgesichert. Zur Fortschreibung des Standes der Technik dienen weitere Projekte zur biologischen Behandlung von **PCB**-verunreinigten Böden am Entstehungsort sowie zur Sanierung eines ehemaligen Kokereigeländes.

J

Jauche

Vergorene, sehr wasserhaltige, tierische Exkremente mit geringen Feststoff-Anteilen wie Kot, Stroh und Futterresten. J. wird wie **Gülle** und Stallmist als Wirtschaftsdünger zur **Düngung** im landwirtschaftlichen Betrieb eingesetzt. J. enthält ca. 0,4% Stickstoff, 0,8% Kalium, 0,01% Phosphorsäure. Das Einleiten von J. in die Kanalisation und damit in **Kläranlagen** oder in die Gewässer ist ohne Genehmigung nicht gestattet. Die Ausbrin-

J

gung von J. auf landwirtschaftlich genutzte Flächen ist in § 15 **Abfallgesetz** geregelt.
→ **Abfall-Recht**

K

Kalte Vorbehandlung
Unter K.V. versteht man Verfahren zur Behandlung von Restmüll, der nach allen geforderten Maßnahmen zur Vermeidung und Verwertung (**TA Siedlungsabfall**) entsorgt werden muß. Die K.V. umfaßt vor allem biologisch-mechanische Verfahren wie **Kompostierung** oder Vergärung. Ziel einer solchen Behandlung muß sein, durch Schadstoffentfrachtung und Schadstoffumwandlung das Gefährdungspotential des abzulagernden Abfalls zu verringern; Emissionen aus dem **Deponiekörper** in die Umgebungsluft, in den Boden und in das Grundwasser müssen ausgeschlossen sein. Eine bessere Variante zur Erfüllung dieser Forderungen ist durch **Abfallverbrennung** gegeben, da durch die K.V. der Abfälle keine Zerstörung/Abscheidung der im Müll enthaltenen Schadstoffe bewirkt wird. Zudem hat die K.V. einen hohen Flächenbedarf (bei einer Rottezeit von neun Monaten von 100.000 Tonnen Abfall = 13 ha).

Kläranlage
Anlage zur Reinigung von Industrieabwasser und häuslichem Abwasser. Je nach Abwasserbeschaffenheit, Konstruktion und Leistungsfähigkeit der K. erfolgt die Abwasserreinigung mechanisch (1. Stufe), biologisch (2. Stufe) und weitergehend (3. Stufe). Die mechanische Reinigung entfernt Schwimm-, Schweb- und Sinkstoffe. In der 2. Stufe werden die meist mechanisch vorgereinigten Abwässer mit Hilfe von Mikroorganismen gereinigt. Abgebaut werden dabei vor allem organische Stoffe z. B. aus Fäkalien. In der weitergehenden Abwasserreinigung werden weitere Stoffe wie Phosphate, Stickstoff und **Schwermetalle** aus dem Wasser entfernt. Bei der Klärung bleibt Klärschlamm übrig; er wird z. T. ausgefault (Biogas), entwässert, anschließend landwirtschaftlich verwertet, auf Deponien abgelagert oder verbrannt.

Klärgas → Biogas

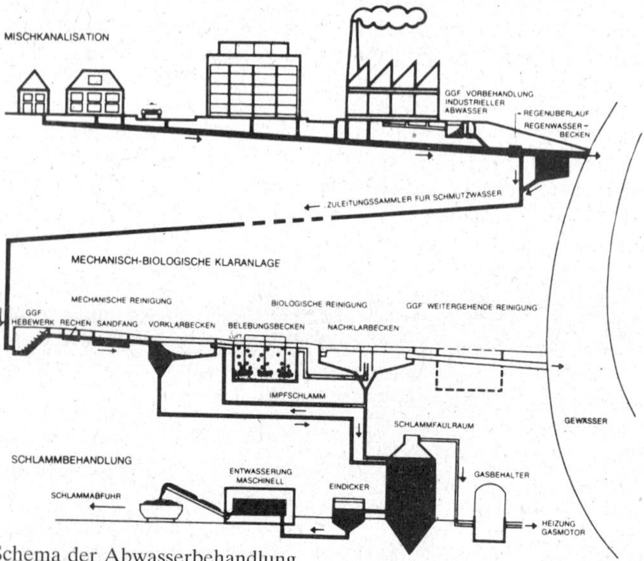

Schema der Abwasserbehandlung
(Quelle: Stadt Stuttgart)

Klärschlamm

Bezeichnung für den ausgefaulten bzw. auf sonstige Weise stabilisierten Schlamm aus **Kläranlagen**. K. aus häuslichen Abwässern enthält viele Nähr- und Humusstoffe und kann unter bestimmten Voraussetzungen als Düngemittel verwendet werden. Einzelheiten regelt die K.-Verordnung vom 1. 7. 1992 (BGBl. I S. 912). K. kann je nach Abwasserart und Behandlungsverfahren umwelt-/gesundheitsgefährdende Stoffe wie Krankheitskeime und Schwermetalle (z. B. Cadmium, Blei, Quecksilber) enthalten. Anfang der 90iger Jahre mußten rd. 50 Mio m^3 Klärschlamm entsorgt werden; dies entspricht einer Trockenmasse von etwa 2,5 Mio Tonnen.

Klärschlamm-Pyrolyse

Bei der K. nach dem „Tübinger Verfahren" von Prof. Bayer erfolgt eine Umwandlung des Klärschlamms unter Sauerstoffausschluß bei relativ niedrigen Temperaturen um 300 °C. Daher

spricht man auch von Niedertemperatur-Konvertierung. Bei diesem Verfahren wird die katalytische Wirkung der anorganischen Substanzen im Klärschlamm ausgenutzt. Der Vorteil dieses Verfahrens im Vergleich zur Pyrolyse bei höheren Temperaturen um 500–700 °C liegt darin, daß bei der niedrigeren Temperatur das Kohlenstoffgerüst der organischen Bestandteile des Klärschlamms weitgehend erhalten bleibt und weder umgeordnet noch abgebaut wird. Dadurch findet nahezu keine Umwandlung der aliphatischen Strukturen in z. T. krebserregende Aromaten statt.
Das Verfahren zur Niedertemperatur-Konvertierung von Klärschlamm befindet sich bereits seit mehr als 10 Jahren in der Phase der Forschung und Entwicklung ohne bisher die erwarteten Ergebnisse gebracht zu haben. Bisher wurde dieses Verfahren nur in Laboruntersuchungen und im halbtechnischen Maßstab erprobt.
Ein anderer Weg wird bei dem „Hamburger Verfahren" beschritten. Bei den Untersuchungen zur Pyrolyse von Klärschlamm an der Universität Hamburg wurden in einem Wirbelschichtreaktor im technischen Maßstab höhere Temperaturen von ca. 600–700 °C angewendet. Bei den niedrigeren Temperaturen des Tübinger Verfahrens fällt neben dem Pyrolyseöl vor allem ein fester Pyrolyserückstand an. Bei den höheren Temperaturen des Hamburger Verfahrens entstehen dagegen vorwiegend gasförmige Pyrolyseprodukte. Während beim Hamburger Verfahren die Pyrolysegase zur Deckung der erforderlichen Prozeßenergie ausreichen könnten, ist beim Tübinger Verfahren der Pyrolyserückstand hierzu nicht in der Lage, so daß ein Teil des Pyrolyseöls oder fossile Brennstoffe als Zusatzenergie eingesetzt werden müssen. Außerdem sind die Pyrolysegase aus Umweltschutzgesichtspunkten zur Lieferung der Prozeßwärmen besser geeignet als der feste Pyrolyserückstand, der fast die gesamte **Schwermetallfracht** des Klärschlamms enthält. Sowohl die fettsäurereichen Öle aus dem Tübinger Verfahren als auch die aromatenreichen Öle aus dem Hamburger Verfahren stellen grundsätzlich ein interessanten Rohstoff für die chemische Industrie dar.

→ **Klärschlamm, Pyrolyse, Pyrolysegas, Pyrolyserückstand**

Klärschlamm-Verbrennung

In der Bundesrepublik Deutschland wurden 1990 ca. 10% der kommunalen **Klärschlämme** (250.000 t Trockenmasse) verbrannt.

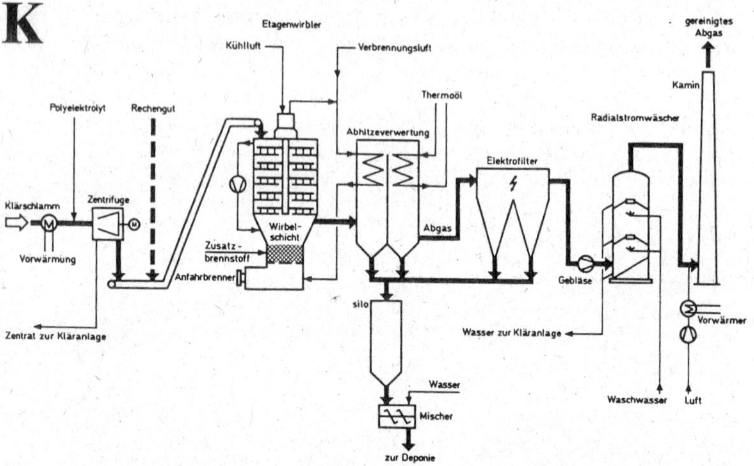

Klärschlamm-Verbrennungsanlage Frankfurt-Sindlingen

Die K.-Anlagen stehen überwiegend in industriellen Ballungszentren, da dort die hohen Belastungen der Klärschlämme mit **Schwermetallen** eine landwirtschaftliche Verwertung (**Klärschlammverordnung**) nicht mehr zulassen und benötigte **Deponie**flächen nur noch in geringem Umfang vorhanden sind. Zur K. werden überwiegend Wirbelschichtöfen eingesetzt.
Drei K.-anlagen werden noch mit Etagenöfen und eine Anlage wird mit einem modernen Etagenwirbler als Verbrennungseinheit betrieben.
Bei der K. entstehen staub- und gasförmige **Emissionen** (insbesondere Stickstoffoxide, Schwefeloxide, Chlorwasserstoff, Fluorwasserstoff und z. T. gasförmiges **Quecksilber**, außerdem können die Stäube erhebliche Schwermetallgehalte aufweisen). Zur Staubabscheidung werden meist Elektrofilter eingesetzt, während die Schadgasabscheidung durch Naßwaschverfahren oder vereinzelt durch Trockenabsorptionsverfahren erfolgt. Die anfallenden festen Verbrennungsrückstände (bis zu 50% der Trockensubstanz) werden abgelagert.

Neben den speziellen K.-anlagen gibt es noch 8 **Hausmüllver-**

brennungsanlagen, die kommunale Klärschlämme mitverbrennen. Die Klärschlämme werden entweder vorher mit Hausmüll vermischt oder in vorgetrockneter Form über Spezialbrenner in den Feuerraum eingebracht.

→ **Abfall-Verbrennungsanlage, Abgas-Wäsche, kommunale Abfälle, Wirbelschichtverbrennung von Abfällen, Klärschlamm-Pyrolyse**

Klärschlamm-Verklappung

Verfahren zur Einbringung von Klärschlämmen in die Hohe See. Der ausgefaulte Klärschlamm wird in Spezial-Schlammschiffe gepumpt, deren Schlammbehälter unter dem Deck über einem Auftriebsraum liegen. Auf Hoher See werden die „Klappen" (Ventile) der Schlammbehälter geöffnet und der Schlamm fließt ohne Pumpenhilfe ins Meer. Diese Entladungstechnik wird „Verklappung" genannt. Von 1961 bis Mitte 1980 wurde der Hamburger Klärschlamm vor der Elbemündung (bis 1976 gemeinsam mit Faulschlamm aus Elmshorn) in die Deutsche Bucht verklappt. Mit der K. wurden erhebliche Mengen an Schwermetallen, schwer abbaubare sowie fäulnisfähige Stoffe in die Deutsche Bucht gebracht, die das betroffene Gebiet stark belasten (1978: 272.000 t Klärschlamm). Seit 1983 wird der Klärschlamm aus Hamburg an Land entsorgt und vom Gebiet der Bundesrepublik Deutschland keine K.-V. mehr vorgenommen. Klärschlamm wird in Europa in größerem Umfang von Großbritannien in der Nordsee verklappt. Aufgrund der Vereinbarungen des **Oslo-Abkommens** wird diese Entsorgung jedoch in einigen Jahren eingestellt.

Klärschlamm-Verordnung

Am 1. Juli 1992 trat eine neugefaßte K. in Kraft (BGBl. I S. 912). Die Neufassung wurde nötig, um die Schwermetallgrenzwerte dem fortgeschrittenen Wissensstand anzupassen und Sonderregelungen aufgrund der Belastungen von Klärschlämmen mit organischen Schadstoffen aufzunehmen. Außerdem mußte den EG-Richtlinien nachgekommen werden. Die neue K. enthält folgende wesentliche Regelungen:

- die Höchstgehalte für die Schwermetalle Cadmium und Quecksilber werden deutlich reduziert;

K

- die Höchstgehalte für organische Schadstoffe werden ergänzt;
- das Aufbringen von Klärschlamm auf Dauergrünland wird verboten;
- für die Aufbringung auf Feldfutteranbauflächen werden die Voraussetzungen verschärft;
- durch verstärkte Pflichten zur Nährstoffuntersuchung des Klärschlamms und der Aufbringungsflächen sollen Überdüngungen und Nährstoffauswaschungen in Oberflächen- und Grundwasser unterbunden werden;
- die Überwachung der Klärschlamm-Aufbringung wird durch verschärfte Nachweispflichten verbessert.

Kombicontainer

Container von zumeist zylindrischer Bauart mit einem Fassungsvermögen von ca. 10 Kubikmetern. Der Behälter ist in einzelne Kammern unterschiedlicher Größe unterteilt und dient überwiegend zur Erfassung von Papier, Glas (unterschieden nach weiß und bunt), Weißblechdosen, Medikamenten und Altbatterien. Durch Öffnen von Zentralklappen werden die einzelnen Kammern an einer Umladestelle entleert.

→ **Additive Systeme, Container-Sammlung, Getrennte Sammlung**

Kommunale Abfälle

Zu den k.A. gehören **Hausmüll, hausmüllähnliche Gewerbeabfälle, Sperrmüll**, Marktabfälle, Straßenkehricht, Garten- und Parkabfälle sowie **Klärschlamm** aus kommunalen Kläranlagen. Nach der letzten amtlichen Statistik gab es 31,3 Mio t fest k.A. und 3 Mio t kommunale Klärschlämme (bezogen auf Trockensubstanz). Von den festen Abfällen wurden 70,6% deponiert, 25,5% verbrannt und 2% kompostiert. Der Rest von 1,9% wurde in sonstigen Anlagen wie chemische oder physikalische Behandlungsanlagen entsorgt.

In den alten Bundesländern wird Klärschlamm im wesentlichen über die landwirtschaftliche Verwertung (20–30%), die Deponierung (50–60%) und die Verbrennung (10–15%) entsorgt. Mit der Übernahme der Klärschlammverordnung in den neuen Ländern sank hier die landwirtschaftliche Verwertung von 71% (1989) auf unter 50% (1991).

Kompost

Vom Lateinischen hergeleitet, bedeutet „Zusammengesetztes". K. ist ein durch Rotte mehr oder weniger stark verändertes Gemisch – vorwiegend pflanzlicher – organischer und mineralischer Ausgangsstoffe, welches als Bodenverbesserungsmittel (z. B. im Nahrungs-, Futtermittel- und Zierpflanzenanbau) aber auch als Abdeckmaterial für **Deponie**n und für technische Zwecke (z. B. für **Kompost-Filter**, Lärmschutzwälle) eingesetzt werden kann. Die **Länderarbeitsgemeinschaft Abfall** (LAGA) hat in einem Merkblatt „Qualitätskriterien und Anwendungsempfehlungen für Kompost aus Müll und Müllklärschlamm" (10. 3. 1977) für die Bundesländer herausgegeben.

→ **Düngung, Humus**

Kompost-Absatz

1991 wurden in den 18 Kompostwerken der Bundesrepublik Deutschland ca. 250.000 t **Kompost** hergestellt. Haupteinsatzgebiete sind der Weinbau (44%), die **Rekultivierung** von **Deponien** (15%), die Landschaftsgestaltung (20%), die Landwirtschaft (4,7%), Lärmschutzmaßnahmen (4,2%), Baumschulen (2,4%) und Filterbau (1,7%).

Kompost-Filter

Abluftreinigungsanlagen, bei denen der Schadstoffabbau durch **Mikroorganismen** erfolgt, die auf einem festen Träger (hier **Kompost**) angesiedelt sind (sog. **Bio-Filter**). Als Trägermaterial werden neben Müllkompost zur Zeit auch noch Humus und Torf eingesetzt.

Abgasmengenstrom, Schadstoffbelastung, Schadstoffart sowie geforderter Reinigungsgrad bestimmen die notwendige Filterfläche und damit den Platzbedarf und die Investitionskosten.

Der Betrieb des K. ist problemlos. Die Betriebssicherheit hängt wesentlich nur von der Möglichkeit ab, den Filter locker und feucht zu halten. Eine Arbeitsgruppe des VDI hat eine Richtlinie zur Dimensionierung und den Betrieb von Bio-Filtern erstellt (VDI-Richtlinie Dez. 1991).

→ **Kompost-Absatz**

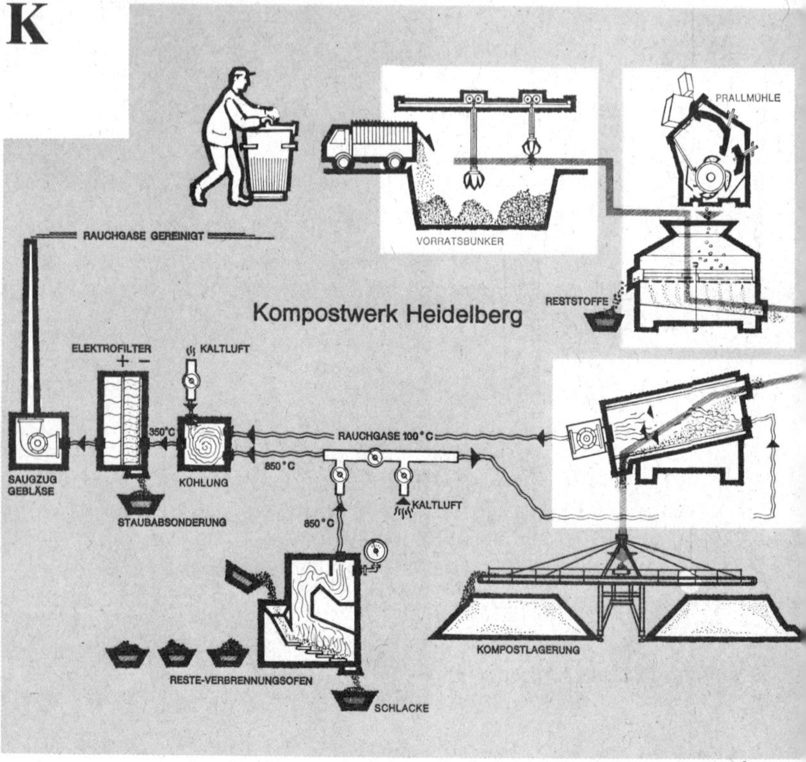

Kompostierung

Abfall-Behandlungsverfahren zur Verwertung **organischer Abfälle** (**Hausmüll, Klärschlamm**, Rinde, Laub u.a.). Bei der K. werden die organischen Bestandteile durch **Mikroorganismen** und Kleintiere zersetzt. Dadurch entsteht ein brauchbares Bodenverbesserungsmittel. Es werden zwei Hauptsysteme der K. eingesetzt: offene K. (Mietenkompostierung) und die in **Rotte**zellen. Auf den Kompostierungs-Prozeß wirken sich folgende Faktoren aus: Nährstoffverhältnis, pH-Wert, Luft (Sauerstoff), Wasser, Temperatur, Schadstoffe.

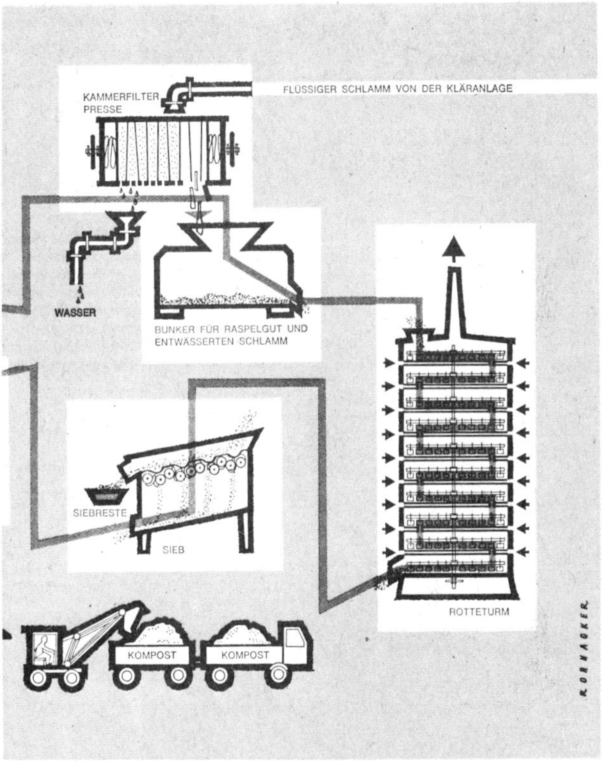

→ **Energie-Rückgewinnung, Garten-Kompostierung, Holzabfälle, Laub-Kompostierung, Müll-Bunker**

Kontamination → Dekontaminationsmaßnahmen

Kooperationsprinzip

Grundprinzip der Umweltpolitik in der Bundesrepublik Deutschland, welches zur Erreichung akzeptabler Ergebnisse einer auf freiwilliger Basis beruhenden Zusammenarbeit zwischen staatlichen Institutionen, den gesellschaftlichen Kräften, der In-

K

dustrie und den Bürgern den Vorzug vor gesetzlichen Regelungen gibt. Das K. kann nur dann zufriedenstellend funktionieren, wenn die beteiligten Gruppen sich einem gemeinsamen Ziel (z. B. Erhaltung einer lebenswerten Umwelt) verpflichtet fühlen und ihr Verhalten darauf ausrichten. So mußten z. B. im Bereich der **Einweg-Verpackungen** bisher staatliche Maßnahmen nicht ergriffen werden, da freiwillige Maßnahmen von Industrie, Handel und Bürgern (z. B. **Altglas-Verwertung, Weißblech**schrott-Rücknahmegarantie) eine wesentliche Erhöhung des von Verpackungen ausgehenden Abfallanteils verhindert haben.
→ **Stand der Technik, Verursacherprinzip, Vorsorgeprinzip**

Krankenhausabfälle

In Krankenhäusern, Arztpraxen und sonstigen Einrichtungen des medizinischen Bereichs anfallende **Abfälle.** Ein Merkblatt der **Länderarbeitsgemeinschaft Abfall (LAGA)** unterteilt diese Abfälle in fünf Hauptgruppen:

- Abfälle, an die keine besonderen Anforderungen zu stellen sind (z. B. Hausmüll, Küchenabfälle);
- Abfälle, an deren Entsorgung aus infektionspräventiver Sicht innerhalb der Einrichtung des Gesundheitsdienstes besondere Anforderungen zu stellen sind (Wundverbände, Einwegartikel, Gipsverbände);
- Abfälle, die infektiös, ansteckungsgefährlich oder stark ansteckungsgefährlich sind;
- Abfälle, deren Entsorgung aus umwelthygienischer Sicht innerhalb und außerhalb der Einrichtungen besondere Anforderungen stellen (Chemikalienreste, Laborabfälle, Altmedikamente u. ä.);
- Medizinische Abfälle, an deren Entsorgung nur aus ethischer Sicht zusätzliche Anforderungen zu stellen sind (Körperteile, Organabfälle).

Kunststoffabfälle

K. entstehen bei der Produktion von Kunststoff-Formmassen, bei deren Verarbeitung zu Halbzeugen oder Fertigerzeugnissen und schließlich nach der Nutzung dieser Produkte. In der Bundesrepublik Deutschland, als einem der drei größten Kunststoffproduzenten der Welt, wurden 1990 etwa 10 Mio t Kunststoff-Rohstoffe produziert und etwa 8 Mio t davon weiterverarbeitet. Rund 2 Mio t fallen als K. an. Nach der 1984 durchgeführten Hausmüllanalyse (Bild 2) hatte die Kunststoffraktion folgende Zusammensetzung:

- 60–65% Polyolefine (PE, PP)
- 15–20% Polystyrol (PS)
- 12–17% Polyvinylchlorid (PVC)
- ca. 10% andere Kunststoffe
- 3–10% Verunreinigungen

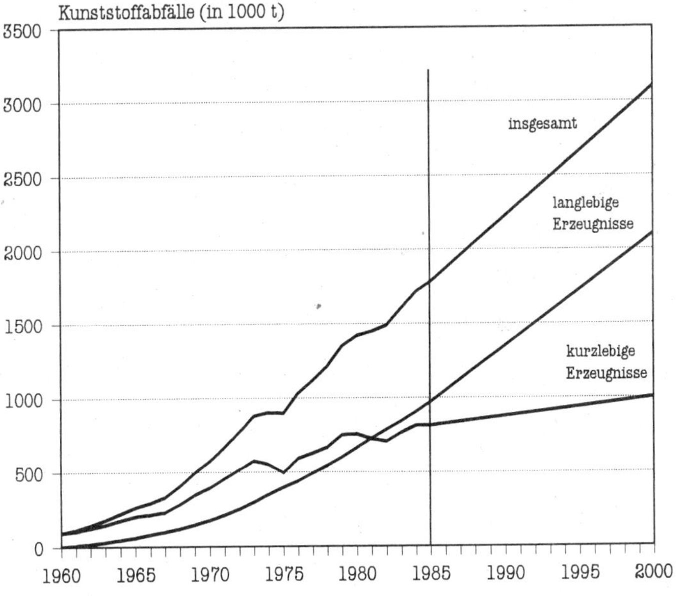

Prognose des Abfallaufkommens an kurz- und langlebigen Kunststofferzeugnissen
Quelle: UBA-Berichte 1/89
Papier – Kunststoff – Verpackungen, Seite 63

K

Von den heute aus allen Abfällströmen entstehenden K. werden schätzungsweise 0,5 Mio t überwiegend sortenreine Verarbeitungsabfälle stofflich verwertet, 1 Mio t thermisch behandelt (d. h. in **Müllverbrennungsanlagen** verbrannt) und der Rest deponiert.

Zur Reduzierung der Abfallmengen kommen als volkswirtschaftlich sinnvolle Maßnahmen, neben einer konsequenten **Abfallvermeidung,** das stoffliche **Recycling** sowie chemische Abbauverfahren in Betracht. Auch die thermische Behandlung kann in Ausnahmefällen angezeigt sein.

Für sauber und sortenrein anfallende oder gewinnbare Thermoplastabfälle erfolgt eine Verwertung nach den üblichen Verfahren der Kunststoffverarbeitung (z. B. Spritzgießen, Extendieren, Kalandrieren) entweder direkt am Anfallort oder in speziellen Recyclingbetrieben. Die hergestellten Produkte substituieren i.d.R. Neukunststoffe.

Problembehaftet und erschwert ist die Verarbeitung von unsortierten, verschmutzten oder im Verbund mit anderen Werkstoffen vorliegenden K. Diese werden in vielen Fällen nach Preß- oder Spritzpreß-Technologien gemeinsam verarbeitet. Die so hergestellten Produkte besitzen ein eingeschränktes Eigenschaftsniveau, sind zumeist schwer und dickwandig; sie ersetzen vor allem Werkstoffe wie Holz und Beton. Nur in Ausnahmefällen kommen bei diesen Erzeugnissen die werkstoffspezifischen Vorteile von Kunststoffen zur Geltung. K. sollten deshalb soweit wie möglich sortenrein gehalten werden oder durch die Neuentwicklung von Trennverfahren in sortenreine Fraktionen aufgespalten werden.

L

Länderarbeitsgemeinschaft Abfall (LAGA)

Arbeitsgemeinschaft der für die **Abfallwirtschaft** zuständigen obersten Behörden der Bundesländer.
Aufgaben und Ziele der LAGA sind der Austausch von Informationen und Erfahrungen im Interesse eines gleichartigen Vollzugs in den Ländern, die Koordinierung von **Forschungs- und Entwicklungs**vorhaben, die Erarbeitung von Merkblättern,

SO FUNKTIONIERT PLASTIK-RECYCLING

L

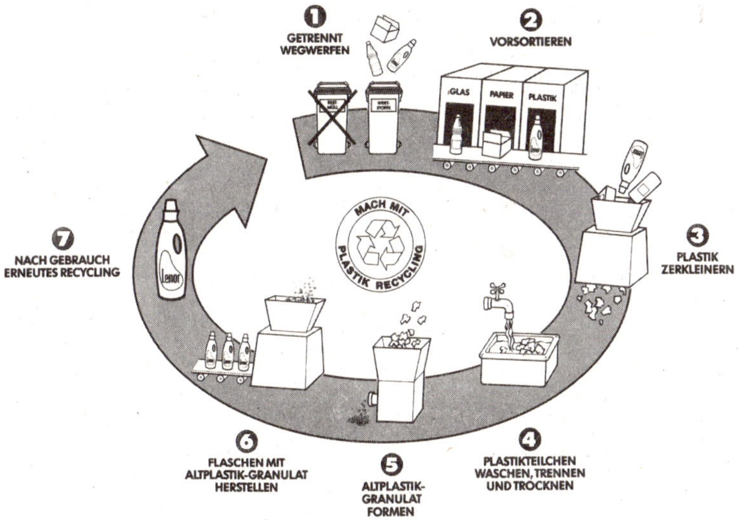

Aus sortenreinen Kunststoff-Verpackungsabfällen können neue Verpackungen hergestellt werden
Grafik: Lenor

Richtlinien und Informationsschriften als Hilfsmittel zur Lösung abfallwirtschaftlicher Aufgabenstellungen, die Erarbeitung von Musterverwaltungsvorschriften für den Vollzug des **Abfall-Recht**s, die Kommunikation und Abstimmung mit dem Bund in allen die Bundesländer berührenden Fragen, die Wahrnehmung der Interessen der Länder bei der Festlegung des deutschen Standpunktes in supra- und internationalen Gremien, der Kontakt zu Verbänden und Interessengruppierungen im kommunalen, staatlichen und gewerblich-industriellen Bereich und die Abstimmung von Aktivitäten mit anderen auf dem Gebiet des Umweltschutzes zuständigen Organisationen.

→ **Informationsschrift „Abfallarten", ATA, ARA, ALA**

L

Laubkompostierung

Kompostierung von Laub im privaten und kommunalen Bereich (vornehmlich von Straßenbäumen und Parkanlagen). Von Gartenbauämtern der Kommunen durchgeführtes Verfahren zur Gewinnung von Bodenverbesserungsmitteln und zur Schonung von **Deponie**-Volumen. L.-K. wird üblicherweise in Form der einfachen Mietenkompostierung über einen Zeitraum von 1/2–1 Jahr betrieben. Als technische Geräte werden ein Zerkleinerungsgerät für Grobteile (Zweige, Äste) und eine Absiebungseinrichtung für den Fertig**kompost** benötigt.
Der L.-K. sollte auch im privaten Bereich (Kleingärtner) den Vorzug vor einer Verbrennung oder anderweitigen Beseitigung gegeben werden.
→ **Garten-Kompostierung**

Lebensmittelindustrieabfälle → Abfälle aus der Lebensmittelindustrie

Lösemittelrückstände

Rückstände von Flüssigkeiten, die andere Stoffe lösen, ohne mit diesen zu reagieren. Lösemittel finden Verwendung u. a. bei der Herstellung von Lacken, Anstrichen, Druckfarben und Klebstoffen. Chlorierte Lösemittel werden bei der Oberflächenreinigung von metallischen Werkstücken, in der Chemischen Reinigung von Textilien und zur Naturstoffextraktion eingesetzt.
Chlorierte Lösemittel sind gesundheitsschädliche und wassergefährdende Stoffe. Der unsachgemäße Umgang führt zu erheblichen Grundwasserverunreinigungen. Um dieses zu verhindern, hat z. B. das baden-württembergische Umweltministerium einen Leitfaden „Umgang mit leicht flüchtigen chlorierten und aromatischen Kohlenwasserstoffen“ herausgegeben. Jährlich werden ca. 100.000 t CKW als Lösemittel eingesetzt; die daraus resultierende Abfallmenge beträgt rund 250.000 t/Jahr. Soweit L. nicht innerbetrieblich aufbereitet bzw. verwertet werden können, sind sie extern zu verwerten oder in **Sonderabfall-Behandlungsanlagen** zu entsorgen.
 → **Chlorierte Kohlenwasserstoffe, Materialienbände, Umweltgifte**

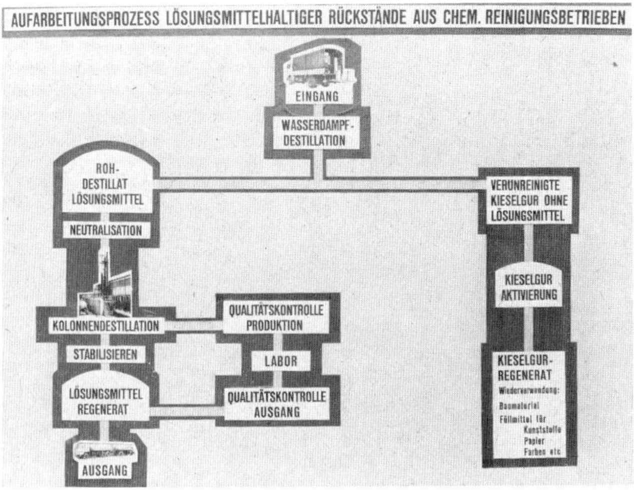

Quelle: Werkfoto Fa. Geiss

Magnetscheider

Gerät, welches metallische (Eisen-)Teile, die mit anderen Stoffen vermischt sind, aussortiert. M. werden u. a. bei der **Abfall-Verbrennung**, der **Kompostierung** und der Abfall**sortierung** eingesetzt.

→ **Metallhaltige Abfälle, Weißblechabfälle**

Massentierhaltung → Intensivtierhaltung

Materialrückgewinnung → Abfall-Verwertung

Mechanische Sortierung → Sortierung

Meeresverschmutzung

Verschmutzung der Meere durch Schiffahrt sowie Abfallbeseitigung auf See (Verklappung, über Bord werfen, Tankreinigung), Transportunfälle (z. B. Ölverschmutzung), touristische Aktivitä-

ten und Verschmutzungen vom Land aus (Schmutzfrachten der Flüsse, Abfallbeseitigung, Luftbelastung).
Die Verklappung von **Klärschlamm** in der Deutschen Bucht wurde 1983 eingestellt. **Grünsalz** wird seit Ende 1984 nicht mehr in die Hohe See eingebracht. Die Einbringung von **Dünnsäure** und die Abfallverbrennung auf See sind eingestellt worden.
Die zunehmende Verölung von Stränden und Seevögeln ist in erheblichem Maße auf das illegale Einleiten von Ölrückständen durch den Schiffsverkehr zurückzuführen. Durch Überbordwerfen von Schiffsabfällen werden Küsten und Strände mit Treibgut, vor allem mit Plastik-Müll, verschmutzt.
→ **Oslo-London-Abkommen**

Mehrkammerdepotcontainer

Behälter von zumeist zylindrischer Bauart mit einem Fassungsvermögen von ca. 10 m^3. Der Behälter ist in einzelne Kammern unterschiedlicher Größe unterteilt und dient überwiegend zur Erfassung von Altpapier, Glas (unterschieden nach weiß, braun und grün), Weißblechdosen, Altbatterien, Kunststoffen. Durch Öffnen von Klappen werden die einzelnen Kammern an einer Umladestelle entleert.
→ **Additive Systeme, Bringsystem, Sammelsystem für Wertstoffe**

Mehrkammermüllsystem (MKMS)

System zur gleichzeitigen Erfassung und Abfuhr von zwei Abfallfraktionen durch Einsatz eines zweigeteilten 240 l Sammelgefäßes und einem, im gleichen Verhältnis geteilten Müllfahrzeug. Eine der beiden Kammern dient zur Aufnahme von **Wertstoffen**, die andere Kammer wird mit Restmüll gefüllt. Es können mit dem M. sowohl Einzelstoffe wie **Altpapier**, Glas, Metall, **Kunststoff** und Biomüll als auch Wertstoffgemische gesammelt werden.
→ **Sammelsysteme für Wertstoffe, Vollintegrierte Systeme**

Mehrwegverpackung

Verpackungsform, die im Gegensatz zur Einwegverpackung nach Gebrauch gereinigt und erneut als Verpackung genutzt wird. Hierzu zählen bei den Transportverpackungen z. B. Mehrwegpaletten (Euro-Paletten), Container, Gitterboxen u. a., bei den Verkaufsverpackungen zur Wiederbefüllung umlaufende

Flaschen, Fässer u. ä. Nachdem die M. von der Einwegverpackung mehr und mehr verdrängt zu werden drohte, hat sie in den letzten Jahren durch umweltbewußtes Verbraucherverhalten wieder an Boden gewonnen. 1991 wurden ca. 74% aller Getränke in Mehrwegflaschen verkauft, der Trend geht weiter in Richtung M.
M.'en können wesentlich zur Reduzierung des Verpackungsabfallaufkommens beitragen. Da ihre Herstellung aufgrund des vergleichsweise hohen Materialeinsatzes aber relativ umweltbelastend ist, amortisieren sie sich gesamtökologisch gesehen gegenüber vergleichbaren Einwegverpackungen erst nach Erreichen bestimmter Umlaufzahlen. Auch hohe Transportentfernungen schaffen schlechte Voraussetzungen für M.'en. In der Regel sind effizient funktionierende Mehrwegsysteme Einwegverpackungen aber ökologisch überlegen.
Günstig wirkt sich ein hoher Grad an Standardisierung aus: Der Einsatz von Verpackungen aus Mehrweg-Pools (Euro-Flasche, GdB-Mineralwasserflasche) führt zum einen zu hohen Umlaufzahlen und trägt zum anderen zur Vermeidung überflüssiger Rücktransporte von leeren Verpackungen bei.

Mehrweganteil an Getränkeverpackungen

1980	1985	1986	1987	1988	1989	1990	1991
						74%	72%
76%	74%	74%	73%	72%	72%	[74%]	[75%]
(–)	(–)	(–)	(–)	(–)	(–)	(74%)	(57%)

Quelle: Gesellschaft für Verpackungsmarktforschung

Angaben in [ ]: seit 1990 früheres Bundesgebiet, in ( ): Gebiet der ehem. DDR

Metallbearbeitungsöle

M., auch Kühlschmiermittel genannt, werden bei der formenden (Walzen, Ziehen) und spanabhebenden (Bohren, Drehen, Fräsen, Schleifen, Sägen) Metallbearbeitung eingesetzt. Dabei haben sie eine doppelte Funktion zu erfüllen: Zum einen müssen sie die entstehende Wärme abführen, zum anderen wirken sie als Schmiermittel zwischen Werkstück und Schneidwerkzeug. M.

bestehen in der Regel aus Öl-in-Wasser-Emulsionen, wobei der Ölanteil zwischen 2 und 10% schwanken kann. Als Ölkomponente werden bestimmte Mineralölfraktionen, synthetische oder natürliche Öle eingesetzt. M. verändern im Laufe ihres Einsatzes durch physikalische, chemische und biologische Einflüsse ihre Wirksamkeit, so daß sie schließlich entsorgt werden müssen. Verbrauchte M. werden mittels chemisch-physikalischer oder mechanischer (Ultrafiltration) Verfahren gespalten. Dabei entstehen Abwasser und eine verwertbare Ölfraktion.

→ **Altöl, Mineralölhaltige Abfälle**

Metallhaltige Abfälle

Bei der Erzeugung, Verarbeitung und Verwertung von Eisen, Stahl und NE-Metallen anfallende Abfälle. Hierzu gehören im Bereich der Erzeugung und Verarbeitung von Eisen und Stahl vor allem Hochofen- und Stahlwerksschlacken, Stäube und Schlämme aus Luft- und Wasserreinigungsanlagen sowie Späne aus der Verarbeitung. Im Konsumbereich überwiegen **Verpackungsabfälle** (Weißblech- und Aluminiumabfälle), Haushaltsgeräte (**Elektronikschrott**), **Autowracks**. Einen Sonderbereich stellen die metallhaltigen Schlämme und Aschen dar, die z. B. bei der Aluminiumproduktion und -verarbeitung (u. a. Rotschlamm, Fluorrückstände), der Kupferproduktion (z. B. Kupferschlacke) und bei Galvanikanstalten (z. B. Galvanikschlamm) entstehen. Sofern m. A. bei Verarbeitung, Lagerung oder Transport mit Wasser in Berührung kommen, können schwermetallhaltige Verbindungen in Abwässer gelangen, die sich in Sedimenten oder **Klärschlämmen** anreichern.

Methan → Biogas, Deponiegas

Mieten-Kompostierung

Kompostierung von **Abfällen** in speziell geschichteten Haufen (Mieten)

→ **Garten-Kompostierung**

Mikrobieller Abbau

Abbau fester und flüssiger **Abfälle** durch **Mikroorganismen** (Bakterien, Pilze, Algen usw.). Der m. A. kann durch Zuführung

ausreichender Mengen Sauerstoff beschleunigt werden. Die Steuerung des m. A. (Abbaugeschwindigkeit) erfolgt außer durch Regelung der Sauerstoffzufuhr durch Erstellung eines optimalen Wassergehaltes, Herstellung optimaler Nährstoffbedingungen, Einstellung optimaler Temperaturbedingungen usw.
→ **Biologische Behandlung**

Mikroorganismen
Mikroskopisch kleine Lebewesen wie z. B. Bakterien, Algen u. Pilze. M. spielen eine besondere Rolle beim biologischen **Abbau**.
→ **Kompost-Filter**

Militärische Altlasten
Die Gesamtfläche, die in der Bundesrepublik Deutschland für militärische Liegenschaften genutzt wird bzw. wurde, betrug 1992 ca. 1 Mio. Hektar. Das sind 2,8% der Fläche der Bundesrepublik. Davon entfielen 1992 auf die

- Bundeswehr (alte Länder) ca. 253.000 Hektar bei 7.000 Liegenschaften
- ehemalige Nationale Volksarmee 240.000 Hektar bei 2.300 Liegenschaften
- Gaststreitkräfte mit ca. 200.000 Hektar
- Westgruppe der ehemals sowjetischen Truppen (WGT) ca. 256.000 Hektar auf 1.026 offiziell genannten Liegenschaften.

Der Abzug der WGT ist für den Zeitraum von 1991 bis Ende August 1994 vereinbart. Nach gegenwärtigem Kenntnisstand werden ca. 1.026 Liegenschaften unterschiedlichster Struktur und Größe den Bundesvermögensämtern (BVA) in den sechs neuen Bundesländern übergeben. Mit einem erheblichen Altlastenpotential ist zu rechnen.
Seit Anfang 1991 läßt der Bundesumweltminister (BMU) im Einvernehmen mit dem Bundesfinanzminister (BMF) die Altlastenverdachtsflächen auf den Liegenschaften der WGT ermitteln und bewerten.
Das Projekt wird von einem Projektbeirat begleitet, dem unter der Leitung des BMU und fachlicher Koordination des Umweltbundesamtes neben Vertretern des Bundesfinanzministeriums und der Bundesforstverwaltung, des Bundesverteidigungsmini-

steriums und des Deutschen Verbindungskommandos zur WGT auch Vertreter der Umweltministerien der sechs betroffenen Bundesländer angehören.
In Brandenburg waren 339 Liegenschaften, in Sachsen-Anhalt 277 Liegenschaften, in Sachsen 159 Liegenschaften, in Thüringen 136 Liegenschaften, in Mecklenburg-Vorpommern 104 Liegenschaften und in Berlin 11 Liegenschaften von der WGT genutzt. Auf die Länder Brandenburg und Sachsen-Anhalt entfallen somit über die Hälfte aller Liegenschaften, wobei auf Brandenburg allein die Hälfte der Gesamtfläche entfällt.
Es wurden bisher (1993) ca. 15.000 Altlastverdachtsflächen ermittelt, wobei über 20.000 Einzelkontaminationen festgestellt wurden.
Obwohl wegen der nicht über alle Liegenschaftstypen gleich verteilten Räumung noch keine repräsentative Aussage über die Kontaminationen möglich ist, ergeben sich für die ausgewerteten Liegenschaften folgende Kontaminationsschwerpunkte:

- Mineralölprodukte 57%
- Abfälle und Sonderabfälle 38%
- Sprengstoffe und Munition 5%.

Die am stärksten belasteten Liegenschaftstypen sind Truppenübungsplätze, Flugplätze, Garnisonen und Tanklager.
Nach den mengenmäßig am häufigsten anzutreffenden Mineralölkontaminationen stellen ungeordnete Schrottplätze das größte Problem dar. Der Schrott ist nicht fraktioniert und häufig mit stark kontaminierten Materialien, wie Autobatterien, Kfz-Getriebe, Tanks sowie Explosivstoffen, durchsetzt. Seit Januar diesen Jahres läuft in Dresden ein Pilotprojekt zur Schrottentsorgung, wobei WGT-Angehörige zur Fraktionierung der Schrottberge angeleitet werden. Eine Weiterführung des Projektes wird davon abhängen, ob die WGT genügend Personal zur Schrottfraktionierung abstellt. Auf ca. 220 Liegenschaften wurden 808 Meldungen zum Einleiten von Sofortmaßnahmen zur Gefahrenabwehr erstellt.
Darunter fielen z. B. Munitionsräumung durch die Kampfmittelräumdienste der Länder, Maßnahmen zum Entleeren von Tanks, Entsorgung von Fässern sowie zur Sicherung durch Einzäunung. In 111 Fällen wurden weitere Untersuchungsmaßnahmen einge-

leitet, insbesondere bei bereits eingetretenen Bodenkontaminationen und Grundwassergefährdungen mit dem Ziel, genaue Angaben über Art und Umfang der Kontamination zu erhalten, um gegebenenfalls weitergehende Sicherungs- und Dekontaminationsmaßnahmen einzuleiten.
In den verbleibenden knapp eineinhalb Jahren des Abzuges der WGT ist mit der Rückgabe von großflächigen Liegenschaften wie Truppenübungsplätzen und Flugplätzen zu rechnen. Es ist zu erwarten, daß

- wegen der besonderen Art der Nutzung ein hohes Schadstoffpotential anzutreffen ist,
- im Laufe des Abzuges der WGT eventuell Schadstoffe auf den wenig überschaubaren Liegenschaften gelagert oder vergraben werden,
- die Begehung allein schon wegen der Größe der Liegenschaften erschwert wird.

Mineralölhaltige Abfälle

Abfälle, die beim Umgang mit und Gebrauch von Mineralölprodukten, wie Schmierstoffen, Heizöl, Dieselkraftstoff und dgl. entstehen. Sie sind von Art und Menge sehr unterschiedlich, z. B. ölverunreinigter Boden, verbrauchte Ölbinder, Ölfilter aus Kraftfahrzeugen, Öl- und Benzinabscheiderinhalte, Schlamm aus Tankreinigung und Faß-Wäsche, Bleicherde aus der Altölraffination und gebrauchte Mineralöl-Gebinde. Mit Ausnahme der gebrauchten Gebinde handelt es sich dabei um besonders überwachungsbedürftige Abfälle entsprechend der **Abfallbestimmungs-Verordnung**. Flüssige m. A. mit hohen Mineralölanteilen werden in Zweitraffinerien weitgehend stofflich verwertet. Ölemulsionen (Kühlschmiermittel) und Öl-Wasser-Gemische werden einer chemisch-physikalischen Behandlung unterzogen, in der eine weitgehende Trennung der Öl- und Wasserphase stattfindet. Die Wasserphase wird nach entsprechender Reinigung abgeleitet, die Ölphase in der Sonderabfallverbrennung entsorgt oder der stofflichen Verwertung zugeführt.
Feste und schlammförmige m. A. können heute gemäß der **TA-Sonderabfall** nicht mehr deponiert werden, sondern müssen durch Sonderabfallverbrennung entsorgt werden. Inzwischen sind Verfahren entwickelt worden, die es erlauben, auch diese Abfälle einer größeren stofflichen Verwertung zuzuführen. Mit

Hilfe von physikalischen Wasch- und Trennverfahren gelingt es, sie in verschiedene verwertbare Fraktionen aufzuteilen. Dabei fällt eine relativ saubere Grobkornfraktion an, die als Baustoff eingesetzt werden kann, eine konzentrierte Ölfraktion, die als Brennstoff-Substitut oder in der Zweitraffinerie verwendet werden kann und eine ölhaltige Feinkorn (Schluff)-Fraktion die bei der Ziegelherstellung Verwendung findet.

Modell Schalksmühle → Sack plus Behälter

Monodeponie

Oberirdische **Deponie** bzw. gesonderter Bereich einer Deponie, in der **Abfälle**, die nach Art, Schadstoffgehalt und Reaktionsverhalten vergleichbar sind, zeitlich unbegrenzt abgelagert werden.
Eine Ablagerung soll insbesondere dann erfolgen, wenn aufgrund der Schadstoffgehalte im Abfall oder der Bindungsform der **Schadstoffe** in den Abfällen eine Mobilisierung der Schadstoffe und nachteilige Reaktionen mit anderen Abfällen ausgeschlossen werden sollen (z. B. Verbrennungsrückstände, **Klärschlämme, Asbestabfälle**).

Müll → Abfall

Müll-Abfuhr

Einsammeln und Transport fester Abfälle, insbesondere **Hausmüll, Sperrmüll** und hausmüllähnliche **Gewerbeabfälle** (z. B. **Verpackung**smaterial aus Geschäften).
In der Bundesrepublik Deutschland wird heute der Hausmüll von 100% der Wohnbevölkerung eingesammelt und abgefahren. Dabei können folgende Verfahren bei der sogenannten Systemmüllabfuhr zum Einsatz kommen:

- Umleerverfahren mit **Müll-Behältern** bis 5 m^3 Rauminhalt, z. B. Mülleimer bis 50 l, Mülltonnen mit 60 und 110 l, Müllgroßbehälter (MGB) mit 120, 240 und 1.100 l
- Wechselverfahren mit Wechselbehältern (z. B. Großbehälter in offener und geschlossener Ausführung bis zu 40 m^3)
- Sammlung in Einwegbehältern (Müllsäcke mit 40 bis 110 l)

M

- Sonderverfahren (z. B. pneumatische Sammlung durch Rohrleitungen).

Vom Umleerverfahren spricht man, wenn der Müllbehälter nach der Entleerung zum Grundstück zurückgebracht wird. Beim Wechselverfahren wird der gefüllte Müllbehälter gegen einen leeren Behälter ausgetauscht und der gefüllte Behälter abtransportiert.
Die Kosten für die Müllsammlungen werden in erster Linie durch das Behältersystem, die Standplatzverhältnisse, die Häufigkeit der Entleerung, die Wohndichte, die topographischen Gegebenheiten und die Verkehrsverhältnisse bestimmt.
Gegenwärtig werden 65 bis 75% der Gesamtbeseitigungskosten der öffentlichen Abfallbeseitigung durch die M. (Sammlung und Transport) verursacht. 1991 sammelte die M. 40,6 Mio. t Müll ein.
→ **Abfall-Behandlung, Abfall-Bewußtsein, Abfall-Sammlung, Bundesverband der Deutschen Entsorgungswirtschaft, Mehrkammer-Müllsystem, Müll-Bunker, Umladestationen, Verband kommunaler Städtereinigungsbetriebe.**

Müll-Abfuhr im Umleerverfahren
Quelle: Berliner Stadtreinigung

Müll-Behälter

Oberbegriff für alle beweglichen Behälter, die für die Sammlung und Abfuhr von Abfällen verwendet werden. Viele M.-B. sind nach DIN genormt.

→ **Müll-Abfuhr**

Müll-Bunker

Raum oder Grube zur Zwischenlagerung von Abfällen. M.-B. sind notwendig bei **Kompostierung**s- und **Abfall-Verbrennungsanlagen**.

→ **Umladestationen**

Müllkippe

Im Gegensatz zur **Deponie** ungeordnete Abfallablagerungsplätze, wie sie vor der Neuordnung der **Abfallbeseitigung** 1972 häufig existierten. Anfang der 70er Jahre wurden in der Bundesrepublik Deutschland noch ca. 50.000 Müllkippen gezählt, von denen eine erhebliche Gefahr für unsere **Umwelt** ausging. Diese Müllkippen wurden nach 1972 geschlossen. In einer Bestandsaufnahme der Bundesländer wurden bis 1984 etwa 30.000 dieser **Altablagerungen** erfaßt. Rund 10% davon werden als **Altlast** eingestuft und bedürfen einer gründlichen Sanierung.

In den neuen Bundesländern wurden 1990 noch ca. 10.000 unkontrollierte, wilde Müllkippen gezählt. Inzwischen wurde die Mehrzahl von ihnen geschlossen.

In der Bundesrepublik Deutschland ist eine **Ablagerung** von **Abfällen** heute nur noch auf genehmigten Deponien erlaubt.

→ **Hausmülldeponie**

Müllkompostierung → Kompostierung

Müll-Schlucker

Röhrensystem in Häusern, das von der Küche oder von jedem Stockwerk aus den anfallenden Abfall in einen zentralen **Müll-Behälter** leitet. Aus Gründen des Umweltschutzes sollten nur solche M. eingesetzt werden, die die Möglichkeiten einer **getrennten Sammlung** berücksichtigen.

M

Müllseparationsschrott
Schrottrückstände aus **Abfallverbrennungsanlagen**, die mechanisch oder manuell aussortiert werden.

Mülltourismus → Grenzüberschreitende Abfallentsorgung

Müllverbrennung → Abfall-Verbrennung

Müllverbrennungsschrott → Abfallverbrennungsanlagen

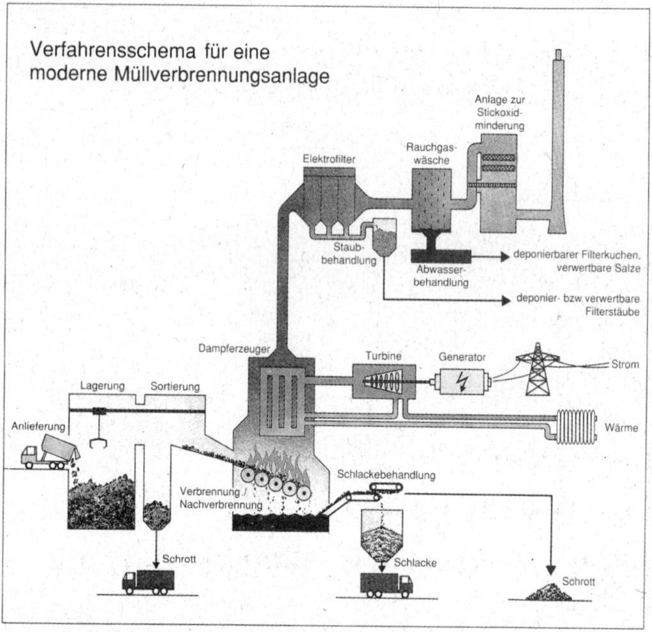

 Grafik: VEBA Kraftwerke Ruhr AG

M

Multibarrierenkonzept

Im Rahmen der **Deponie**planung verwendeter Begriff. Das M. besagt, daß folgende „Barrieren" zwingend zu einer **Deponie** gehören: der geologisch und hydrogeologisch geeignete **Deponiestandort**, geeignete **Deponieabdichtung**ssysteme, sowie ein standfester, umweltverträglicher **Deponiekörper**. (s. Abb.)

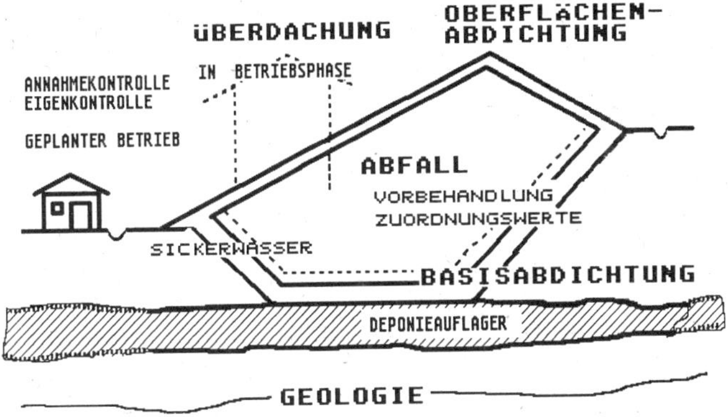

Multibarrierenkonzept bei Deponien

N

NATO-Umweltschutz-Ausschuß (CCMS)

Der NATO-Umweltausschuß (CCMS – Commitee on the Challenges of Modern Society) wurde im Jahre 1969 auf Vorschlag des damaligen Präsidenten der Vereinigten Staaten errichtet. Er hat die Aufgabe, spezifische Probleme der modernen Gesellschaft, insbesondere Probleme des Umweltschutzes, zu untersuchen und praktische Empfehlungen zu ihrer Lösung zu entwickeln.

→ **Internationale Zusammenarbeit**

Nicht-Eisen-Metalle → Metallhaltige Abfälle

O

OECD → Organisation für wirtschaftliche Zusammenarbeit

Ökosystem

Ö Räumlich mehr oder weniger scharf abgegrenzte funktionelle Einheit (z. B. ein Fluß, ein Feuchtgebiet, eine Stadt) bestehend aus Organismen (Lebensgemeinschaft aus Pflanzen und Tieren) und deren Umwelt (Lebensraum). Die belebten und unbelebten Komponenten eines Ö. sind durch allseitige Wechselbeziehungen miteinander verknüpft. Ö. besitzt eine gewisse Regulationsfähigkeit (z. B. Selbstreinigungskraft der Gewässer), bei Versagen kann der Gesamtcharakter des Ö. geändert, Teile oder die Gesamtheit gestört werden (z. B. Eutrophierung).

Öl → Altöl

Ölabscheider

Vorrichtungen zur Abtrennung von Öl aus Abwasser. Ö. arbeiten hauptsächlich nach dem Schwerkraftprinzip, indem die leichteren, auf dem Wasser schwimmenden Öl- und Fettbestandteile des Abwassers durch eine Tauchwand, unter der nur das Wasser abfließen kann, zurückgehalten werden. Ö. bleiben nur funktionstüchtig, wenn sie regelmäßig entleert und gewartet werden. Das im Ö. gesammelte Öl muß in Intervallen abgesaugt werden, ebenso der im dazugehörigen Sandfang angesammelte Schmutz. Ö. werden überall da installiert, wo mit Kraftstoffen, Schmierstoffen und Wachsen hantiert wird, z. B. in den Abwassersammlern von Tankstellen, Wagenwaschanlagen, Abschmierplätzen und Kfz-Werkstätten. An solchen Plätzen sollte nicht mit emulgierenden Reinigungs- und Entfettungsmitteln gearbeitet werden, die geeignet sind, Öle und Fette im Abwasser aufzulösen, so daß sie die Funktion des Ö. unterlaufen können und in die Kanalisation abgeschwemmt werden.

Ölfilter → Mineralölhaltige Abfälle

Ölwechsel → Altöl, Selbstwechsler

Organisation für wirtschaftliche Zusammenarbeit und Entwicklung (OECD)

Im Jahre 1960 durch das Pariser Übereinkommen gegründete Organisation zur Planung, Koordinierung und Vertiefung der wirtschaftlichen Zusammenarbeit und Entwicklung. Die OECD

ist heute praktisch die Spitzenorganisation westlicher Industrieländer. Ende 1974 wurde von der OECD eine Arbeitsgruppe „Abfallwirtschaftspolitik“ eingerichtet, die Fragen der Verringerung und Verwertung von Abfällen untersuchen und hierzu Lösungsvorschläge erarbeiten soll. Diese Arbeitsgruppe hat in den vergangenen Jahren unter aktiver Mitarbeit der Bundesregierung umfangreiche Berichte und Empfehlungen zu Fragen der Getränkebehälter, der Altpapier-Verwertung, der Haltbarkeit von Produkten und zu ökonomischen Problemen vorgelegt.
Seit einigen Jahren widmet sich die Arbeitsgruppe verstärkt den Problemen der Sonderabfallbehandlung. So wurden Empfehlungen etwa zur Vereinheitlichung der Abfalldefinition, zur Verbesserung der Überwachung, zum Begleitscheinverfahren oder zur Harmonisierung technischer Standards erarbeitet. Ziel ist die Vereinheitlichung insbesondere der Sonderabfallüberwachung in den Mitgliedsländern. Die Entscheidungen/Empfehlungen der OECD haben prägenden Einfluß auf die Entwicklung von internationalen Regelungen für grenzüberschreitende Abfallverbringung im Rahmen des Umweltprogramms der Vereinten Nationen aber auch auf die Rechtslegung der Europäischen Gemeinschaft gehabt. Das **Bundesministerium für Umwelt, Naturschutz und Reaktorsicherheit** und das **Umweltbundesamt** arbeiten in den Arbeitsgruppen mit.
→ **Internationale Zusammenarbeit**

Organische Abfälle

Abfälle organischer Natur. Im kommunalen **Hausmüll** vorwiegend natives Material (wie Gartenabfälle, Speisereste usw.), verarbeitete Stoffe (wie Textilien, Papier usw.) und synthetische Stoffe (korrekt: organisch-chemische Stoffe, wie Kunststoffe, organische Lösemittel usw.). Relativ leicht abbaubar sind nur die nativen und teilweise die verarbeiteten organischen Stoffe.

Organische Verbindungen

Verbindungen, die Kohlenstoff chemisch gebunden enthalten (z. B. Kohlenhydrate, Fette, Eiweiß, Öl aber auch **halogenierte Kohlenwasserstoffe**). Der größte Teil aller natürlich vorkommenden oder künstlich hergestellten Stoffe gehören zu den organischen Verbindungen (Gegensatz: anorganische Verbindungen, z. B. Kochsalz, Schwefelsäure, Eisenoxid).

O

Oslo-London-Abkommen

Bei den Abkommen von Oslo und London, die häufig gemeinsam zitiert werden (Oslo-London-Abkommen) handelt es sich um zwei internationale Übereinkommen zur Verhütung der Meeresverschmutzung durch **Abfallbehandlung auf See**.
Die Bundesrepublik Deutschland hat beide Abkommen durch Gesetz ratifiziert.
Beide Abkommen unterscheiden sich vor allem durch ihren räumlichen Geltungsbereich. Das Oslo-Abkommen gilt für die Nordsee, das nördliche Eismeer und den Nordatlantik. Demgegenüber gilt das London-Abkommen für alle Meere (also weltweit).
Ziel der Übereinkommen ist, zu verhindern, daß die Hohe See für die das nationale Recht nicht gilt und die der Nutzung durch alle Nationen offensteht, als „**Müllkippe**" der Völker mißbraucht und ihre Ökosysteme negativ beeinträchtigt werden.
Beide Abkommen enthalten in ihren Anlagen im wesentlichen übereinstimmende sogenannte „schwarze und graue Listen", in denen Stoffe aufgezählt werden, deren Einbringung verboten ist oder einer besonderen vorherigen Erlaubnis bzw. einer allgemeinen Erlaubnis bedarf.
→ **Abfall-Verbrennung auf See, Dünnsäure, Klärschlamm-Verklappung, Meeresverschmutzung.**

P

Papierabfälle → Altpapier

PETP (PET)

Abkürzung für Polyethylenterephthalat. Thermoplastisch verarbeitbarer Kunststoff mit Anwendung als technisches Formteil: Chemiefaser, Folie, Verpackungswerkstoff (Flaschen). Produktionsmenge 1990 in der Bundesrepublik 33.500 t.
→ **Kunststoffabfälle**

Pflanzenschutzmittel (PSM)

Chemische und biologische Präparate zum Schutz von Kulturpflanzen in Land- und Fortwirtschaft, Garten-, Obst- und Weinbau sowie von Ernteprodukten (Vorratsschutz) vor Krankheitserregern und Schädlingen, zur Beeinflussung pflanzlicher Lebensvorgänge (z. B. Ernteerleichterung durch Wachstumsregler)

und zur Bekämpfung unerwünschten Pflanzenwuchses auf Verkehrswegen, Plätzen u. a. Flächen. Die PSM werden nach den zu bekämpfenden Schadorganismen eingeteilt, z. B. Fungizide (Pilze), Insektizide (Insekten), Herbizide (Unkräuter), Rodentizide (Nagetiere).
Prüfung, Zulassung und Anwendung der PSM werden im Pflanzenschutzgesetz geregelt. Im Zulassungsverfahren befindet das Bundesgesundheitsamt über die mögliche Gefährdung von Mensch und Tier und das **Umweltbundesamt** über die mögliche Belastung der Umwelt. Die Biologische Bundesanstalt erteilt im Einvernehmen mit diesen beiden Behörden die Zulassung, wenn bei sachgerechter Anwendung keine Schäden für die Gesundheit von Mensch und Tier sowie keine schädlichen Auswirkungen auf die Umwelt zu erwarten sind.
Zur Behandlung von PSM-Resten hat die „Länderarbeitsgemeinschaft Abfall" (LAGA) 1977 ein „Merkblatt zur Beseitigung von Pflanzenbehandlungsmittelresten" erarbeitet. Hinzuweisen ist auf das „Positionspapier der Deutschen Pflanzenschutzindustrie zur Abfallvermeidung und Beseitigung von Pflanzenschutzmitteln" und „Pilotprojekte zur Packmittelentsorgung" des „Industrieverbandes Agrar e.V." (1989 und 1992).

Pflanzliche Reststoffe

Organische Abfälle aus der Landwirtschaft (z. B. Stroh, Kartoffelkraut, Blatt- u. Stengelteile), der Rübenzuckerindustrie (z. B. Erdschlamm, Carbonatationsschlamm, Abwässer mit hoher organischer Belastung), der Obst- und Gemüseverwertung sowie der Gewürz- und Weinherstellung (z. B. Kerne, Trester), der Futtermittelindustrie (z. B. Schalen, Waschwasser) und der Holzwirtschaft (**Holzabfälle**). Während die festen p. R. soweit sie nicht durch **Pflanzenschutzmittel** und **Schwermetalle** belastet sind, zu Düngemitteln und Futtermitteln verarbeitet werden können, bestehen große Schwierigkeiten bei der umweltschonenden Behandlung der anfallenden Abwässer.

→ **Abfall-Verwertung, Biogas**

Phosphate

Salze der Phosphorsäure.
P. kommen als Naturprodukte (Phosphatmineralien) an vielen Orten der Erde vor. P. sind wichtige Nährstoffe für Mensch (z. B.

Calziumphosphat in den Knochen), Tier und Pflanze. P. werden in großen Mengen als Düngemittel und – in Deutschland nur noch in geringen Mengen – als Triphosphate in Wasch- und Reinigungsmitteln verwendet. P. spielen bei der **Eutrophierung** von Gewässern eine besondere Rolle.
Stark phosphathaltige **Klärschlämme** fallen in Kläranlagen mit 3. Reinigungsstufe (Phosphatelimination) an.
→ **Abwasser-Reinigung, Düngung**

Planfeststellung
Als Voraussetzung für die Realisierung bestimmter öffentlicher Planungen (z. B. Bau einer **Abfall**-Entsorgungsanlage) durchgeführtes Verfahren, dessen Durchführung in den betreffenden Gesetzen (z. B. **Abfall**gesetz) geregelt ist. Die Planungsbehörde macht ihre Planungen öffentlich bekannt und beteiligt andere betroffene Behörden. Während einer mehrwöchigen Offenlegung der Pläne können betroffene Privatpersonen ihre Einsprüche vorbringen. Können diese bei dem anschließenden Erörterungstermin nicht ausgeräumt werden, entscheidet die P.-Behörde durch P.-Beschluß. Gegen einen solchen Beschluß sind Widerspruch und Verwaltungsklage möglich.
→ **Bürgerbeteiligung, Bürgerinitiativen, Umweltverbände, Umweltverträglichkeitsprüfung**

Plastik → Kunststoffabfälle

Pneumatische Abfallentsorgung
Anlage zur Beförderung von Abfällen, wie z. B. **Hausmüll** vom Wohngeschoß zum **Müll-Behälter** durch ein besonders dafür vorgesehenes Rohrsystem. Bei der p. A. werden die Abfälle durch Unterdruck und zusätzlichen Luftstrom in den Förderrohren transportiert.
→ **Müll-Schlucker**

Polychlorierte Biphenyle (PCB)
PCB fanden aufgrund ihrer physikalischen und chemischen Eigenschaften (geringe Wärmeleitfähigkeit, hohe Dielektrizitätskonstante, gute Alterungs- und Temperaturbeständigkeit, geringe Entflammbarkeit) eine breite technische Anwendung. Ihre

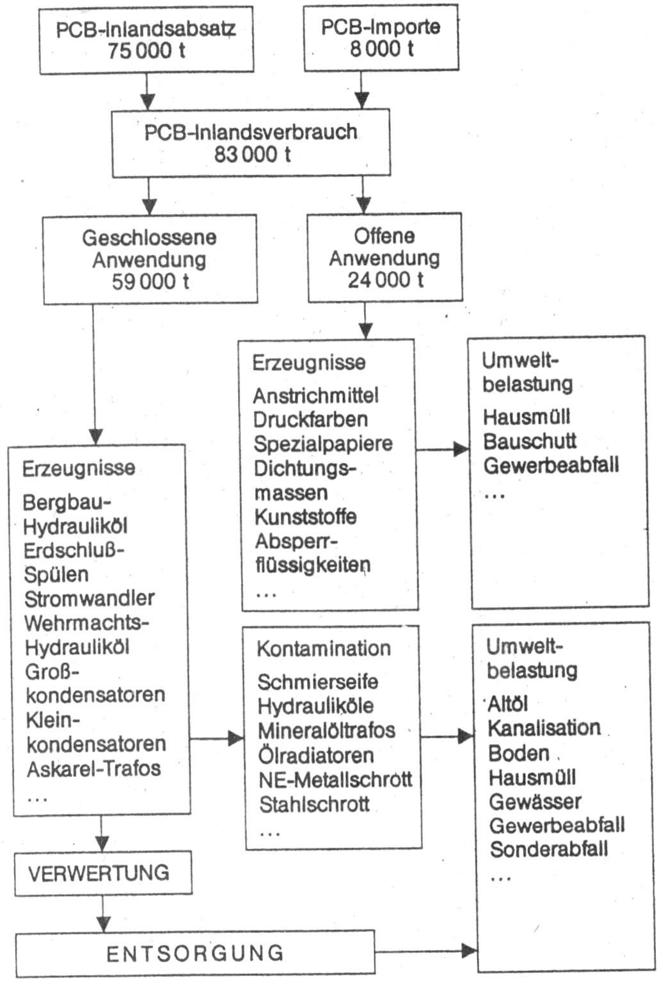

Abb. : PCB-Verbrauch und Verwendung in der Bundesrepublik Deutschland seit Beginn der fünfziger Jahre

schädlichen Eigenschaften für Gesundheit und Umwelt wurden dagegen erst später erkannt und führten 1989 zum Verbot jeglichen PCB-Gebrauchs. Der Einsatz von PCB in offenen Systemen wurde bereits 1978 gesetzlich untersagt. In diesem Bereich wurden für z. B Klebstoffe, Anstrichmittel, Dichtungsmassen ca. 24.000 t PCB eingesetzt. Über den Verbleib dieser Menge liegen genauere Kenntnisse nicht vor, es ist aber davon auszugehen, daß der größte Teil mit dem Hausmüll entsorgt wurde. Aufgrund der großen Anwendungsbreite und der fehlenden Kennzeichnung von PCB-haltigen Produkten war und ist eine ordnungsgemäße Entsorgung der PCB-Abfälle aus diesem Bereich auf getrennten Wegen kaum möglich.
In den geschlossenen Systemen wurden insgesamt 59.000 t PCB eingesetzt, wobei 46.500 t PCB auf die Elektroindustrie und 12.500 t auf Hydraulikflüssigkeiten für den Steinkohle-Bergbau entfielen. Aufgrund der Gefährlichkeit von PCB kommt aus Umweltschutzgründen nur das dauerhafte Fernhalten von der Biosphäre, am besten die Vernichtung, in Frage.

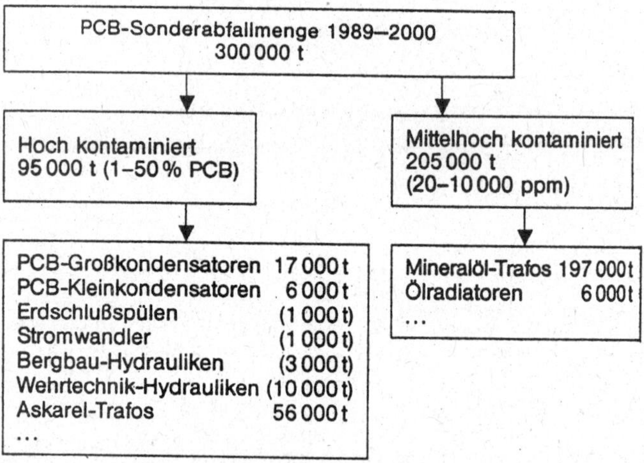

Abb. : PCB-Abfallmengen in der Bundesrepublik Deutschland (Stand 1989)

PCB-Flüssigabfälle werden z. Z. im wesentlichen verbrannt. Für die Behandlung von PCB-Flüssigabfällen jeglicher Konzentration stehen die Anlagen der Bayer AG in Leverkusen, der Hessischen Industriemüll (Biebesheim), der BASF in Ludwigshafen und der Gesellschaft zur Behandlung von Sonderabfällen in Bayern in Baar-Eberhausen zur Verfügung. Weitere für die Behandlung von PCB-Flüssigabfällen zugelassene Anlagen werden von der Bayer AG in Brunsbüttel, der Firmen Alsen-Breitenburg Zement- und Kalkwerke GmbH in Lägerdorf, Mineralölwerk Herne in Herne, Edelhoff in Bramsche, Grillo AG in Duisburg und von dem Zweckverband Sondermüll-Entsorgung Mittelfranken in Schwabach betrieben.
Eine andere Behandlungsmöglichkeit für PCB-Flüssigabfälle stellt die Hydrierung bei der Kohleölanlage Bottrop dar. Die Behandlung mit metallischem Natrium nach einem Verfahren der Fa. Degussa ist ebenfalls möglich. Die großtechnische Umsetzung dieses Verfahrens steht noch aus.
Festabfälle mit PCB werden derzeit aufgrund fehlender Entsorgungsalternativen unter Tage abgelagert. Für die Behandlung von Transformatoren und evtl. auch Kondensatoren ist von der Fa. Asea Brown Boveri die Errichtung einer Pilotanlage mit einer Jahreskapazität von etwa 10.000 t PCB-Transformatoren ab 1993 geplant.

→ **Chlorierte Kohlenwasserstoffe, Umweltschadstoffe**

Polyvinylchlorid (PVC)

Kunststoffe aus dem Ausgangsstoff Vinylchlorid.
In Europa werden z. Z. rd. 4,5 Mio. t PVC verarbeitet, die Jahresproduktion der Bundesrepublik Deutschland betrug 1990 1,32 Mio. t. Besondere Probleme ergeben sich bei der **Abfall-Verbrennung** von PVC, da dabei Chlorwasserstoff (Salzsäure) entsteht und damit sowohl die Verbrennungsanlagen als auch die Umwelt belastet werden. Ein weiteres Problem ergibt sich aus der Verwendung von cadmiumhaltigen Stabilisatoren in PVC-Produkten (meist in Baustoffen).
PVC zersetzt sich bei erhöhter Temperatur unter Abspaltung von Chlorwasserstoff und starker Verfärbung. Zu seiner Verarbeitung bei Temperaturen zwischen 130 und 220 °C ist deshalb der Zusatz von Stabilisatoren notwendig.

Cadmiumhaltige Stabilisatoren, insbesondere die Kombination Barium/Cadmium, verleihen Hart-PVC eine sehr hohe Stabilität (z. B. Fensterrahmen).
Bei Weich-PVC wird eine hohe Temperatur (z. B. bei Folien) erreicht. Cadmiumhaltige Stabilisatoren können jedoch heute weitgehend ersetzt werden. Als Substitutionsprodukte kommen im wesentlichen organische Metallverbindungen von Zinn, Blei, Calcium/Zink und Barium/Zink in Frage.
Bei der Stabilisierung von Weich-PVC-Artikeln ist die Substitution größtenteils abgeschlossen. Für diese Artikel gibt es hinreichende Substitutionslösungen. Bei Hart-PVC-Produkten, die nicht in den Außeneinsatz gelangen, ist eine Stabilisierung mit cadmiumhaltigen Stabilisatoren nicht mehr erforderlich. Cadmiumhaltige Stabilisatoren werden hauptsächlich noch bei der Herstellung von PVC-Fensterprofilen und Fassadenelementen verwendet.
Ersatzprodukte für diesen Anwendungszweck sind möglich.

Produktionsspezifische Abfälle/Reststoffe
P. entstehen bei nahezu jeglicher Art von gewerblicher und industrieller Produktion. Ihre Entstehung ist dadurch bedingt, daß nur ein Teil der in den Produktionsprozeß eingebrachten Rohstoffe und Hilfsstoffe in das eigentliche Produkt eingehen. P. bestehen im wesentlichen aus den mit den Rohstoffen eingebrachten Begleitstoffen und Verunreinigungen aus Fehlreaktionen bzw. Fehlchargen bei der Produktion und aus im Verlaufe des Prozesses verunreinigten Hilfsstoffen (z. B. Lösemittel, Kühlschmiermittel).
Das Aufkommen an P. kann durch abfallarme Produktionsverfahren verringert werden; eine Vermeidung ist nur in den seltensten Fällen machbar. In machen Fällen können P. als Rohstoff für die Produktion eingesetzt werden; man spricht dann von einer Verwertungskaskade. So war lange Zeit der Steinkohlenteer aus den Kokereien ein Abfallprodukt, bis er als wertvolle Rohstoffquelle für die Herstellung von Farbstoffen entdeckt wurde. Das gleiche gilt für die Gipse aus der Rauchgasentschwefelung.

 → **Rückstandsgips**

Projektträgerschaft „Abfallwirtschaft und Altlastensanierung (PT-AWAS)"

Der **Bundesminister für Forschung und Technologie** fördert im Rahmen seiner Projektförderung Forschungs- und Entwicklungsvorhaben in vielen Bereichen des Umweltschutzes, darunter auch auf den Gebieten der Abfallwirtschaft und Altlastensanierung. Ein großer Teil der Fachprogramme wird über sog. Projektträger abgewickelt; das sind Großforschungseinrichtungen und andere Institutionen, die auf dem speziellen Fördersektor fachlich kompetent sind. Die Forschungsvorhaben in den Bereichen der Abfallwirtschaft und Altlastensanierung werden seit 1976 vom **Umweltbundesamt (UBA)** fachlich und verwaltungsmäßig betreut.

Von 1976–1991 wurden Vorhaben im Gesamtwert von ca. 586 Mio. DM bewilligt, die sich folgendermaßen auf die verschiedenen Förderschwerpunkte verteilen:

Förderschwerpunkt	Förderbetrag in Mio. DM	in %
1. Abfallvermeidung und -verwertung	117,5	20,0
1.1 Chemische Industrie	(18,1)	(3,1)
1.2 Metallerzeugende und -verarbeitende Industrie	(41,1)	(7,0)
1.3 Verpackungsindustrie	(2,8)	(0,5)
1.4 Konsumgüterindustrie recyclinggerechte Produkte	(0,8)	(0,1)
1.5 sonstige Industrien	(29,5)	(5,0)
1.6 Kommunaler Bereich	(11,1)	(1,9)
1.7 Rückstände aus der Abgas- und Abwasserreinigung	(14,1)	(2,4)
2. Abfallbehandlung	220,3	37,6
2.1 Sammlung, Transport, getrennte Erfassung	(5,9)	(1,0)
2.2 Thermische Behandlung		
2.2.1 Verbesserung der Abfallverbrennung (inkl. Abgasreinigung und Rückstandsverwertung)	(115,3)	(19,7)

P

2.2.2 Anwendbarkeit weiterer thermischer Verfahren	(60,3)	(10,3)
2.3 Chemisch/physikalische Behandlung inkl. Sortierung	(23,0)	(3,9)
2.4 Biologische Behandlung	(15,6)	(2,7)
3. Ablagerung	52,1	8,9
3.1 Oberirdische Ablagerung		
3.1.1 Der Standort	(21,8)	(3,7)
3.1.2 Das Dichtungssystem	(12,0)	(2,0)
3.1.3 Der Deponiekörper	(16,9)	(2,9)
3.2 Untertägige Ablagerung	(–)	(–)
3.3 Beobachtung, Nachsorge	(1,4)	(0,3)
4. Altlastensanierung	179,7	30,7
4.1 Erfassung und Gefährdungsabschätzung	(7,8)	(1,4)
4.2 Sicherung	(37,7)	(6,4)
4.3 on-site/off-site Dekontamination	(113,6)	(19,4)
4.4 in-situ Dekontamination	(14,7)	(2,5)
4.5 Methoden zur Erfolgskontrolle und Überwachung	(5,9)	(1,0)
5. Planung, Prognosen und Analysen	16,5	2,8
Insgesamt	586,1	100

(Zahlen in Klammern betreffen die einzelnen Teilbereiche)

Pyrolyse

Thermische Zersetzung der im Abfall enthaltenen organischen Substanzen ohne Luftsauerstoff. Anstelle des Begriffs P. wird auch von Entgasung, Verschwelung, Verkokung und Konvertierung gesprochen. Die P. läuft im Temperaturbereich zwischen 450 °C und 900 °C ab. Der organische Anteil des Einsatzmaterials wird in eine gasförmige (**Pyrolysegas**) und flüssige Phase (Pyrolyseöl) sowie einen festen Rückstand (Pyrolysekoks) zersetzt. Alle drei Pyrolyseprodukte lassen sich grundsätzlich stofflich oder thermisch verwerten.

Die Zusammensetzung und die Menge der Pyrolyseprodukte hängen vom vergasenden Material, von der Erhitzungsgeschwindigkeit, der Temperatur und der Entgasungszeit ab. Das kohlenstoffhaltige Gerüst der festen Pyrolyserückstände bindet die nicht verdampften anorganischen Bestandteile des Abfalls ein. Der feste Rückstand kann entweder unter besonderen Vorkehrungen auf Deponien abgelagert oder wie beispielsweise beim Schwelbrennverfahren weiterbehandelt werden.
Forschung und Entwicklung, Hausmüllpyrolyse, Hydrolyse, Pyrolyserückstand, Klärschlamm-Pyrolyse, Schwelbrennverfahren

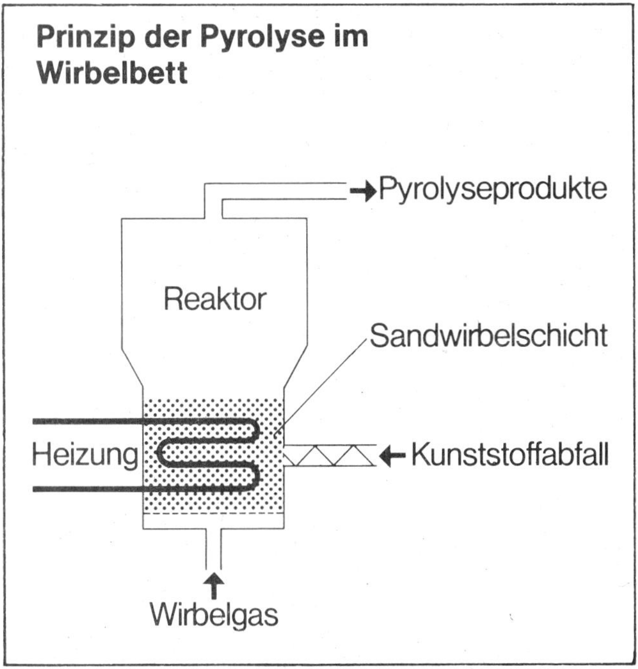

Pyrolyse im Wirbelbett
Quelle: Verband Kunststofferzeugende Industrie

P

Pyrolysegas

Hauptsächlich aus Kohlendioxid (CO_2), Kohlenmonoxid (CO), Wasserstoff (H_2), Methan (CH_4), höheren aliphatischen Kohlenwasserstoffen, Wasserdampf und Schwelteer bestehendes Gas. Der Schwelteer enthält neben längerkettigen Kohlenwasserstoffen auch Aromate. Diese Aromate können auch chloriert in Form von **Dioxinen** und Furanen aufgebaut sein. Außerdem enthält P. anorganische Schadstoffe (HCl, HF, H_2S, HCN, NH_3 usw.) und Staub, der relativ hoch mit **Schwermetallen** belastet sein kann. Das P. kann im heißen Zustand mit Hilfe von Zyklonen vorentstaubt, dann direkt verbrannt oder einem Crackprozeß unterworfen werden.

Ein Teil der bei der Verbrennung freiwerdenden Wärme wird zur Beheizung des Pyrolysereaktors, der andere Teil zur Energienutzung (Verbrennung) eingesetzt. In jedem Fall ist eine nachgeschaltete Abgasreinigung erforderlich. Bei Verwendung des P. über einen Crackprozeß entsteht ein sogenanntes Schwachgas mit einem Heizwert von etwa 4200–5000 kJ/Nm^3. Nach intensiver Naßreinigung kann das Gas in einem Dampferzeuger oder in einem entsprechenden Gasmotor genutzt werden.

→ **Hausmüllpyrolyse, Pyrolyse, Schwelbrennverfahren, Klärschlamm-Pyrolyse**

Pyrolyserückstand

Der bei der **Hausmüllpyrolyse** entweder trocken oder naß über ein Tauchrohr ausgetragene P. (Pyrolysekoks) besteht aus den inerten Anteilen des Hausmülls, einem Kohlenstoffanteil von meistens mehr als 10 Gew.-% des Rückstandes und einem Restgehalt an organischer Substanz von 2–3 Gew.-%.

Wegen des hohen **Schwermetall**anteils muß er weiterverarbeitet oder unter besonderen Vorkehrungen abgelagert werden. Ob künftig der Heizwert des Restkohlenstoffs genutzt werden kann, ist z. Z. noch unklar.

Q

Quecksilber

Silberglänzendes, flüssiges Metall. Q. hat einen hohen Dampfdruck, verdampf bereits bei Zimmertemperatur und dehnt sich bei Wärme stark aus. Q. findet u. a. Verwendung in Thermometern, **Batterien**, Schaltern, Leuchtstofflampen. Q. gelangt in die

Q

Umwelt durch natürliche (z. B. vulkanische Aktivitäten) und durch Menschen verursachte Prozesse (z. B. Verbrennung von quecksilberhaltigen **Abfällen**). Q.-Verbindungen können vom Menschen durch die Nahrung oder über die Atmung aufgenommen werden und im Körper angereichert werden. Vergiftungen äußern sich in Nerven- und Nierenschäden sowie psychischen Störungen.

R

Rat von Sachverständigen für Umweltfragen

Gremium von 12 Sachverständigen zur periodischen Begutachtung der Umweltsituation (**Umweltgutachten**), zur Beratung – insbesondere der Bundesregierung – in Angelegenheiten der Umweltpolitik und zur Erstellung von Gutachten zu speziellen Umweltthemen (z. B. Nordseegutachten). Der R. wird vom **Bundesminister für Umwelt, Naturschutz und Reaktorsicherheit** berufen. Geschäftsstelle ist das **Umweltbundesamt.**

Rauchgas → Abgas

Recycling

Rückgewinnung von Rohstoffen aus Abfällen bzw. die energetische Nutzung von Abfällen.

Vorteile des R. sind die Verminderung der Abfallmenge bei gleichzeitiger Schonung knapper werdender Rohstoffe; umweltverträglichstes R. ist die **Verwertung.**

Wachsender Bedarf an Rohstoffen und Energie sowie steigende Rohstoffpreise machen das R. zunehmend wirtschaftlicher. Rückgewonnen werden vor allem Metalle, wie z. B. Zinn (zu 49%), Blei (zu 48%), Kupfer (zu 40%), Eisen (zu 90%), Aluminium (zu 30%) und Zink (zu 25%).

Aus dem Haus- und Gewerbemüll werden vor allem Papier (zu 42%) und Glasabfälle (zu 50%) einer Wiederverwertung zugeführt. Voraussetzung für die Rückgewinnung ist entweder leichte Abtrennbarkeit von anderen Abfallbestandteilen (**Sortierung**) oder eine **getrennte Sammlung.**

→ **Abfall-Verwertung, Altglas-Verwertung, Altpapier-Verwertung, Brennstoff aus Müll**

R

Die Lärmschutzwand aus Recycling-Kunststoffen verbindet die Ziele Abfallverwertung und Lärmbekämpfung in idealer Weise
Abb.: Dr. Spiess Kunststoff-Recycling GmbH & Co

Recyclinghof

Feste Annahmestelle für Wertstoffe, aber auch von Schadstoffen (Problemstoffen), Sperrmüll, Gartenabfällen und Kunststoffolien aus der Landwirtschaft. Die Mindestausstattung umfaßt Container für die separat zu erfassenden **Wertstoffe,** ein Zwischenlager für Problemstoffe, Lager für Sperrmüll sowie Sozialräume. In der Regel werden mit dem Betreiben eines R. auch soziale Ziele verfolgt (ABM), weshalb sie wirtschaftlich auch meist nicht tragfähig, sondern auf Zuschüsse und Subventionen angewiesen sind. Darüber hinaus bieten R. Möglichkeiten zur Aufklärung der Öffentlichkeit in Fragen der Abfall-Vermeidung und -Verringerung.

→ **Additive Systeme, Bringsystem, Sammelsysteme für Wertstoffe**

Recyclingpapier

Bezeichnung für Papier, deren Faserstoffanteil zu 100% aus wiederaufbereitetem **Altpapier** besteht.

Recyclingpapiere sind Papiere unterschiedlicher Faserzusammensetzung (je nach eingesetzten Altpapiersorten). In den letzten Jahren haben sich Recyclingpapiere sowie auch Mischpapiere aus Frischfaser- und Altpapierstoff in vielen Anwendungsfällen bewährt, wie beispielsweise bei Verpackungen (Haupteinsatzgebiet von Altpapier), im Hygienebereich und im Bereich der graphischen Papiere.
Für die Herstellung von Recyclingpapieren für verschiedene Einsatzgebiete kann das Altpapier auch unterschiedlich aufbereitet werden. Kommt bei der Altpapieraufbereitung das **De-Inking-Verfahren** (Druckfarbenentfernung) zum Einsatz, können hochwertige Recyclingpapiere, insbesondere für die Verwendung im graphischen Bereich, hergestellt werden (erreichbarer Weißegrad 60–70%). Besonders vorteilhaft ist, daß hierfür auch die in den Haushalten anfallenden minderwertigen Altpapiermischungen (Tageszeitungen, Illustrierte, Kataloge) als Rohstoff einsetzbar sind. Im Unterschied dazu ist für die Herstellung von graphischen Recyclingpapieren ohne Anwendung des De-Inking-Verfahrens der Einsatz relativ hochwertiger Altpapiersorten (überwiegend unbedrucktes weißes Altpapier aus der Produktion von Papiererzeugnissen) erforderlich.
Diese Papiere, die eine intensivere Graufärbung sowie auch unterschiedliche Farbschattierungen aufweisen, werden oft auch als „Umweltschutzpapiere“ bezeichnet (erreichbarer Weißegrad 40–50%). Teilweise werden unter dieser Bezeichnung jedoch auch de-inkte graphische Recyclingpapiere angeboten. Für Verpackungen, die derzeit bereits zu über 90% aus Altpapier bestehen, werden in der Regel keine de-inkten Recyclingpapiere eingesetzt.
Recyclingpapiere sind nicht normiert. Die Verwendung solcher Papiere ist grundsätzlich dann möglich, wenn sie die an das jeweilige Papierprodukt gestellten Anforderungen (z. B. DIN 19309 Papier für Kopierzwecke) erfüllen.
Beim Vergleich der Herstellung und Verwendung von Recyclingpapieren mit der von Primärfaserpapieren auf Frischzellstoffbasis ergeben sich deutliche Umweltvorteile zugunsten des Recyclingpapiers. So sind vor allem der Gesamtenergieverbrauch, die Abwasserbelastung und der Frischwassergebrauch erheblich geringer. Darüber hinaus wird das Papierabfallaufkommen wesentlich vermindert. Recyclingpapiere sind gegen-

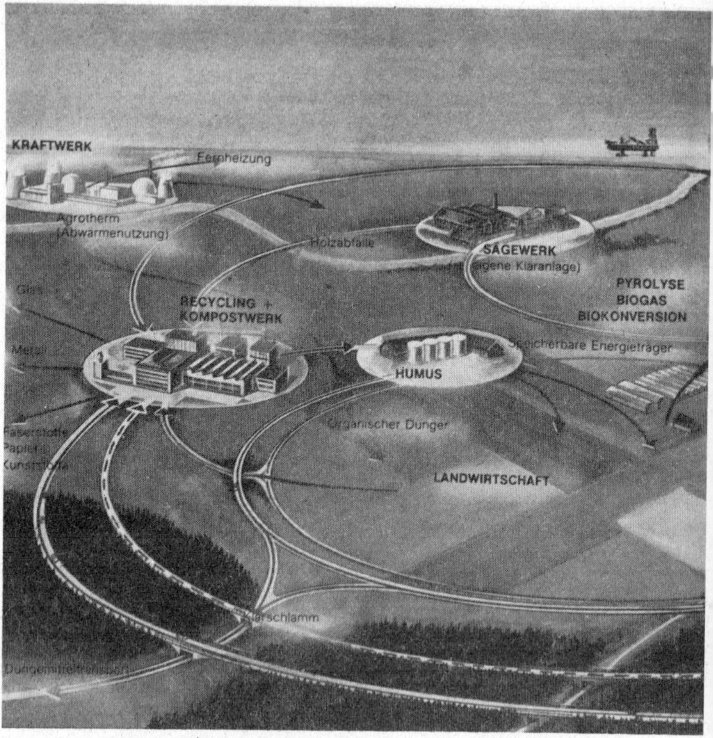

Recycling – die große Chance
In unserer Industriegesellschaft entstehen überall Abfälle. Diese können entweder mit hohen Kosten und Umweltbelastungen beseitigt oder aber nutzbringend verwertet werden. Durch eine gezielte Rückführung der Abfälle in den Produktionsprozeß – das sog. „Recycling" – können

über Papieren aus ungebleichtem oder aus chlorfrei-gebleichtem Zellstoff als ökologisch günstiger zu bewerten.
→ **Altpapier-Verwertung**

Rekultivierung (von Deponien)

Landschaftsgestalterisches Einpassen von belasteten Gebieten (z. B. Deponien) in die Umgebung unter Berücksichtigung um-

Energie und Rohstoffe gespart und die Umweltbelastung verringert werden. Allerding ist das „Recycling" immer nur die zweitbeste Lösung: an erster Stelle steht die Verhinderung von Abfällen!

Quelle: Bundespresseamt

weltschützender Aspekte. Zur R. einer Deponie wird eine **Oberflächenabdichtung** aufgebracht, welche von einer mehr als ein Meter dicken Schicht kulturfähigen Bodens überlagert wird. Die Dichtung soll das Eindringen von Niederschlagswasser in den Abfallkörper und damit die Bildung von belastetem Sickerwasser verhindern. Außerdem unterbindet sie die unkontrollierte Emission von **Deponiegas**. Die Schicht kulturfähigen Bodens schützt die Oberflächenabdichtung und ermöglicht die Bepflanzung des Geländes, wodurch Erosionen an der Oberfläche und auch Infiltrationen in Richtung Dichtung/Abfall vermindert werden. Bewuchs schafft natürliche Landschaftsgestaltung und beeinflußt den Wasserhaushalt der Deponie günstig. Unter Umständen sind Pflege- und Schutzmaßnahmen für eine bestimmte Dauer nach der Anpflanzung erforderlich. Wenn durch die Ablagerung organischen, abbaubaren Materials Deponiegas gebildet wird, sollte es gefaßt, abgeleitet und verwertet werden. Diese Maßnahmen reichen oft über die Zeit der Rekultivierung hinaus. Deponiegas beeinflußt in der Regel das Wachstum der Pflanzen und ermöglicht somit auch die Lokalisierung von Schadstellen in der Dichtung.

Die Nutzung des rekultivierten Geländes muß auf die Deponie abgestimmt sein. Die Oberflächenabdichtung darf also nicht beschädigt werden, damit ihre trennende Funktion zwischen Abfall und Biosphäre erhalten bleibt.

→ **Deponiebasis-Abdichtung, Deponie-Betrieb, Langzeitsicherung, Sickerwasser**

Reststoffbestimmungsverordnung → Abfall-Recht, Technische Anleitung zur Abfallentsorgung

Reststoffe

Bei landwirtschaftlichen und industriellen Produktionsprozessen neben den eigentlichen Produkten entstehende feste, schlammige und flüssige Stoffe, die i. a. **Wertstoffe** oder nicht verwertbare **Abfälle** bzw. **Abwässer** sein können.

→ **Rückstand**

Rohstoffsituation

Bereits heute ist abzusehen, daß auch bei gleichbleibendem Verbrauch die Vorkommen wichtiger Rohstoffe, z. B. von Erdöl, Erdgas, Blei, Kupfer, Zinn und Zink in weniger als 100 Jahren erschöpft sein werden. Die Erschöpfung der Rohstoffe ist nur aufzuhalten, wenn es gelingt, den Rohstoffverbrauch deutlich zu verringern.

Dazu können Maßnahmen der **Abfall-Verwertung** einen Beitrag leisten.
→ **Abfall-Bewußtsein, Abfall-Wirtschaftsprogramm, Recycling**

Rotte → Kalte Vorbehandlung

Rückstandsgips (REA-GIPS)

R. fällt bei Prozessen an, bei denen Schwefelsäure mit Kalk neutralisiert wird (chemische Industrie), bei der Herstellung von Phosphorsäure (Phosphorgipse) und bei der Rauchgasentschwefelung (REA-Gips). R. wird heute in steigendem Maße an Stelle von Naturgips eingesetzt, wobei die Verwendbarkeit teilweise durch prozeßbedingte Verunreinigungen eingeschränkt ist.
R. kann vielseitig im Bauwesen eingesetzt werden, so auch zu Platten und Fertigbauteilen verarbeitet werden. Als zukunftsträchtiger Bereich der Anwendung bietet sich die Herstellung von wärmedämmenden, unbrennbaren Baustoffen an. Auch in der Zementindustrie läßt sich R. als Erstarrungsregler bis zu einer Menge von 5% dem Zement beifügen.
→ **Industrieabfälle**

Rüstungsaltlasten

Unter Rüstungsaltlasten werden **Altlasten** verstanden, bei denen die Gefährdungen der Umwelt (Boden, Wasser, Luft) von Chemikalien aus chemischen Kampfmitteln ausgehen.
Bei einer Rüstungsaltlastverdachtsfläche steht der Nachweis des Gefährdungspotentiales noch aus und es ist mit hinreichender Wahrscheinlichkeit eine Kontamination oder eine entsprechende emissionsbedingte Gefährdung anzunehmen. Bei den kontaminationsauslösenden Stoffen handelt es sich insbesondere um

- chemische Kampfstoffe,
- Sprengstoffe,
- Brand-, Nebel- und Rauchstoffe,
- Treibmittel,
- Chemikalien, die den Kampfstoffen zur Erreichung taktischer Erfordernisse zugesetzt wurden,
- produktionsbedingte Vor- und Abfallprodukte sowie die
- Rückstände aus der Vernichtung chemischer Kampfmittel.

Demzufolge sind als Verdachtsflächen aus Rüstungsaltlasten grundsätzlich

- ehemalige Produktionsstätten,
- Munitionslagerstätten,
- Entschärfungsstellen,
- Spreng- und Schießplätze,
- Delaborierungswerke und
- Zwischen- und Endablagerungsstätten für chemische Kampfmittel.

Rüstungsaltlastverdachtsstandorte sind in der Regel zusammenhängende Flächen bzw. Bereiche, die zur Sicherstellung des komplexen Handlungsablaufes einer Nutzung in Anspruch genommen wurden.
Beispielsweise können zu einem Standort gehören:
Lager- und Produktionsflächen, Bereiche für Umschlag, Transport und Entsorgung, Anlagen zur Elektro- und Wasserversorgung.

Ein Verdachtsstandort kann eine oder mehrere Altlastverdachtsflächen, aber auch nichtkontaminierte Flächen einschließen. Die Bestandsaufnahme von Rüstungsaltlastverdachtsstandorten ist in der Bundesrepublik Deutschland zu ca. 80% abgeschlossen (Stand Oktober 1992).

R

Runderneuerung

Verfahren der **Altreifen-Verwertung**, bei dem die abgefahrene Lauffläche des Reifens abgeschält, die Trennfläche aufgerauht, die Reifenkarkasse mit einer neuen Lauffläche belegt und diese dann anschließend aufvulkanisiert wird. Die R. setzt eine sorgfältige Prüfung des **Altreifen**s auf Durchschläge, Gewerbebrüche oder Gewerbelösungen sowie auf unversehrte Wulste voraus. Im allgemeinen werden Reifen aufgrund der begrenzten Lebensdauer der Karkassen nur einmal runderneuert. 1987 waren ca. 8,5% aller PKW-Reifen und ca. 26% aller LKW-Reifen (Neureifenproduktion plus Runderneuerung) runderneuert. Runderneuerte Reifen wurden von der Jury **Umweltzeichen** als umweltfreundlich ausgezeichnet.

→ **Abfall-Verwertung**

S

Sack im Behälter (SIB)

Verfahren zur **getrennten Sammlung** von **Wertstoffen** aus **Hausmüll.**

Dem Bürger werden unverwechselbar bedruckte Säcke aus Kunststoff zur Verfügung gestellt. In diese Säcke werden die **separierten Abfälle** gefüllt, der Sack wird zugebunden und in den **Müllbehälter** gemeinsam mit den restlichen – unverpackten Abfällen geworfen. Die **Müll-Abfuhr** erfolgt wie üblich. Die Sammelfahrzeuge entladen den gesamten Müll in eine **Sortier**anlage. Dort werden die Säcke manuell aussortiert und die Wertstoffe nach Stoffgruppen (z. B. **Altglas, Altpapier, Kunststoffe**) sortiert. Das SIB-Verfahren erfordert eine aktive Mitwirkung der Bürger, die nur über eine Vertiefung des **Abfall-** bzw. **Umweltbewußtsein**s erreicht werden kann.

→ **Integrierte Abfallsammlung, Mehrkammer-Müllsystem, Sack plus Sack**

Sack plus Behälter

Hierunter ist zu verstehen, daß den Haushalten neben dem **Haus-**

müllgefäß ein Sack zur Verfügung steht, der zur Erfassung von zumeist einer Wertstoffsorte dient. Die Säcke können wahlweise gemeinsam mit dem Hausmüll oder in separater Abfuhr eingesammelt werden. Das System wird z. Z. überwiegend zur Abtrennung von Kunststoffen aus Hausmüll eingesetzt.
→ **Getrennte Sammlung, Kunststoffabfälle, Teilintegrierte Systeme**

Sack plus (Wertstoff-)Sack (S+S)

Unter dem System „Sack plus Sack" ist zu verstehen, daß **Hausmüll** und Wertstoffe in unterschiedlichen, gekennzeichneten Säcken erfaßt werden. Großflächig wird dieses System im Landkreis Hannover mit Erfolg eingesetzt.
→ **Getrennte Sammlung, Integrierte Abfallsammlung**

Sammelbehälter → Container

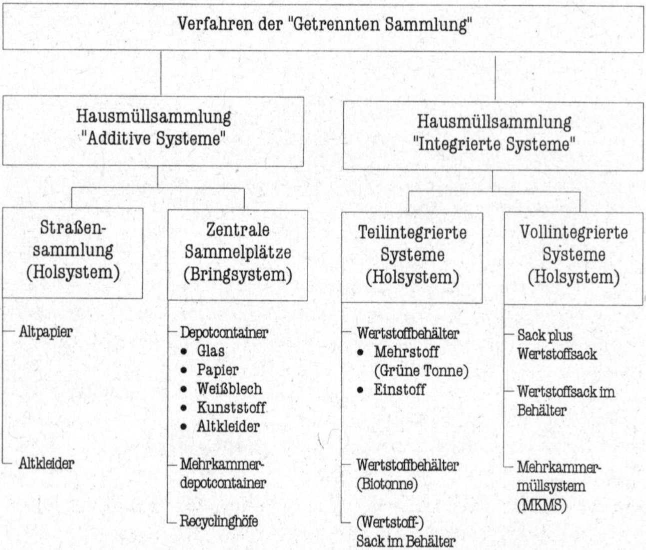

Sammelsysteme für Wertstoffe aus dem Hausmüll

Die Verfahren der getrennten Sammlung lassen sich nach verschiedenen Merkmalen strukturieren:

- Einteilung nach der Abfuhrorganisation in:
  additive Systeme
  integrierte Systeme
- Einteilung nach dem Benutzerkomfort in:
  Holsysteme
  Bringsysteme
- Einteilung nach der Vorsortierung im Haushalt in:
  Einstoffsammlung
  Mehrstoffsammlung

Schadgas-Abscheidung → Abgas-Reinigung

Schadstoffe → Umweltschadstoffe

Schlacke

Geschmolzene Rückstände aus Schmelzvorgängen. Wichtige Schlackearten sind:
Hochofensch., Stahlwerkssch., Kraftwerkssch. (Schmelzkammergranulat), NE-Metallsch. und Sch. aus Sonderabfallbehandlungsanlagen. Der Begriff Sch. wird auch verwendet für Rost- und Kesselaschen aus Abfallverbrennungsanlagen, obwohl diese nicht aus einem Schmelzfluß resultieren. Auch wird der Begriff Sch. fälschlich für den Laugenrückstand „Kieselrot" (stark dioxinhaltig) aus der Kupferverarbeitung (altes nicht mehr angewendetes Verfahren) verwendet. Sch. werden wegen ihrer guten Eigenschaften im allgemeinen einer Verwertung zugeführt. Im Jahre 1989 fielen in der Bundesrepublik 8,3 Mio t Hochofensch. und 4,8 Mio t Stahlwerksch. an. Die Hochofensch. wurde nahezu vollständig verwertet: 75% im Straßenbau, der übrige Teil zur Herstellung von Hochofenzement, Hüttenbims und Hüttenkalk. Die Stahlwerkssch. wurden zu 92% im Hochofenbetrieb, als Düngemittel sowie im Straßen-, Wege-, Gleis- und Wasserbau verwertet. Bei der Abfallverbrennung fallen etwa 30–50 Gewichtsprozente der Ausgangsmenge als Asche (fälschlich als Sch. bezeichnet) an; dies entspricht einem Jahres-

S

aufkommen von ca. 2,5 Mio t. Hierin sind ca. 350.000 t Eisenschrott enthalten, die auf elektromagnetische Weise aussortiert und anschließend den Eisenhütten zur Verwertung zugeführt werden, während ca. 1,5 Mio t der anfallenden Rohasche nach Brechung und Klassierung und weiteren Aufbereitungsschritten im Straßenbau eingesetzt werden.

Schlagabraum → Holzabfälle

Schlamm → Klärschlamm

Schwelbrennverfahren

Kombination von **Pyrolyse** (Verschwelung) und anschließender **Verbrennung.** Zunächst werden die Abfälle **(Hausmüll, hausmüllähnlicher Gewerbemüll** und **Klärschlamm)** in einer Schweltrommel entgast und in **Pyrolysegas** und fest Pyrolyserückstände aufgetrennt. Die Pyrolyserückstände werden in eine Fraktion größer und kleiner als 5 mm getrennt. In einer Schmelzkammer wird der gemahlene Reststoff der Feinfraktion kleiner 5 mm zusammen mit dem Pyrolysegas (Schwelgas) bei 1.200 bis 1.300 °C verbrannt, so daß die mineralischen Rückstände schmelzflüssig werden. Diese Rückstände werden im Wasserbad granuliert und können ggf. verwertet, zumindest jedoch problemlos abgelagert werden.

Die ausgesiebte Grobfraktion größer 5 mm besteht überwiegend aus Inertstoffen (Glas und Steine) und Metallen. Die Metalle werden in Eisenmetalle und Nichteisenmetalle getrennt und der Verwertung zugeführt. Die Inertien können ggf. verwertet oder problemlos abgelagert werden.

Das S. ist derzeit erst in der Erprobungsphase. Es enthält eine Reihe interessanter neuartiger Ansätze. Die Funktionsfähigkeit des Verfahrens wurde in einer Versuchsanlage mit einem Durchsatz von ca. 200 kg/h demonstriert. Die Umsetzung in die großtechnische Praxis ist derzeit geplant. Damit könnte das S. zu einer Alternative zur herkömmlichen Abfallverbrennung für kleinere und mittlere Entsorgungsgebiete mit einem Hausmüllaufkommen von jährlich 50.000 bis 100.000 t werden.

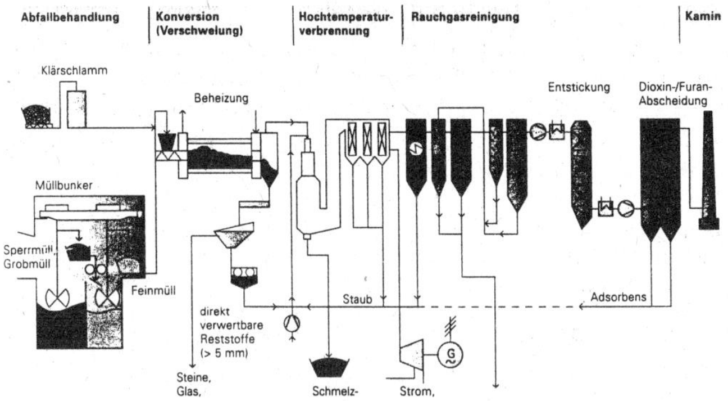

Konzeption einer Schwelbrennanlage

Schwermetalle

Metalle mit größerem spezifischen Gewicht als 5,0 (z. B. Eisen, Cadmium, **Quecksilber** u. a.). Einige S. sind in geringen Mengen (Spurenelementen) lebensnotwendig (z. B. Eisen, Kupfer, Zink). Viele S. haben jedoch bei den Stoffwechselprozessen keine erkennbar lebensnotwendige Funktion, sondern wirken giftig auf Menschen, Tier und Pflanze (z. B. Quecksilber, Cadmium), daher werden unter dem Begriff S. meist toxische S. verstanden. S. werden in vielfältiger Weise industriell genutzt und gelangen dabei über den Abfall, das Abwasser und Verbrennungsprozesse (Kraftwerke, **Abfall-Verbrennung**sanlagen) in die Umwelt. S. können sich über die Nahrungskette in Organismen anreichern.
→ **Abfall-Verbrennung auf See, Altöl, Batterien, Dünnsäure, Kläranlage, Klärschlamm-Verklappung**

Sediment

Durch Absetzen (Sedimentation) von mineralischen und/oder organischen Feststoffteilchen entstandene Ablagerungen in Gewässern. Man unterscheidet ja nach Ablagerungsart Meeres- (marine), Seen- (limnische) und Fluß (fluviatile) S. Einige Schadstoffe (z. B. giftige **Schwermetalle** wie Cadmium) können sich in S. in hohen Konzentrationen ansammeln, aber auch aus diesen wieder herausgelöst werden und so eine Gefahr für die Lebensgemeinschaften in Gewässern bilden. Bei der Ausbaggerung von Flußläufen fallen regelmäßig große Mengen an Baggerschlamm an, die zum Teil aufgrund hoher Schwermetallgehalte auf Sonderabfall-**Deponien** abgelagert werden müssen, um eine Gefahr für die Umwelt auszuschließen.

Sekundärrohstoffe

Zum zweiten Mal verwendete Rohstoffe. Die nochmalige Verwendung erfolgt auf verschiedenen Ebenen: Als direkte Wiederverwendung oder als Wiederverwertung in Form des werkstofflichen und stofflichen **Recycling**s. Bei der direkten Wiederverwendung wird der S. zum gleichen Zweck noch einmal genutzt (z. B. Second-hand-Produkte). Beim werkstofflichen Recycling wird der S. auf einer möglichst hohen Veredelungsstufe wiederverwertet u. substituiert entweder andere Primärrohstoffe (z. B. **Altreifen, Altöl**) oder artgleiche Primärrohstoffe (z. B. Gummimehl). Beim stofflichen Recycling erfolgt eine Zerlegung des S. in seine stofflichen Bausteine (z. B. **Altpapier** → Faserstoffe, **Kunststoffe** → Rohöl). Darüberhinaus sind auch nutzbare Nebenerzeugnisse von Produktionsprozessen S. (z. B. Lederstanzabfälle → Lederfaserwerkstoffe), wobei oft keine Primärrohstoffe substituiert werden. Der aus der ehemaligen DDR stammende Begriff „SERO“ umfaßt nur die im Erfassungssortiment des Kombinates Sekundärrohstofferfassung enthaltenen S.

Selbstwechsler

Privatpersonen, die den Ölwechsel an ihrem Kraftfahrzeug selbst durchführen, werden als S. bezeichnet.
Der private Ölwechsel wird an verschiedenen Stellen durchgeführt: an Tankstellen, in Werkstätten, zu Hause, auf Parkplätzen. Dementsprechend gibt es auch für den Verbleib des abgelassenen **Altöls** unterschiedliche Möglichkeiten und eine genaue Mengenerfassung ist kaum möglich. Die Altölmenge aus dem Selbstwechselbereich wird über Hochrechnungen auf rd. 40.000 Jahrestonnen geschätzt. Die Menge des unkontrollierten Verbleibs durch „wilde“ Ölwechsel wird auf 3.000 t mit rückläufiger Tendenz geschätzt. Dieses Ergebnis wird sowohl auf das gestiegene **Umweltbewußtsein** wie auf die verbesserte Altölerfassung, darunter auch die zunehmende Umsetzung der Rücknahmeverpflichtung nach § 5 b des **Abfallgesetzes** zurückgeführt.

Im Vergleich mit dem Gesamt-Altölanfall von rd. 600.000 t und vor allem der Schmierstoffmenge von weiteren 500.000 t pro Jahr, die nicht wieder als Altöl anfällt, sondern diffus in der Umwelt verteilt wird (abgesehen von geringen Mengen, die vollständig thermisch zersetzt werden), wird deutlich, daß die eigentliche Umweltbelastung durch Mineralölprodukte vorrangig bei deren bestimmungsgemäßem Gebrauch gesehen werden muß.

Sparierung (von Abfällen)

Verfahren zur Trennung von **Abfällen** in **Wertstoffe** und Restmüll. Die S. kann durch den Abfallerzeuger **(getrennte Sammlung)** oder nach der Abfallsammlung **(Abfall-Aufarbeitung)** vorgenommen werden. Beim letzteren lassen sich Naß- und Trockenaufbereitungsverfahren unterscheiden. Bei der Naßaufbereitung werden die einzelnen Stoffe nach ihrer unterschiedlichen Dichte sortiert. Bei der Trockenaufbereitung werden die Abfälle nach Größe (Absiebung), nach Flugfähigkeit (Windsichtung, ballistische Abscheidung), nach Magnetisierbarkeit (Magnetscheidung) und nach optischer Sortierbarkeit (Farbsortierung des Glasanteils) getrennt.

→ **Sortierung**

SERO → Sekundärrohstoffe

Shredder

Anlagen zur Verwertung von **Autowracks**.

Durch Zerreißen oder Zerschlagen der Altautos in handgroße Stücke und anschließende **Sortierung** werden hochwertiger Eisen**schrott** und NE-Metalle zurückgewonnen. In der Bundesrepublik Deutschland gibt es derzeit 45 S.-Anlagen, in denen nahezu 85% der Autowracks, aber auch andere Haushaltsgeräte aus Metall, verarbeitet werden.

→ **Abfall-Verwertung, metallhaltige Abfälle**

Shredderrückstände

Bei der derzeitig überwiegend durchgeführten Behandlung der **Altautos** und des leichten Sammelschrotts zur Rückgewinnung der metallischen Anteile mit Hilfe von Shredderanlagen fallen in

der Bundesrepublik jährlich ca. 450.000 t Shredderrückstände an, die mehrheitlich von der Altautoverwertung herrühren. Die Sh. sind ein inhomogenes Gemisch aus Kunststoffen, Elastomeren, Glas, Holz, Keramik u. ä.; sie machen derzeit ca. 25% des Eingangsmaterials aus.
Gemäß der Verwaltungsvorschrift zur Entsorgung der S. (s. Altautoverordnung) dürfen diese nur noch in einer Übergangszeit deponiert werden, wenn bestimmte Grenzwerte des PCB- und Kohlenwasserstoffgehalts eingehalten werden, Ansonsten sind S. thermisch zu behandeln.

Sickerwasser → Deponiesickerwasser

Siebung → Sortierung

Siedlungsabfall → Hausmüll

Sicherungsmaßnahmen (bei Altlasten)
Sicherungsmaßnahmen sollen die Schadstoffausbreitung einer Altlast in Boden, Luft und Wasser verhindern oder verringern. Dabei bleiben die vorhandenen Schadstoffe weitgehend unverändert. Im Rahmen einer Sanierung stehen folgende Sicherungsmaßnahmen zur Verfügung:

a) Hydraulische Maßnahmen: Beeinflussung des Grundwasserspiegels und damit Unterbindung des Schadstoffeintrages in das Grundwasser.
b) Einkapselungs- und Einschließungsmaßnahmen: vorwiegend großvolumige Altablagerungen werden durch eine Oberflächenabdichtung, vertikale Dichtwände und/oder eine Basisabdichtung eingeschlossen. Nachträglich einzubauende Basisabdichtungen sind in der Praxis insbesondere wegen der hohen Kosten (>2.000 DM/m^2) noch nicht zur Anwendung gekommen.

Sonderabfälle
Abfälle, die aufgrund ihrer Art oder ihrer Menge nicht zusammen mit Hausmüll oder hausmüllähnlichen Abfällen entsorgt werden und besonderer Überwachung unterliegen. Sie sind in

der **Abfallbestimmungs-Verordnung** nach § 2 Abs. 2 des Abfallgesetzes geregelt.
Die **Technische Anleitung Abfall,** Teil 1, von 1990, enthält Anforderungen an Entsorgung von überwachungsbedürftigen Abfällen nach dem Stand der Technik sowie damit zusammenhängende Regelungen, die erforderlich sind, damit das Wohl der Allgemeinheit gewahrt wird.
Zu den S. gehören z. B. Lösemittelrückstände, Industrieschlämme, Altsäuren, Krankenhausabfälle, Rückstände von Pflanzenbehandlungs- und Insektenbekämpfungsmitteln.
1988 sind rund 10 Mio t Sonderabfall angefallen.
→ **Abfall-Entsorgungspläne, TA-Abfall, Altmedikamente, Chlorierte Kohlenwasserstoffe, produktionsspezifische Abfälle**

Sonderabfall-Behandlungsanlagen

Anlagen zur Behandlung und Ablagerung besonders überwachungsbedürftiger Abfälle **(Sonderabfälle).** Die Sonderabfälle können je nach Beschaffenheit in besonders dafür geeigneten Anlagen abgelagert (**Sonderabfall-Deponie**, Unter-Tage-Deponie wie z. B. das Salzbergwerk in Herfa-Neurode), in Spezialanlagen auf dem Land verbrannt oder mit biologischen oder chemisch/physikalischen Verfahren behandelt werden.
Die technische Konzeption von zentralen S.-B. sollte folgende Einzelkomponente vorsehen: Kontrollbereich (Waage, Probenahmestation, Labor), Zwischenlagerungsbereich (Abstellflächen, Lager), Vorbehandlungsanlagen (z. B. zur Entgiftung, Neutralisation, Entwässerung, Verfestigung), Spezialdeponie (für feste Abfälle anorganischer Natur mit Untergrundabdichtung und **Sickerwasser**fassung und -behandlung), Sonderabfallverbrennungsanlage mit einem Verbrennungssystem und einer Abgasreinigung entsprechend den Anforderungen der **TA Sonderabfall** und der 17. Verordnung zur Durchführung des Bundes-Immissionsschutzgesetzes (17. BImSchV) und Aufarbeitungstechniken für Abfälle mit verwertbaren Inhaltsstoffen (z. B. Lösemitteldestillation, Metallrückgewinnung aus Galvanikschlämmen). 1987 waren nach Angaben des statistischen Bundesamtes im öffentlichen Bereich folgende S.-B. in Betrieb: 13 Sonderabfalldeponien, 60 Verbrennungsanlagen, 61 chemisch-physikalische Vorbehandlungsanlagen und 12 sonstige Anlagen.
→ **Abfall-Behandlung**

S

Sonderabfall-Deponie

Abfallentsorgungsanlage zur dauerhaften, geordneten und kontrollierten **Ablagerung** von besonders überwachungsbedürftigen Abfällen **(Sonderabfälle).**

Sonderabfälle, die nachweislich nicht verwertet werden können, sind einer Anlage zur Ablagerung (oder Behandlung) zuzuordnen **(Abfallbestimmungsverordnung)**. Die endgültige Zuordnung des Sonderabfalls zur Entsorgung hat im Entsorgungsnachweis insbesondere aufgrund der Abfalleigenschaften und der Zulassung der Abfallentsorgungsanlage zu erfolgen **(Abfall- und Reststoffüberwachungsverordnung)**. Sonderabfälle können

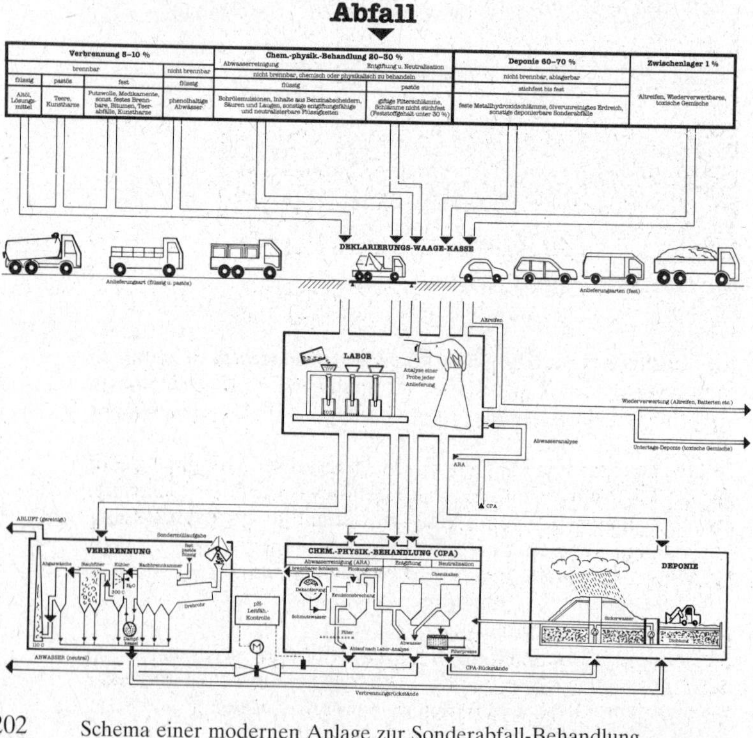

Schema einer modernen Anlage zur Sonderabfall-Behandlung

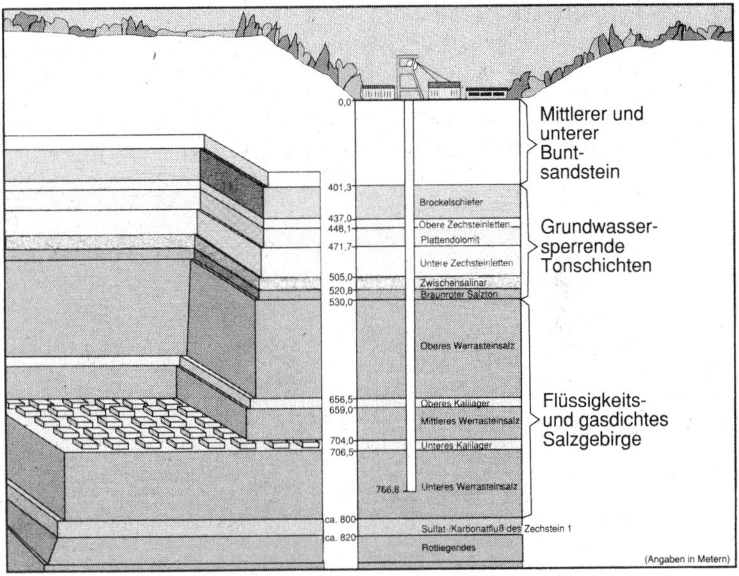

Geologischer Vertikalschnitt der Untertage-Deponie Herfa-Neurode in Hessen, in der bestimmte Sonderabfälle abgelagert werden.

bei Überschreitung der Zuordnungskriterien (Grenzwerte) auch in untertägigen Anlagen dauerhaft abgelagert werden, wenn sie vollständig vom Salzgestein umschlossen sind (Untertagedeponie).

In der Zweiten allgemeinen Verwaltungsvorschrift zum **Abfallgesetz, TA Abfall,** Teil 1, sind die Anforderungen zur Lagerung, chem./pysikalischen, biologischen Behandlung, **Verbrennung** und Ablagerung von Sonderabfällen festgelegt.

→ **Deponien, Hausmülldeponien, Abfallbehandlung**

Sonderabfall-Verbrennung

Die thermische Behandlung von **Sonderabfällen** ist zentraler Teil der Entsorgungsverfahren für **Abfälle,** die nach Art und/oder Menge nicht mit **Hausmüll** behandelt werden können.

Ziel es es, das Gefährdungs- und Schadstoffpotential der Abfälle weitestgehend zu verringern, deren Menge und Volumen zu reduzieren, anfallende Reststoffe in eine verwertbare oder ablagerungsfähige Form zu bringen und die freiwerdende Energie zu nutzen.

Die zu entsorgenden Sonderabfälle stellen häufig ein Gemisch aus festen, pastösen und flüssigen Abfällen dar. Hierfür hat sich in den letzten Jahren der Drehrohrofen als universell einsetzbare Verbrennungseinrichtung bewährt. Die Temperaturen im Drehrohr liegen im Bereich um 900 °C bei Reaktionszeiten des Verbrennungsgases von bis 4 Sekunden und Aufenthaltszeiten der Feststoffe von 30 bis 60 Minuten. Die Drehrohröfen werden durchweg mit einer Nachbrennkammer betrieben, in der maximale Temperaturen von 1.200 °C–1.300 °C bei Gasverweilzeiten von 2–4 Sekunden erreicht werden.

Die unterschiedlichen Zusammensetzungen der Sonderabfälle stellen nicht nur an das Verbrennungssystem, sondern auch an die Abgasreinigung große Anforderungen, da hohe und schwankende Schadstoffkonzentrationen im Abgas bewältigt werden müssen. Die dabei entstehenden **Schlacken** und die festen Reststoffe aus der Abgasreinigung werden ober- oder untertägig abgelagert.

→ **Abfall-Verbrennung, Abgas-Reinigung, Sonderabfall-Behandlungsanlage**

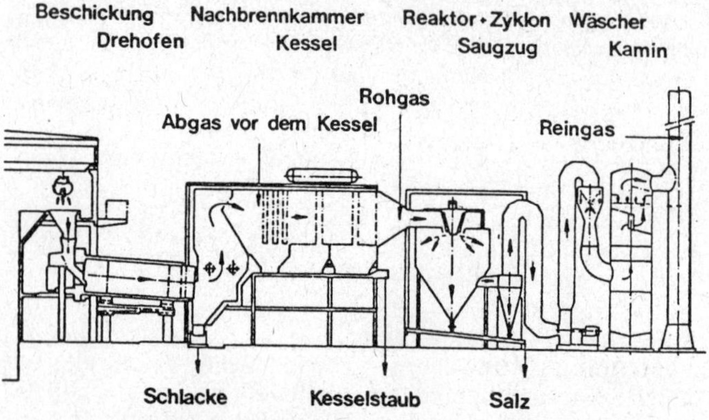

 Verfahrensschema der Sonderabfallverbrennungsanlage Biebesheim

Sortierung

Zerlegung von Abfallgemischen in Stoffgruppen mit einheitlichen physikalischen oder chemischen Eigenschaften, z. B. von **Hausmüll** in Papier und Pappe, Kunststoffe, Metalle, Glas und Hartstoffe, **Kompost**rohstoff und Restmüll. Die benutzten mechanischen S.-Verfahren sind im Wesentlichen aus der Aufbereitung von Steinkohle und Erzen übernommen worden. Für die S. werden bestimmte Stoffeigenschaften ausgenutzt: Die Elktros. nutzt die unterschiedliche Leitfähigkeit (Beispiel Kunststoff/Papier), die Aufstroms. und die Schwimm-Sinkscheidung die unterschiedliche Dichte, die Flotation unterschiedliche pysikalisch-chemische Oberflächeneigenschaften, die Magnetabscheidung die unterschiedlichen magnetischen Eigenschaften, die optische S. unterschiedliche Farben und die Windsichtung unterschiedliches Flugverhalten aus. (Unter bestimmten Voraussetzungen können auch die Zerkleinerung und die Siebung sortierend wirken, insbesondere dann, wenn sich einzelne Stoffgruppen deutlich in ihrer Stückgröße und in ihrem Zerkleinerungsverhalten unterscheiden.)

Die Kombination von Verfahren der Zerkleinerung, der Siebung und der S. von Abfällen wird **Abfall-Aufarbeitung** genannt. Je nach Rohmüllzusammensetzung sind sehr unterschiedliche Kombinationen denkbar.

Werden einzelne Stufen oder Verfahren der S. vor ein bestehendes **Abfall-Behandlung**sverfahren geschaltet, spricht man von Vorsortierung.

→ **Abfall-Verwertung, Chemisch-physikalische Behandlungsanlagen (CPB), Container-Sammlung, Getrennte Sammlung, Haussammlung, Magnetscheider, Shredder**

Sperrmüll

Feste **Abfälle** aus Haushaltungen, die wegen ihrer Größe nicht in die ortsüblichen **Müll-Behälter** passen und deshalb von der normalen **Müll-Abfuhr** nicht mitgenommen werden.

Sperrmüll-Abfuhr

Sammlung und Transport von **Sperrmüll.**

In den meisten Gemeinden der Bundesrepublik Deutschland wird eine regelmäßige oder unregelmäßige S. durchgeführt.

Sperrmüll-Abfuhr
Die Bereitstellung von Sperrmüll vor den Wohnhäusern hat sich vielerorts nicht bewährt, da sie zu erheblichen Verschmutzungen geführt hat. Deshalb wird dort Sperrmüll nur noch gezielt, d. h. auf direkte Anforderung der Bürger, von den Entsorgungsunternehmen abgeholt.
Foto: Claus Lehnartz, Berlin

Hierzu werden oft spezielle Sperrmüllsammelfahrzeuge mit großvolumiger Ladewanne und Preßplatte eingesetzt.
Die S. wird sehr unterschiedlich organisiert. In manchen Gemeinden wird der Sperrmüll turnusmäßig, in anderen unregelmäßig auf öffentlichem Straßenland bereitgestellt. Er ist somit jedermann zugänglich und wird nach Brauchbarem durchwühlt. Entsprechend verunreinigt sind die Straßen. Der Aufwand für die Straßenreinigung nach Abschluß der S. ist sehr hoch. Daher geht man in vielen Städten inzwischen dazu über, eine gezielte Abfuhr zu betreiben. Der Bürger kann schriftlich oder mit telefonischem Anruf die S. unter Angabe von Art und Menge seines Sperrmülls bestellen.
Die Kosten für die S. sind ein maßgeblicher Faktor in der Kostenrechnung für die Entsorgung der Haushalte. Erfahrungen aus der Praxis zeigen, daß die S. sehr häufig auch zur „versteck-

ten" Entsorgung von **Hausmüll** genutzt wird. Der Hausmüllanteil im Sperrmüll ist um so größer, je kleiner das vorgehaltene Behältervolumen für Hausmüll ist. Durch Verwendung der Müllgroßbehälter konnte das Sperrmüllaufkommen entscheidend verringert werden und damit die kostenintensive S. eingeschränkt werden.

Städtereinigung → Müll-Abfuhr

Stand der Technik

In den Umweltgesetzen der Bundesrepublik Deutschland gebräuchliche Bezeichnung für fortschrittliche Verfahren, Einrichtungen oder Betriebsweisen, die den besten z. Z. realisierbaren Schutz der Umwelt vor Schädigungen garantieren und bereits mit Erfolg im Betrieb erprobt wurden. So müssen zum Schutze der Umwelt die bei der **Abfall-Verbrennung** angewendeten Verfahren zur **Abgasreinigung** dem S. d. T. entsprechen.

→ **Bundes-Immissionsschutzgesetz, Kooperationsprinzip, Umweltschonende Technik, Verursacherprinzip, Vorsorgeprinzip**

Staubabscheidung

Verfahren zur Reinigung von Gasströmen, die mit Stäuben beladen sind, vor ihrem Eintritt in die Atmosphäre. Hierfür sind Gas und Staubpartikel voneinander zu trennen. Dies kann auf verschiedenen physikalischen Wegen erreicht werden. Die Güte einer S. wird durch den Abscheidegrad beschrieben. Er ist definiert als das Verhältnis aus abgeschiedener Staubmenge zur Staubmenge, die in den Abscheider eintritt. Bei einem hohen Abscheidegrad wird demnach ein Gas besonders gut gereinigt.
Entsprechend den physikalischen Abscheideprinzipien unterscheidet man die folgenden Abscheider:

Massenkraftabscheider (z. B. Zyklon)

Das staubhaltige Gas wird in einer Strömung stark umgelenkt. Aufgrund der Trägheit der Staubpartikel (Massenkraft) können die Partikeln dieser Umlenkung nur schlecht folgen und werden abgeschieden. Massenkraftabscheider sind nach dem heutigen Stand der Technik für Zecke der Luftreinhaltung ohne weitere Verfahrensschritte der Abgasreinigung nicht geeignet, da ihr Abscheidegrad zu gering ist und insbesondere gesundheitsgefähr-

S

dende Feinstäube nur sehr schlecht zurückgehalten werden.
Naßarbeitende Abscheider (z. B. Venturiwäscher)
Hierbei wird eine Flüssigkeit im staubhaltigen Gas fein verteilt. Die entstehenden Flüssigkeitstropfen fangen dabei die Staubpartikeln auf. Für eine hochwirksame Abscheidung ist es wichtig, die Flüssigkeit in möglichst viele, kleine Tröpfchen zu verteilen. Dies ist nur bei einer starken Beschleunigung des Gasstromes (beispielsweise mittels einer Venturidüse) möglich und mit einem erheblichen Energieaufwand verbunden. Naßarbeitende Abscheider werden oftmals auch wegen der u. U. auftretenden Abwasserprobleme vermieden.
Elektrische Abscheider (Elektrofilter)
Hierbei werden die im Gas enthaltenen Staubpartikeln elektrisch aufgeladen. Unter der Wirkung einer elektrischen Spannung von 30.000 bis 100.000 Volt wandern die Partikeln in Richtung auf die im Elektrofilter angeordneten Niederschlagselektroden. Hier bildet sich ein Staubbelag, der in zeitlichen Intervallen automatisch abgereinigt wird. Elektrische Abscheider sind auch im gesundheitsgefährdenden Feinstaubbereich sehr wirkungsvoll und haben nur einen geringen Energiebedarf. Verglichen mit den Massenkraftabscheidern erfordern sie jedoch einen erheblich höheren Investitionsaufwand. Kohlekraftwerke sind fast ausschließlich mit elektrischen Abscheidern ausgerüstet.
Filternde Abscheider (z. B. Gewebefilter)
Bei filternden Abscheidern durchströmt das Gas ein Filtergewebe (-filz) oder eine Schüttschicht. Bei einem Gewebefilter baut sich auf der Anströmseite aus den Staubpartikeln ein „Filterkuchen" auf, der über sehr gute Abscheideeigenschaften verfügt. In zeitlichen Intervallen wird dieser Filterkuchen von den Filtermedien entfernt. Mit filternden Abscheidern können die besten Reinigungsergebnisse erzielt werden, wobei Reststaubgehalte im Reingas von unter 10 mg/m^3 erreicht werden. Der Energiebedarf ist in der Regel höher als bei Elektrofiltern; die Investitionskosten sind vergleichbar.
→ **Abgasreinigung**

Steuergesetzgebung

Bei Anschaffung oder Herstellung von Wirtschaftsgütern, die dem Umweltschutz dienen, gelten die allgemeinen Abschrei-

bungsregelungen des Einkommensteuergesetzes (EStG). Für Investitionen in den neuen Bundesländern kommen jedoch Sonderabschreibungen (§ 4 Fördergebietsgesetz), sowie die Investitionszulage (Investitionszulagegesetz) in Betracht.
Eine steuerliche Vergünstigung für kommunale und private Unternehmen wird durch die Kraftfahrzeugsteuerbefreiung für Kraftfahrzeug zur Müll- und Fäkalienbeförderung gewährt.
→ **Abfall-Recht**

Straßenaufbruch

Festes mineralisches Straßenbaumaterial mit Bindemittelgehalten (Zement, bitumen- und teerhaltiges Bindemittel), die bei Baumaßnahmen im Straßen- und Brückenbau anfallen und nicht im Anfallbereich verwendet werden können. Es fallen gegenwärtig jährlich 20 Mio t Straßenaufbruch an, davon werden 11 Mio t wieder eingesetzt. Die Verwertungsrate beträgt somit 55%. Die Verwertung erfolgt im Straßen- und Landschaftsbau sowie für Lärmschutzwände.
→ **Bauschutz, Bodenaushub, inerter Abfall**

Straßensammlung

Abholung der von den Bürgern bereitgestellten, gebündelten oder verpackten Wertstoffkomponenten, insbesondere Altpapier und Alttextilien, zu einem vorgegebenen Termin von privaten oder auch karitativen Organisationen oder Vereinen. Der Erfolg der S. hängt von der Information der Bürger, der Abschöpfung von **Wertstoffen** durch andere Systeme und der Häufig- und Regelmäßigkeit der Abfuhr ab.
→ **Additive Systeme, Holsystem, Sammelsysteme für Wertstoffe**

Sumpfgas → Biogas

Technische Anleitung Siedlungsabfall (TA Siedlungsabfall)

Mit der TA Siedlungsabfall wurde den Ländern und entsorgungspflichtigen Körperschaften ein Instrument in die Hand gegeben, damit sie ihren Aufgaben der Planung, Genehmigung und Überwachung der Entsorgungsstrukturen besser nachkommen können. Als Siedlungsabfälle gelten: **Hausmüll, Sperrmüll**,

Straßenkehricht, Garten- und Parkabfälle, Marktabfälle, Baustellenabfälle, **Bauschutt, Bodenaushub, Straßenaufbruch, hausmüllähnliche Gewerbeabfälle, Klärschlamm** aus der Kanalisation, Rückstände aus der Kanalisation, Fäkalien, Fäkalienschlamm, Wasserreinigungsschlämme, **produktionsspezifische Abfälle** (soweit sie gemeinsam mit Siedlungsabfällen entsorgt werden).

Oberstes Ziel der TA S. ist die Verringerung der zu deponierenden festen Siedlungsabfälle. Dabei wird die Entsorgungssicherheit im Rahmen von integrierten Abfallwirtschaftssystemen mit Maßnahmen der Verwertung und Schadstoffentfrachtung verbunden.

Ein wesentliches Kriterium ist dabei die getrennte Haltung der **Abfallarten.** Schadstoffe im Hausmüll sollen reduziert werden, um seine Wiederverwertung zu ermöglichen und die Behandlung nicht verwertbarer Restabfälle zu erleichtern. Beim Hausmüll und hausmüllähnlichen Abfällen fallen darunter vor allem die sogenannten Bioabfälle, die zu **Kompost** weiterverarbeitet werden können.

Die TA S. regelt im weiteren die **Deponierung** der Restabfälle. Ziel hierbei ist, Gefahren für Umwelt und Gesundheit sowie neue **Altlasten** zu vermeiden. Es sollen zukünftig nur noch solche Abfälle deponiert werden, die auch auf lange Sicht keine negativen Auswirkungen auf die Umwelt befürchten lassen.

→ **Abfallgesetz, Bauabfall-Verordnung**

Technische Anleitung zur Abfallentsorgung (TA Abfall)

Das **Abfallgesetz** (AbfG) ermächtigt in § 4 Abs. 5 die Bundesregierung zum Erlaß von Verwaltungsvorschriften über Anforderungen an die Entsorgung von Abfällen nach dem Stand der Technik. Hierbei sind u. a. Verfahren zur Sammlung, Behandlung, Lagerung und Ablagerung festzulegen, die eine umweltverträgliche Abfallentsorgung gewährleisten.

Bereits im Januar 1990 wurde als erste Abfallverwaltungsvorschrift die **„Allgemeine Verwaltungsvorschrift über Anforderungen zum Schutz des Grundwassers bei der Lagerung und Ablagerung von Abfällen“** erlassen.

Als zweite Abfallverwaltungsvorschrift trat die **Technische An-**

leitung Abfall, Teil 1 (Technische Anleitung zur Lagerung, chemisch/physikalischen, biologischen Behandlung, Verbrennung und Ablagerung von besonders überwachungsbedürftigen Abfällen) stufenweise mit den Teilen Lagerung, Behandlung und Verbrennung zum 1. 10. 1990 und den Ergänzungen durch die Teile oberirdische und untertägige Ablagerung zum 1. 4. 1991 in Kraft.

Im einzelnen verfolgt die TA Abfall, Teil 1 folgende Zielsetzungen:

- Der Entsorgungsstandard in der Bundesrepublik Deutschland wird entsprechend dem **Stand der Technik** vereinheitlicht.
- Der durch das AbfG vorgesehene Vorrang der Verwertung von Abfällen vor der sonstigen Entsorgung wird konkretisiert.
- Kriterien für die Zuordnung von Abfällen zur Behandlung und zur Ablagerung werden festgelegt. Der Abfallkatalog in Anhang C dient hierbei als Orientierungshilfe. Für die oberirdische Ablagerung sind klare, durch normierte Analysenverfahren bestimmbare chemisch-physikalische Parameter festgelegt, die grundsätzlich eingehalten werden müssen. Hierdurch wird erreicht, daß der weitgehend mineralisierte und inertisierte Abfall selbst die wichtigste und dauerhafteteste Barriere bei zukünftigen Deponien darstellt.
- Die behördliche Überwachung wird durch Anforderungen an die Organisation und das Personal von Abfallentsorgungsanlagen, sowie an die Information und Dokumentation verbessert werden.

  Planung, Genehmigungs- bzw. Planfeststellungsverfahren, Errichtung und Betrieb von Entsorgungsanlagen werden durch die Festlegung einheitlicher Anforderungen für Antragsteller und Betreiber vorhersehbarer, kalkulierbarer und für die Öffentlichkeit transparenter gemacht.

Die TA Abfall besteht aus einem Hauptteil (Nr. 1–13) und einer Reihe von Anhängen (A–H). Die Nummern 1 bis 5 der TA Abfall enthalten übergreifende Anforderungen, während die folgenden Kapitel spezielle Anlagen oder Verfahren betreffen.

Nach Definition des Anwendungsbereiches in Kapitel 1 werden folgende Begriffsbestimmungen, Meß- und Analyseverfahren (in Verbindung mit Anhang C) und Ausnahmevorschriften geregelt. Es folgen Vorschriften über Inhalt von Zulassungsbescheiden, insbesondere über Sicherheitsleistungen, sowie über – im An-

hang A beschriebene – Planfeststellungs- und Genehmigungsunterlagen. In Kapitel 5 werden die Anforderungen an die Organisation, das Personal sowie die Information und Dokumentation von Abfallentsorgungsanlagen dargestellt.
Kapitel 6 enthält übergreifende Anforderungen an Zwischenlager und Abfallentsorgungsanlagen. Spezielle Anforderungen an Zwischenlager werden in Kapitel 7 und an Behandlungsanlagen in Kapitel 8 formuliert. In Kapitel 9 und 10 folgen Anforderungen an oberirdische Deponien und Untertagedeponien im Salzgestein. Abschließend werden die Bereiche Altanlagen und Übergangsvorschriften sowie das Inkrafttreten geregelt.
In den Anhängen A–H werden spezielle (aus dem Hauptteil der Verwaltungsvorschrift resultierende Anforderungen) präzisiert.
Im Zusammenhang mit der TA Abfall, Teil 1 traten zeitgleich die **Abfallbestimmungsverordnung** (AbfBestV) (1), die Reststoffbestimmungsverordnung (RestBestV) sowie die Abfall- und Reststoffüberwachungsverordnung (AbfRestÜberwV) in Kraft.

(1) Die AbfBestV legt den Katalog der besonders überwachungsbedürftigen Abfälle gem. § 2 Abs. 2 AbfG fest.
(2) Die RestBestV legt fest, auf welche Stoffe, die nicht als Abfälle entsorgt, sondern als Reststoffe (Wirtschaftsgüter) verwertet werden, abfallrechtliche Überwachungsvorschriften Anwendung finden.
(3) Die AbfRestÜberwV regelt die Überwachung der Abfallentsorgung und der Reststoffverwertung und ersetzte die Abfallbeförderungs- und Abfallnachweisverordnung.

Technische Anleitung zur Verwertung und sonstigen Entsorgung von Shredderrückständen aus der Altautoentsorgung (TA Shredderrückstände)

Mit der in Vorbereitung (1993) befindlichen Vorschrift werden bundeseinheitliche Anforderungen an die Ablagerung der Sh. festgelegt. Bei Unterschreiten der Zuordnungswerte für PCB von 10 mg/kg und für Kohlenwasserstoffe von 4 Gew% soll eine Ablagerung auf **Hausmülldeponien** innerhalb einer gewissen Übergangszeit zulässig sein. Durch ein Entfernen der Betriebsflüssigkeiten und eine Demontage der Altautos können diese Bedingungen erfüllt werden. Grundsätzlich sollen Shredderrückstände thermisch entsorgt werden.

T

Teilintegrierte Systeme

System zur Wertstoffsammlung, bei dem die Wertstoffe in besonderen Touren zur Restmüllentsorgung, jedoch von derselben Organisation abgeholt werden. Die **Wertstoffe** werden in zusätzlichen Wertstoffbehältern oder -säcken als Einzel- oder Mehrstoffkomponenten bzw. Bioabfall gesammelt.

→ **Biotonne, Integrierte Systeme, Sammelsysteme für Wertstoffe, Wertstoffbehälter / Einstoffbehälter, Wertstoffbehälter / Mehrstoffkomponententonne, Wertstoffsack**

Textilabfälle

Im Prozeß der Herstellung von Chemiefasern, Garnen sowie von textilen Flächengebilden und bei der Verarbeitung in der Konfektion entstehende feste Abfälle (textile Produktionsabfälle) und in privaten Haushalten sowie anderen Verwendungsbereichen anfallende gebrauchte Textilien wie Altkleider, aussortierte Heimtextilien, Haushaltwäsche u. a. (Alttextilien).

T. setzen sich zusammen aus pflanzlichen, tierischen und synthetischen Fasern, zunehmend aus Fasermischungen und zum Teil auch aus Materialverbunden (z. B. Teppichböden mit Schaumstoffrücken, beschichtete oder mit Kunststoffolien verarbeitete Sport- und Freizeitbekleidung). Von den T. sind knapp ein Drittel Produktionsabfälle, die etwa zu 80% im Stoffkreislauf verbleiben. Den Hauptteil von 70% der T. bilden die gebrauchten Textilerzeugnisse. Alttextilien, vorwiegend Altkleider, werden fast ausschließlich über Sammlungen durch bzw. für caritative Organisationen erfaßt und nach Entfernung von Fremdstoffen und nicht verwertbaren Alttextilien einer erneuten Verwendung (Mehrfachnutzung) bzw. der Wiederaufbereitung (Recyclingbetriebe) zugeführt. Die Erfassungsquote beträgt jedoch nur 20 bis 30%, so daß gegenwärtig noch 70 bis 80% der gebrauchten Textilerzeugnisse in den Haus- bzw. Sperrmüll gelangen (etwa 400.000 t/a).

Für Alttextilien gibt es einige traditionelle Verwertungsgebiete. Dies sind neben der Mehrfachnutzung im wesentlichen die Reißfaser-, Putzlappen-, Putzwolle- und Rohfilzpappenherstellung. Darüberhinaus können T. auch in der Schuh-, Polster- und Spielzeugindustrie sowie in der Bauindustrie Verwendung finden. Die Verwertungsmöglichkeiten sind jedoch immer mehr abhängig von der Organisation und der Qualität der Abfallsortierung (qualitativer Aspekt) sowie auch von der zunehmend vielfältigeren Materialzusammensetzung der textilen Abfälle (technisch-technologischer Aspekt). Künftig sollten schon bei der Entwicklung neuer Textilerzeugnisse die Möglichkeiten der Verwertung und Entsorgung nach ihrem Gebrauch mehr berücksichtigt werden.

→ **Straßensammlungen**

Thermische Abfallbehandlung

Abfall-Behandlung durch Einwirkung von Wärme-Energie. Man unterscheidet **Abfall-Verbrennung**s-, Entgasungs- (**Pyrolyse**, Erhitzung ohne Luftsauerstoff) und **Vergasung**sverfahren (Erhitzung mit Vergasungsmittel).

Je nach Verfahren entstehen gasförmige, flüssige und feste Stoffe, die je nach Beschaffenheit verwertet, abgelagert oder weiterbehandelt werden können bzw. müssen.

→ **Energie-Nutzung, Forschung und Entwicklung**

Tierische Reststoffe

Im Rahmen der tierischen Produktion anfallende organische Abfälle die sich nach Tierkörpern (und Tierkörperteilen) und tierischen Exkrementen untergliedern lassen. Bei der Tieraufzucht und -haltung fallen verendete, totgeborene sowie getötete Tiere (1985: 125.000 t), die sich nicht für den menschlichen Genuß eignen, Brütereiabfälle sowie Nachgeburten, als Lebensmittel nicht verwertbare Fische und Fischabfälle an. Bei der Schlachtung belasten Blut (5 bis 10% der Abfallmenge) und Panseninhalte das Abwasser erheblich. Etwa 10% der in Schlachthöfen, der Fleischwarenindustrie und Fleischereien anfallenden Schlachtabfälle werden der Abfallbeseitigung zugeführt; zirka 90% werden zur Verwertung abgegeben. Hinzu kommen Eierschalen und Fischabfälle aus der Verarbeitung.

An tierischen Exkrementen, man unterscheidet je nach Wassergehalt in Flüssigmist (**Jauche, Gülle**) und Festmist, fallen jährlich ca. 216 Mio t an, die zum überwiegenden Teil als Düngemittel eingesetzt werden. Dünger aus der Tierhaltung haben regional zu Luftverunreinigungen, Bodenbelastungen, Wasserverunreinigungen und Pflanzenschäden geführt.

→ **Biogas, Düngung, Geruchsstoffe, landwirtschaftliche Abfallbehandlung, Tierkörperverwertung**

Tierkörperverwertung

Verwertung **tierischer Reststoffe.** Bereits im Mittelalter wurden die von verendeten Tieren und Abfällen aus der Schlachtung ausgehenden Gefahren erkannt und führten zum Beruf des Abdeckers. Aufgrund des Tierkörperbeseitigungs-Gesetzes (1939) und entsprechender Durchführungsverordnungen wurden später überall in Deutschland Tierkörperbeseitigungsanstalten eingerichtet, deren Aufgabe es ist, alle Tierkörper und die bei der Fleischuntersuchung gemäß Fleischbeschaugesetz beanstandeten Tierkörperteile umweltschonend zu beseitigen bzw. aus diesen wertvolle Produkte wie Tiermehl, Tierfett, Fleischknochenmehl, Knochenschrot, Blutmehl, Federmehl u. a. herzustellen. Im Sep. 1975 trat eine neue Fassung mit dem „Gesetz über die Beseitigung von Tierkörpern, Tierkörperteilen und tierischen Erzeugnissen – Tierkörperbeseitigungsgesetz“ (BGBl. I S. 2313) in Kraft.
Aus den jährlich etwa 2,5 Mio t Schlachtnebenprodukten und Tierkörpern werden ca. 1,5 Mio t allein in der Fleischmehlindustrie verarbeitet, zu der im Jahr 1986 46 Tierkörperbeseitigungsanlagen und etwa 40 Spezialbetriebe gehörten. In der Fleischmehlindustrie wurden 1988 bei einer Verwertungsquote von 95 bis 97% 257.000 t Tiermehl, 210.000 t Fleichknochenmehl, 210.000 t Tierfett, 15.000 t Blutmehl und 9.000 t Federmehl hergestellt und überwiegend an die Mischfutterindustrie abgegeben. Der größte Teil der restlichen 1 Mio t Schlachtnebenprodukte wird z. B. in Unternehmen der Heimtiernahrungsindustrie, für die Gelantineherstellung, in der Leimindustrie und zur Herstellung von organischem Dünger verwertet.

Titandioxid-Produktion

Produktionsprozeß zur Herstellung eines Farbstoffs (Weißpigment = Titandioxid-Pigment) mit dem größten Marktanteil (70%). Andere Weißpigmente sind Zinkoxid, Litopone, Zinksulfid.
Weißpigmente werden nahezu in allen Produkten eingesetzt, von der Anstrichfarbe bis zur Zahnpasta; Hauptanwendungsgebiete sind Farben und Lacke, Kunststoffe, Textilien, Papier und Keramik. Bei der T.-P. wird der Rohstoff Ilmenit, in seltenen Fällen auch Rutil, durch Schwefelsäure (Sulfatverfahren) oder durch elementares Chlor (Chloridverfahren) aufgeschlossen, d. h. in

T

eine lösliche Form übergeführt. Mit Hilfe verschiedener Trennverfahren wird die Titanfraktion isoliert und zu Titandioxid umgesetzt. Bei diesem Prozeß fallen alle Nebenbestandteile und Verunreinigungen sowie die Prozeßhilfsstoffe Schwefelsäure bzw. Chlor als **produktionsspezifische Rückstände** an. Beim Chloridverfahren wird das Chlor weitgehend in den Kreislauf geführt, so daß hier als Rückstand im wesentlichen die Chloride der in den Rohstoffen vorhandenen Metalle als Reststoffe anfallen. Beim Sulfatverfahren ist der Reststoff Schwefelsäure in Form von **Dünnsäure** bzw. **Grünsalz**, die lange Zeit durch Einbringung in die Nordsee entsorgt wurde. Seit 1988 wird in der Bundesrepublik Deutschland die gesamte bei der T.-P. anfallende Dünnsäure durch Reinigungs- und Konzentrationsverfahren wiederaufgearbeitet. Für das Grünsalz sind seit längerer Zeit Verwertungsverfahren vorhanden.
Für die T.-P. gibt es eine EG-Richtlinie, die sicherstellt, daß die EG-Mitgliedstaaten bis spätestens 1994 ihre T.-P. auf moderne abfallarme Technologien umstellen werden.
→ **Abfall-Entsorgung auf See, EG-Richtlinien, Umweltschadstoffe**

U

Überdüngung → Düngung

Überwachung der Abfallbehandlung

Eine geordnete umweltschonende Behandlung und Entsorgung von **Abfäll**en kann nur durch eine umfassende Überwachung auf Dauer gesichert werden. Ziel der Überwachung ist es, zu gewährleisten, daß die Abfälle in dafür geeignete Anlagen gelangen und nicht unkontrolliert beseitigt werden.
Die Ü. d. A. wird von den dafür zuständigen Behörden der Bundesländer durchgeführt. Die Möglichkeiten für eine umfassende Überwachungstätigkeit sind bundesrechtlich im **Abfallgesetz** des Bundes vorgegeben.
Besonders überwachungsbedürftige Abfälle sind bundeseinheitlich durch die Verordnung zur Bestimmung von Abfällen nach § 2 Abs. 2 des **Abfallgesetz**es vom 3. 4. 1990 (**Abfall-Bestimmungsverordnung**) benannt. Weitere Überwachungsmaßnahmen knüpfen an diese Verordnung an.
Daneben ist mit dem Betriebsbeauftragten für Abfall ein Instrument geschaffen worden, das die betriebliche Eigenüberwachung

organisieren und verbessern und eine Entlastung der staatlichen Überwachungsbehörden herbeiführen soll.
→ **Abfall-Recht**

Umladestationen (für Abfälle)

Anlagen zur Zwischenlagerung und zum Umschlag von **Abfäll**en. In den U. entladen die Müllsammelfahrzeuge die Abfälle, die dann mit Spezialfahrzeugen zur zentralen **Abfallbehandlung**sanlage oder Deponie weitertransportiert werden.

Umleerverfahren → Müll-Abfuhr

Abfall-Umladestation der Berliner Stadtreinigung
Quelle: Berliner Stadtreinigung

Umplis

(Informations- und Dokumentationssystem Umwelt)
Rechnergestütztes Informationssystem des **Umweltbundesamtes** mit verschiedenen Datenbanken, in denen umweltbezogene Daten gesammelt und gespeichert werden, um sie den Behörden

U

von Bund, Ländern und Gemeinden, der Wissenschaft, Wirtschaft und der interessierten Öffentlichkeit zugänglich zu machen.

Das Informations- und Dokumentationssystem Umwelt (Umplis)

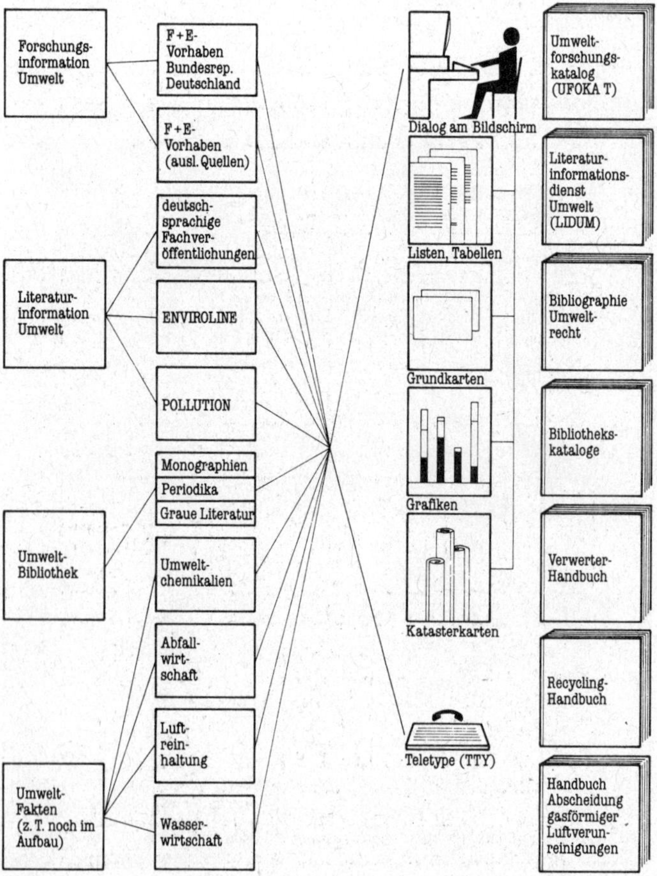

Seit 1984 werden die Umweltliteraturdatenbank (ULIDAT) und die Umweltforschungsdatenbank (UFORDAT) im Rahmen des UMPLIS-Selbstwähldienstes auch für den On-line-Zugriff gegen Entgelt angeboten.
Ein Auszug aus der Verwerterdatei der „Abfallwirtschaftsdatenbank“ (AWIDAT) ist das „**Handbuch der Verwerterbetriebe**“.
→ **Datenbank Abfallwirtschaft, Datenbank wassergefährdender Stoffe.**

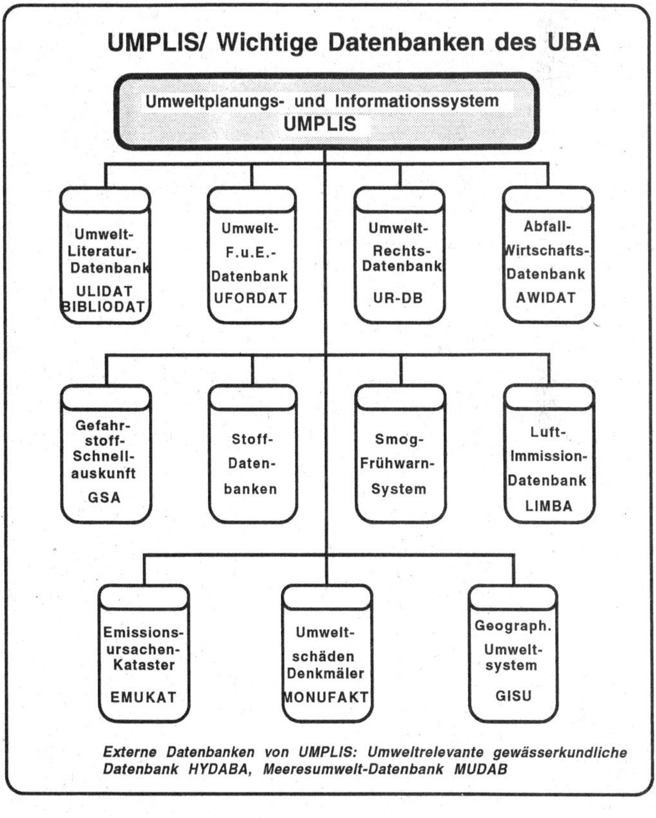

Externe Datenbanken von UMPLIS: Umweltrelevante gewässerkundliche Datenbank HYDABA, Meeresumwelt-Datenbank MUDAB

U

Das fehlende Umweltbewußtsein einiger weniger Bürger macht es immer wieder notwendig, daß umweltbewußte Bürger in ihrer Freizeit die Natur von schädlichem Müll befreien müssen.

Umweltbewußtsein

Einsicht in die Gefährdung der natürlichen Lebensgrundlagen des Menschen durch diesen selbst, verbunden mit der Bereitschaft zur Abhilfe (Umweltgutachten 1978). Das U. in der Bevölkerung der Bundesrepublik Deutschland ist hoch. Es ist seit Beginn der 70er Jahre ständig gewachsen und hat auch in den 80er Jahren weiter zugenommen, was durch Meinungsumfragen immer wieder bestätigt wird.

Nach einer im Juni 1992 im Auftrage des Bundesumweltministeriums durchgeführten Untersuchung ergibt sich folgendes Stimmungsbild: 45% der Westdeutschen beurteilen die westdeutschen Umweltverhältnisse mit „sehr gut“ oder „gut“, 52% empfinden die Umweltverhältnisse als schlecht oder sehr schlecht. Die Ostdeutschen hingegen beurteilen die westdeutschen Umweltverhältnisse sehr viel besser (62% gut oder sehr gut, 35% schlecht oder sehr schlecht). Die Umweltverhältnisse in den neuen Bundesländern werden in Ost und West etwa gleich eingeschätzt: 86% der Westdeutschen und 87% der Ostdeutschen beurteilen diese als schlecht oder sehr schlecht. 50% der Westdeutschen wären bereit, auf einen Teil ihres Einkommens zu verzichten, um damit die Umweltverhältnisse in den neuen Bundesländern zu verbessern. Von den Ostdeutschen wären 27% dazu bereit, 71% lehnen dies ab. Die Westdeutschen nannten als größte Umweltprobleme die Zerstörung der Ozonschicht (37%), die Luftverschmutzung (36%), Müllprobleme (20%), Klimaveränderungen (18%), ungesundes Trinkwasser (17%) und Waldsterben (16%). Die Ostdeutschen sahen Müllprobleme (41%), Luftverschmutzung (37%), Ozonschichtzerstörung (34%), ungesundes Trinkwasser (27%), Waldsterben (27%), Klimaveränderungen (25%) und Verkehrsprobleme (24%) als ihre wichtigsten Umweltprobleme an. Die Studie wird jährlich aktualisiert.

→ **Abfall-Bewußtsein, Abfall-Verringerung, Energiesparen, Umweltzeichen**

Umweltbundesamt (UBA)

Zentrale Fachbehörde des Bundes auf dem Gebiet des Umweltschutzes in Berlin. Geschaffen durch Gesetz vom 22. 7. 1974 als selbständige Bundesoberbehörde. Zu den Aufgaben des U. gehören vor allem

- die wissenschaftliche Unterstützung des **Bundesministers für Umwelt, Naturschutz und Reaktorsicherheit** auf den Gebieten Luftreinhaltung, Lärmbekämpfung, **Abfallwirtschaft**, Wasserwirtschaft, Bodenschutz und Umweltchemikalien, insbesondere bei der Erarbeitung von Rechts- und Verwaltungsvorschriften.
- die Unterstützung bei der Überprüfung der Umweltverträglichkeit von Maßnahmen des Bundes,
- die Aufklärung der Öffentlichkeit in Umweltfragen,
- die Bereitstellung von Umweltdaten durch das Informations- und Dokumentationssystem Umwelt (**UMPLIS**) sowie
- die Bereitstellung zentraler Dienste und Hilfen für die Ressortforschung und für die Koordinierung der Umweltforschung des Bundes.

Seit seiner Gründung wurden mehrere Einrichtungen in das U. eingegliedert, so z. B. das Luftmeßnetz der Deutschen For-

U

schungsgemeinschaft, des Abfallabor des Instituts für Wasser-, Boden-, Lufthygiene und die Dokumentationszentrale Wasser. Darüber hinaus wurden dem U. im Bereich der Abfallwirtschaft folgende Aufgaben übertragen:

- Bewertungsstelle Umweltchemikalien für neue Stoffe und Kontaktstelle für sogenannte Altstoffmeldungen nach dem Chemikaliengesetz,
- Abwicklung des „Investitionsprogrammes zur Verminderung von Umweltbelastungen",
- Projektträgerschaften des **Bundesministers für Forschung und Technologie**.

Das U. beschäftigte 1992 864 Mitarbeiter, davon fast 50% mit abgeschlossener Hochschulausbildung. Die Haushaltsmittel beliefen sich 1992 auf über 77 Mio DM, weitere 277 Mio DM wurden dem Amt für Investitions- und Forschungszwecke übertragen. die Arbeitsergebnisse des U. werden u. a. in den Publikationsreihen „Berichte", „Materialien", „UMPLIS", „Texte" und in den „Schriften der UNESCO-Verbindungsstelle für Umwelterziehung" veröffentlicht.

Umweltchemikalien → Umweltschadstoffe

Umweltgutachten

Periodisch veröffentlichte Gutachten des **Rates von Sachverständigen für Umweltfragen** (erstmals 1974 veröffentlicht). Das U. enthält Beiträge zur „Situation der Umwelt und deren Entwicklung", zu „Umweltfragen in Gesellschaft und Politik", zu „volkswirtschaftlichen Aspekten des Umweltschutzes" und zu „Aspekten einer längerfristigen Umweltpolitik", hierbei werden auch Probleme der Abfallwirtschaft behandelt.
Der Rat von Sachverständigen kann zu Einzelfragen zusätzliche Gutachten erstatten oder Stellungnahmen abgeben. So hat er Sondergutachten zu den Themen „Altlasten" (BT-Drs. 11/6191) und „Abfallwirtschaft" (BT-Drs. 11/8493) und eine „Stellungnahme zum Entwurf des Rückstands- und Abfallwirtschaftsgesetzes (RAWG)" erarbeitet.

Umweltschadstoffe

In der Umwelt vorkommende Stoffe, von denen direkt oder indirekt über Folgewirkungen schädliche Wirkungen auf Lebewesen und Sachgüter ausgehen können und denen der einzelne Mensch unfreiwillig ausgesetzt ist. U. können vom Menschen mit der Atmung, über die Haut oder mit Nahrungs- und Genußmitteln aufgenommen werden. Wichtige U. sind **Schwermetalle** (z. B. Blei, Cadmium, Quecksilber), Schadgase wie Schwefeldioxid, Kohlenmonoxid, Stickoxid, Ozon; N-Nitrosoverbindungen und chlorierte Kohlenwasserstoffe (z. B. DDT, Vinylchlorid). Vornehmliche Quellen für U. sind industrielle Produktionsstätten, Kraftwerke, Kraftfahrzeuge, Landwirtschaft und Haushaltsheizungen, die U. in gasförmiger, fester oder gelöster Form freisetzen. U. können unmittelbare (akute) oder langfristige Schäden (z. B. durch krebserzeugende, mutagene oder embryo-toxische Stoffe) hervorrufen. U. können allein oder mit anderen Stoffen (Kombinationswirkung) schädigen, ungiftige Stoffe können sich untereinander zu giftigen Stoffen verbinden (z. B. N-Nitrosoverbindungen). Die Umwandlung von ungiftigen zu giftigen Stoffen (und umgekehrt) kann sich sowohl in der Umwelt (Wasser, Boden, Luft) als auch im Körper von Lebewesen vollziehen. Besonders gefährliche U. zeichnen sich durch gute Aufnahmefähigkeiten im menschlichen Körper (gute Resorbierbarkeit), lange Abbauzeiten (lange biologische Halbwertzeiten) und durch große Stabilität (Persistenz) aus. Dadurch können sie lange in den natürlichen Kreisläufen verweilen und ihre Schadwirkung entfalten.

→ **Abfallrecht, Deponiesickerwasser, Dioxine, Düngung, Dünnsäure, Halogenierte Kohlenwasserstoffe, Lösemittelrückstände, Sonderabfälle**

Umweltschonende Technik

Technische Verfahren und Produkte, deren Anwendung und Verbrauch die Umwelt nur geringfügig oder wesentlich weniger als vergleichbare Verfahren und Produkte belasten. Hierzu gehören z. B. abwasser- bzw. abfallarme bzw. abwasser- und abfallose Produktionsverfahren sowie die Herstellung langlebiger oder verwertungsfreundlicher Produkte.

→ **Abfall-Bewußtsein, Abfall-Verringerung, Abfall-Wirtschaft, Stand der Technik, Umweltbewußtsein, Umweltzeichen**

U

Umweltschutzpapier → Recyclingpapier

Umweltschutz-Beauftragte/r

In Unternehmen tätige, fachkundige Personen, die den Betrieb der technischen Anlagen überwachen und den verantwortlichen Unternehmer beraten. Dies gilt insbesondere für Betreiber genehmigungsbedürftiger Anlagen, denn für diese besteht nach dem **Bundes-Immissionsschutzgesetz** die Grundpflicht, die Anlagen nach dem **Stand der Technik** zu betreiben, d. h. die Anlagen stets der fortschreitenden technischen Entwicklung anzupassen.
Seit vielen Jahren sind die Betriebsbeauftragten für Umweltschutz zu einem unverzichtbaren Organ in vielen Unternehmen mit umweltrelevanten Tätigkeitsbereichen geworden, doch gibt es einen Betriebsbeauftragten für Umweltschutz im rechtlichen Sinne noch gar nicht. Die einschlägigen Gesetze kennen bisher nur Betriebsbeauftragte

- für Immissionsschutz (Bundes-Immissionsschutzgesetz)
- für Störfälle (Bundes-Immissionsschutzgesetz)
- für Gewässerschutz (Wasserhaushaltsgesetz)
- für Abfall (Abfallgesetz)
- für Strahlenschutz (Strahlenschutzverordnung)
- für Gefahrgut (Gefahrgutbeauftragtenverordnung)

und der Sicherheitsbeauftragte, bzw. die Sicherheitsfachkraft aus dem Nachbarbereich der betrieblichen Arbeitssicherheit.
Vergleicht man den Grundtypus des U.-B. in den jeweiligen gesetzlichen Regeln, so kann man eine Reihe relevanter Abweichungen erkennen. Die Harmonisierung der Regelungen steht noch aus.
In der betrieblichen Praxis hat sich herausgestellt, daß es in der Regel nicht sehr sinnvoll ist, in einem Betrieb mehrere Personen mit den verschiedenen vom Gesetzgeber verlangten Aufgaben zu betrauen, sondern diese in der Person des U.-B. zusammenzufassen.

Umweltverbände

Zusammenschlüsse an Umweltfragen interessierter Bürger mit dem Ziel, auf die Planung umweltbedeutender Maßnahmen öffentlicher und privater Institutionen Einfluß zu nehmen. In der Bundesrepublik Deutschland sind ca. 4 Mio. Bürger in U. organisiert. Das **Umweltbundesamt** gibt ein Verzeichnis der regionalen und überregionalen U. („Bürger im Umweltschutz“) heraus, das auf Anforderung kostenlos verschickt wird.

→ **Bürgerbeteiligung, Bürgerinitiativen, Planfeststellung**

Umweltverträglichkeitsprüfung (UVP)

Prüfverfahren, welches die Ermittlung, Beschreibung und Bewertung der Auswirkungen eines Vorhabens (z. B. einer Mülldeponie) auf die Umwelt umfaßt. Es hat zum Ziel, die Belange der Umwelt bei allen einschlägigen Entscheidungen zur Geltung zu bringen und schädlichen Umweltauswirkungen so früh wie möglich bei den Entscheidungen vorzubeugen.

Im Bereich des Abfalls setzt die Errichtung und der Betrieb einer Abfallentsorgungsanlage oder einer Deponie eine Prüfung der Umweltauswirkungen voraus.

Grundlegende Bestimmungen über die UVP enthält das Gesetz über die Umweltverträglichkeitsprüfung (UVP-Gesetz), welches am 12. Februar 1990 auf der Grundlage der **EG-Richtlinie** über die UVP von 1985 erlassen wurde. Die UVP ist danach ein unselbständiger Teil des verwaltungsbehördlichen Verfahrens über die Zulässigkeit eines Vorhabens und stellt ein Hilfsmittel zur Findung der erforderlichen Entscheidung dar. Das UVP-Gesetz regelt das Prüfverfahren und umschreibt den Inhalt der Prüfung. Hinsichtlich raumbedeutsamer Umweltauswirkungen kann diese Prüfung frühzeitig in einem Raumordnungsverfahren nach § 6a des Raumordnungsgesetzes des Bundes erfolgen. Dieses Raumordnungsverfahren findet bereits vor dem jeweiligen Zulassungsverfahren (hier: immissionsschutzrechtliches Genehmigungsverfahren bzw. abfallrechtliches Planfeststellungsverfahren) statt. Im nachfolgenden Zulassungsverfahren werden zusätzliche oder andere Umweltauswirkungen geprüft. Die Prüfungsergebnisse sind in einer Gesamtbewertung zusammenzufassen.

Vorgehensweisen zur Ermittlung und von Umweltauswirkungen sind im UVP-Gesetz nicht dargestellt. In zahlreichen Beispielstudien und Untersuchungen konkreter Vorhaben auch im Bereich der Abfallentsorgungsanlagen wurden verschiedene methodische Ansätze entwickelt. Bislang fehlt es aber noch vielfach an bundeseinheitlich vorgeschriebenen Bewertungskriterien. Allerdings liegt bereits seit 1991 eine Allgemeine Verwaltungsvorschrift zur Ausführung des UVP-Gesetzes im Entwurf vor, die voraussichtlich Anfang 1994 verabschiedet wird.

Das Umweltzeichen – Sinnbild auch für Recycling und abfallarme Techniken

Umweltzeichen

Kennzeichnung für umweltfreundlichere Produkte, die sich im Vergleich zu anderen demselben Gebrauchs- und Anwendungszweck dienenden Produkten durch besondere Umweltfreundlichkeit auszeichnen. Das Umweltzeichen soll beim Einkauf als Orientierungshilfe dienen und damit den Marktanteil der umweltfreundlichen Produkte erhöhen. Über die Auswahl der Produkte und die Anforderungen an diese Produkte entscheidet eine **unabhängige Jury Umweltzeichen**. Die Durchführung der Kennzeichnung erfolgt durch das Umweltbundesamt und der RAL Deutsches Institut für Gütesicherung und Kennzeichnung e. V. Mittlerweile (1992) gibt es für 73 verschiedene Produktgruppen ein Umweltzeichen. Ein Schwerpunkt der Aktion Umweltzeichen ist die Förderung von Produkten, die aus Altstoffen hergestellt werden. Aus diesem Grunde wurde das Umweltzeichen für Produktgruppen vergeben wie: graphische Papiere oder Hygeniepapiere, die aus Altpapier hergestellt sind, Produkte aus Recycling-Kunststoffen, Produkte aus Altgummi, Bodenverbesserungsmittel aus Kompost sowie Baustoffe, die aus **Altglas**, Recyclinggips oder Altpapier hergestellt sind. Außerdem gibt es ein Umweltzeichen für **Mehrwegverpackungen** (z. B. Mehrwegflaschen oder Mehrweg-Transportverpackungen) und runderneuerte Reifen, da durch den Einsatz dieser Produkte Abfall vermieden werden kann.

→ **Altglas-Aufbereitung, Altpapier-Verwertung, Altreifen, Recycling-Papier**

UNEP

Die 1972 gegründete Umweltorganisation (Umweltprogramm der Vereinten Nationen/UNEP – United Nations Environmental Progamme) koordiniert weltweit die Umweltbelange der Vereinten Nationen und gibt Anstöße zu neuen Umweltmaßnahmen. Die Bundesrepublik Deutschland gehört zu den Mitbegründern.

Für den Bereich der Abfallentsorgung hat eine Expertengruppe der UNEP Ende 1985 Richtlinien über die umweltverträgliche Beseitigung gefährlicher Abfälle beschlossen. Diese „Cairo Guidelines“ stellen einen ersten Schritt zur weltweiten Harmonisierung der Sonderabfallentsorgung dar. 1989 wurde das „UNEP-Cleaner Production Programme“ ins Leben gerufen. Ziel dieses Programms ist es, umweltschonende Technik und umweltfreundliche Produkte weltweit einzuführen.

Mit der UNEP-Konvention vom 22. März 1983 wurde der entscheidende Schritt zur Kontrolle der grenzüberschreitenden Verbringung gefährlicher Abfälle und ihrer Verbringung getan. Die Zeichnung dieses Übereinkommens erfolgte auf der Ministerkonferenz in Basel vom 20.–22. 3. 1989 durch mehr als 100 Staaten. Die Basler Konvention ist am 6. 5. 1992 in Kraft getreten. Die Ratifizierung durch die Unterzeichnerstaaten läuft. Die Bundesregierung hat den Entwurf des deutschen Ratifizierungsgesetzes bereits in den Gesetzgebungsgang eingebracht. Die EG wird das Übereinkommen am 6. 2. 1994 ratifizieren, nachdem die EG-Abfallverbringungsverordnung Nr. 259/93 am 1. Februar 1993 verabschiedet wurde. Die EG-Mitgliedstaaten sind gehalten, ihre nationalen Ratifizierungsgesetze ebenfalls vorzubereiten, um das Übereinkommen zeitgleich mit der Europäischen Gemeinschaft ratifizieren zu können.

U

Untertage-Deponie (UTD)

Neben der **Abfall-Ablagerung** auf **Deponien** an der Erdoberfläche besteht grundsätzlich auch die Möglichkeit der Einlagerung von Abfällen in unterirdische Abbauhohlräume, um sie dort in mehreren hundert Metern Tiefe den oberflächennahen hydrologischen und biologischen Kreisläufen weitgehend zu entziehen. In der Bundesrepublik Deutschland wird seit 1972 eine UTD in stillgelegten Teilen eines Kalibergwerks von Herfa-Neurode bei Bad Hersfeld betrieben. Dort werden pro Jahr über 100.000 t **Sonderabfälle** eingelagert. Die dort gelagerten Abfälle sind im Prinzip rückholbar, falls sie zu einem späteren Zeitpunkt der **Abfall-Verwertung** zugeführt werden können (**Zwischenlager**). Der größte Teil der dort eingelagerten Abfälle wird aller Voraussicht nach endgültig dort bleiben (**Endlager**).

V

Verband kommunaler Städtereinigungsbetriebe e. V. (VKS)

Bundesweiter Zusammenschluß der kommunalen Städtereinigungsbetriebe mit Sitz in Köln. Der Verband wurde 1912 als kommunaler Fachverband gegründet. Dem VKS gehören ca. 700 ordentliche Mitglieder (Gemeinden, Städte, Landkreise u. a.) an. Der VKS berät seine Mitglieder fachtechnisch und rechtlich, veranstaltet Aus- und Fortbildungsseminare, wissenschaftliche Symposien und Fachgespräche und stellt Material für die Öffentlichkeitsarbeit seiner Mitgliedsverbände zur Verfügung.

Verband privater Städtereinigungsbetriebe → Bundesverband der Deutschen Entsorgungswirtschaft e. V.

Verbrennung → Abfall-Verbrennung

Vergasung (von Abfällen)

Verfahren zur **Abfall-Behandlung** bei teilweiser Zersetzung und Verbrennung der eingesetzten Materialien. Im Gegensatz zur **Pyrolyse** erfolgt die Wärmezufuhr nicht indirekt von außen, sondern direkt über die heißen aus der Verbrennungszone aufsteigenden Gase. Je nach Höhe der eingesetzten Temperatur erfolgt

eine Trocknung, Verschwelung und Gasbildung bei gleichzeitiger Verbrennung von Kohlenstoff und organischen Stoffen.
→ **Energie-Nutzung, Pyrolyse, Saarberg-Fernwärme-Verfahren, Thermische Abfallbehandlung**

Verklappung → Klärschlamm-Verklappung

Verordnung über die Entsorgung von Bauabfällen

Auf der Grundlage des § 14 AbfG liegt ein Entwurf der Verordnung zur Entsorgung von Bauabfällen vor. Abfallwirtschaftliche Ziele dieser V. sollen sein, schadstoffhaltige und störende Bauabfälle getrennt von Stoffen zu halten, die ohne besondere Behandlung verwertbar sind, sie einzusammeln, zu befördern, stofflich zu verwerten oder umweltverträglich zu entsorgen. Mit dieser V. soll vor allem erreicht werden, daß die Gefahr eines Eintrages von Schadstoffen in Flächen vermindert wird, die zur Ablagerung oder zum Einbau von **Bodenaushub**, **Bauschutt** oder **Straßenaufbruch** zugelassen sind, sowie die vorhandenen Deponieräume durch weitgehende Verwertung von Bauabfällen entlastet und mineralische Rohstoffe geschont werden.

Verpackungsabfälle

Neben ihren Vorteilen wie Schutz des Verpackungsgutes vor Umwelteinflüssen und guten Transportmöglichkeiten haben die heute verwendeten Verpackungsformen erhebliche Nachteile hinsichtlich ihrer aufwendigen Herstellung wie vor allem ihrer Entsorgung nach Gebrauch.

In den alten Bundesländer wurden 1991 über 15 Mio t Verpackungen verbraucht. Davon waren 2,1 Mio t Mehrwegverpackungen und 8,9 Mio t Verkaufsverpackungen; auf Transportverpackungen entfielen 3,7 Mio t (ohne Mehrweg) und auf Umverpackungen 68.000 t. Verpackungen für schadstoffhaltige Füllgüter machten eine Menge von 274.000 t aus. Die Tabelle macht deutlich, welchen Anteil die einzelnen Materialien an den Verpackungen haben und inwieweit schon ein Recycling stattfindet. Wenn auch bei Papier und Glas der recycelte Anteil schon sehr hoch ist, so verbleibt doch immer noch ein großer Abfallberg. Problematisch ist die Lage bei Kunststoffen. Aufgrund der Verpackungsverordnung besteht eine Rücknahme- und Verwertungspflicht für Verpackungen.

V → Abfallarten, Abfall-Entsorgung, Kunststoff-Abfälle, Mehrwegverpackungen, Verpackungs-Verordnung

Verbrauch von Verpackungen

im früheren Bundesgebiet

Angaben in Tsd. t	V. schadstoffhaltiger Güter	Mehrweg V.	Um V.	Transport V.	Verkaufs V.	Verbrauch insgesamt
Glas	5	819	–	–	3 813	4 637
Weißblech	77	–	–	2	714	793
Aluminium	1	–	–	–	123	124
Kunststoff	60	172	10	314	1 050	1 606
Papier, Pappe, Karton	19	–	47	2 867	2 264	5 207
Verbunde	3	–	–	1	407	411
Feinblech	100	187	–	10	9	306
Holz	–	1 188	1	1 031	30	2 250
Sonstige	–	–	–	–	14	14
Insgesamt	285	2 376	58	4 225	8 424	15 348

Quelle: Bundesminister für Umwelt, Naturschutz und Reaktorsicherheit

Verpackungsverordnung

Mit der am 21. 6. 1991 in Kraft getretenen V. will die Bundesregierung erreichen, daß

- Verpackungen aus umweltverträglichen und die stoffliche Verwertung nicht belastenden Materialien hergestellt werden;
- **Verpackungsabfälle** vermieden werden durch Volumen- und Gewichtseinsparungen, Nutzung von **Mehrwegsystemen**, stoffliches Recycling.

In den Anwendungsbereich fallen praktisch alle Verpackungen, auch Einweggeschirr, soweit sie nicht mit Anhaftungen von gesundheits- oder umweltgefährdenden Stoffen kontaminiert sind oder aufgrund übergeordneter Regelungen anderweitig zu entsorgen sind (z. B. Bundesseuchengesetz). Die V. wendet sich an

Bundesweiter Verbrauch an Verpackungen 1991 (in 1000 t):

Packmaterial	Verbrauch insgesamt	davon schadstoffh. Verp.	davon Mehrweg	verbleib. Verbrauch	davon Umverp.	davon Transport-verp.	davon Verkaufsverpackungen: Privat u. Kleingew.	davon Verkaufsverpackungen: Großgew., Industrie
1. Glas	4 636,8	4,7	819,3	3 812,8	–	–	3 812,8	–
2. Weißblech	793,1	77,1	–	716,0	–	1,8	703,4	10,8
3. Aluminium	124,0	1,3	–	122,7	–	–	122,7	–
4. Kunststoff*	1 606,5	60,1	172,4	1 374,0	9,5	314,4	927,6	122,5
5. Papier, Pappe, Karton	5 206,6	18,7	9,6	5 178,3	46,5	2 867,3	1 553,5	711,0
6. Verbunde	410,9	2,9	–	408,0	–	0,5	407,3	0,2
a. Flüssigkeitskarton	198,2	–	–	198,2	–	–	198,2	–
b. Sonst. Papierbasis	177,9	2,8	–	175,1	–	0,3	174,7	0,1
c. Kunststoff-Basis	28,0	–	–	28,0	–	0,2	27,7	0,1
d. Alubasis	6,8	0,1	–	6,7	–	–	6,7	–
1.–6. Quotierte Verp.	12 777,9	164,8	1 001,3	11 611,8	56,0	3 184,0	7 527,3	844,5
7. Feinblech	305,8	99,7	187,3	18,8	–	9,7	1,7	7,4
8. Holz u. Kork	2 249,9	–	1 188,2	1 061,7	0,7	1 030,5	28,7	3,8
9. sonst. Verp.**	13,5	–	–	13,5	–	–	6,1	7,4
7.–8. Verp. ohne Quotierung	2 569,1	99,7	1 375,5	1 094,0	0,7	1 040,2	34,5	18,6
1.–8. alle Verpackungen	15 347,1	264,5	2 376,8	12 705,8	56,7	4 224,2	7 561,8	863,1

* incl. Kst./Kst.-Verbunde
** Textil, Keramik, Staniol, Kautschuk

Mehrweg-Transportverpackungen helfen unnötigen Verpackungsmüll zu vermeiden
Abb. COLLICO

Hersteller von Verpackungen und Verpackungs(vor)materialien sowie an den Handel mit Verpackungen, Verpackungs(vor)materialien und verpackten Gütern (Vertreiber); Importeure und Versandhandel sind ebenfalls Vertreiber i. S. d. V. Hersteller und Vertreiber werden verpflichtet, Verpackungen grundsätzlich zurückzunehmen und einer stofflichen Verwertung außerhalb der öffentlichen Abfallentsorgung zuzuführen. Diese Verpflichtung gilt für Transportverpackungen seit dem 1. 12. 91, für Um-

Quantitative Anforderungen an Erfassungs-, Sortier-, und Verwertungsquoten für Verkaufsverpackungen

Verpackungsmaterial	ab 01.01.1993			ab 01.07.1995		
	Sammelquote	Sortierquote	Verwertungsquote	Sammelquote	Sortierquote	Verwertungsquote
Glas	60% →	70% →	42%	80% →	90% →	72%
Weißblech	40%	65%	26%	80%	90%	72%
Aluminium	30%	60%	18%	80%	90%	72%
Pappe, Karton	30%	60%	18%	80%	80%	64%
Papier	30%	60%	18%	80%	80%	64%
Kunststoff	30%	30%	9%	80%	80%	64%
Verbunde	20%	30%	6%	80%	80%	64%

Vom 01.01.1993 bis 30.06.1995 gelten die Sammelquoten auch als erfüllt, wenn im Durchschnitt insgesamt 50% aller Verpackungsmaterialien erfaßt werden. Die Sortierquoten gelten für die tatsächlichen Sammelquoten der einzelnen Materialien.

V

verpackungen (unnötige Zweitverpackungen) seit dem 1. 4. 92 sowie für Verkaufsverpackungen seit dem 1. 1. 93.

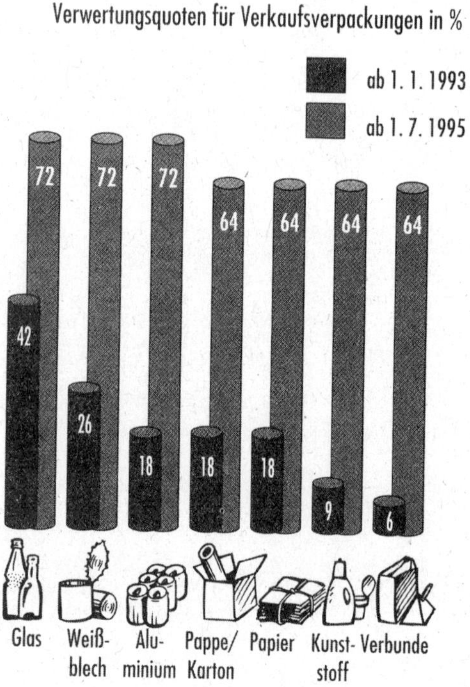

Die Verpackungsverordnung schreibt bestimmte Mindest-Verwertungsquoten für Verkaufsverpackungen vor.
Quelle: BMU

Lediglich für Verkaufsverpackungen wird den Betroffenen eine Freistellung von der Rücknahmepflicht eröffnet, sofern diese in eigener Verantwortung ein flächendeckendes System installieren, das endverbrauchernah die gebrauchten Verkaufsverpackungen regelmäßig erfaßt, sortiert und einer stofflichen Verwertung zuführt.

→ **Duales System Deutschland**
 → **Mehrwegverpackung, Wertstoffbehälter**

Verrottung → Rotte

Verursacherprinzip

Tragendes Prinzip der Umweltpolitik, wonach eine volkswirtschaftlich sinnvolle und schonende Nutzung der Naturgüter am ehesten erreicht wird, wenn die Kosten zur Vermeidung, zur Beseitigung oder zum Ausgleich von Umweltbelastungen dem Verursacher zugerechnet werden. Die Bundesregierung versteht das V. im Umweltschutz als Kostenzurechnungsgrundsatz; Schadenersatz- oder Haftungspflichten werden dadurch nicht begründet. Die wichtigsten Instrumente zur Durchsetzung des V. sind Verfahrens- und Produktnormen, Gebote, Verbote und Einzelanordnungen sowie Abgabenregelungen aber auch die direkte Belastung mit entstehenden Kosten etwa durch Gebührenerhebung wie bei der **Abfall-Behandlung**, die den Verursacher dazu anhalten, von ihm ausgehende Umweltbelastungen mit eigenen Mitteln zu verringern. Für die Wahl des Instruments im Einzelfall ist maßgebend, auf welche Weise eine möglichst hohe Umweltqualität erreicht werden kann und welches Verfahren als wirtschaftlich und verwaltungstechnisch günstigste Lösung erscheint.

→ **Abfall-Recht, Kooperationsprinzip, Stand der Technik, Vorsorgeprinzip**

Verwerterbetriebe → Handbuch „Verwerterbetriebe"

Verwertung → Abfall-Verwertung, Hausmüllverwertung

Verwesung

Abbau organischer Bestandteile durch **Mikroorganismen** unter Verbrauch von Sauerstoff zu Kohlendioxid, Wasser, Ammoniak und Mineralsalzen (Gegensatz: **Fäulnis**).

Vollintegrierte Systeme der Wertstoffsammlung

System zur Wertstoffsammlung, bei dem die Wertstoffe und der Restmüll von derselben Organisation gleichzeitig abgeholt werden. Die Wertstoffe werden in Säcken oder **Mehrkammercontainern** gesammelt.

→ **Sammelsysteme für Wertstoffe, Mehrkammermüllsystem, Wertstoffsack im Behälter**

V

Vorsorgeprinzip

Tragendes Prinzip der Umweltpolitik, wonach über die Abwehr drohender Gefahren und die Beseitigung eingetretener Schäden hinaus die Naturgrundlagen geschützt und schonend in Anspruch genommen werden sollen. Durch entsprechende Maßnahmen soll dem Entstehen von Umweltbelastungen vorgebeugt werden (z. B. durch Verwendung von **Mehrwegverpackungen** anstelle von Einwegverpackungen oder der Einsatz abfallarmer Produktionsverfahren); Umweltbelastungen sind möglichst zu vermeiden oder auf ein nach dem Stand der Technik erreichbares Mindestmaß zu beschränken (z. B. „Luft nicht so belastet wie zulässig, sondern so sauber wie möglich"). Dabei sind ökologische Gesichtspunkte zu berücksichtigen und es ist zu beachten, daß Entlastungen in einem Bereich nicht zu Verlagerungen der Umweltbelastungen auf andere Bereiche führen.

→ **Abfall-Verbrennung auf See, Einwegprodukte, Kooperationsprinzip, Verursacherprinzip**

W

Wärmenutzung

Nutzung der bei Verbrennungsvorgängen umgewandelten Energie zur Erzeugung von Wärme und Strom. Die W. bei der Abfall-Verbrennung ist ein Nebeneffekt der thermischen Behandlung. Der Anteil der **Abfall-Verbrennung** an der Primärenergieerzeugung in der Bundesrepublik Deutschland ist gering (0,6%).

Bei der regionalen Betrachtung der Elektrizitätsversorgung können aber durchaus nennenswerte Beiträge durch die Abfall-Verbrennung registriert werden. Zum Beispiel können in Großstädten 10–17% des Haushaltsstrombedarfs durch die aus der Abfall-Verbrennung gewonnene Energie gedeckt werden. Nach den Grundpflichten des **Bundes-Immissionsschutzgesetzes (BImSchG)** muß die nutzbare Wärme (Abwärme), sofern sie in ergeblichem Umfang anfällt, vom Anlagenbetreiber genutzt oder an Dritte abgegeben werden. Eine entsprechende Verordnung (Wärmenutzungsverordnung nach BImSchG) in Vorbereitung (1993).

→ **Energie-Nutzung, Energie-Rückgewinnung, Thermische Abfallbehandlung**

Weißblechabfälle

Überwiegend Verpackungsabfälle aus verzinntem Feinstblech. 1990 wurden in der Bundesrepublik Deutschland 0,59 Mio t

Weißblech in der Verpackungsindustrie verarbeitet. Die meisten Weißblechabfälle gelangen bisher in den Haus- und Gewerbemüll und werden soweit sie eine Müllverbrennungsanlage durchlaufen, durch aufwendige Verfahren aus den MVA-Verbrennungsrückständen separiert (**Müllverbrennungsschrott**). Für die Stahlindustrie hat das den Vorteil, daß störende Zinnbeschichtungen und Aluminium (Getränkedose) in der Müllverbrennungsanlage entfernt werden. Auf die Verwertung der Schrotte in der Stahlindustrie wirkt sich ein hoher Schlackenanteil im Müllverbrennungsschrott nachteilig aus.
Geringe Weißblechmengen werden auch durch getrennte Sammlung oder durch Separierung aus Kompostwerken gewonnen (**Müllseparationsschrott**).
Die Verpackungsverordnung soll zur Steigerung der Erfassung und Verwertung von Weißblechverpackungen von 49% (1990 0,29 Mio t) auf 72% im Jahr 1995 führen.
Die Weißblechindustrie geht von einem Verbrauchsanstieg bei Weißblechverpackungen auf 0,75 Mio t im Jahr 2000 (siehe Abb.) aus.
Das „Informationszentrum Weißblech" (IZB) in Düsseldorf ist eine von der Weißblechindustrie eingerichtete Beratungs- und Informationsstelle.

Wertstoffe

Die verwertbaren Bestandteile von **Müll** und **Rückständen**.
Getrennte Sammlung von Wertstoffen

Wertstoffbehälter (Einstoffbehälter)

Gefäß, in dem nur ein Wertstoff im **Holsystem** erfaßt und zusätzlich zur Restmüllsammlung am Grundstück zur Verfügung gestellt wird. Es werden nur gut vermarktbare **Wertstoffe** auf diese Art gesammelt, die in ausreichender Menge anfallen (Altpapier, Glas). Mehrere Wertstoffe lassen sich durch wechselnde Abfuhrzyklen erfassen, wobei jedoch eine hohe Sammel- und Bereitstellungsdisziplin vom Bürger verlangt wird. Der Erfassungs- und Reinheitsgrad ist beim Einstoffbehälter besonders günstig. Die Entsorgung kann sowohl alternierend (im Wechsel mit der

W

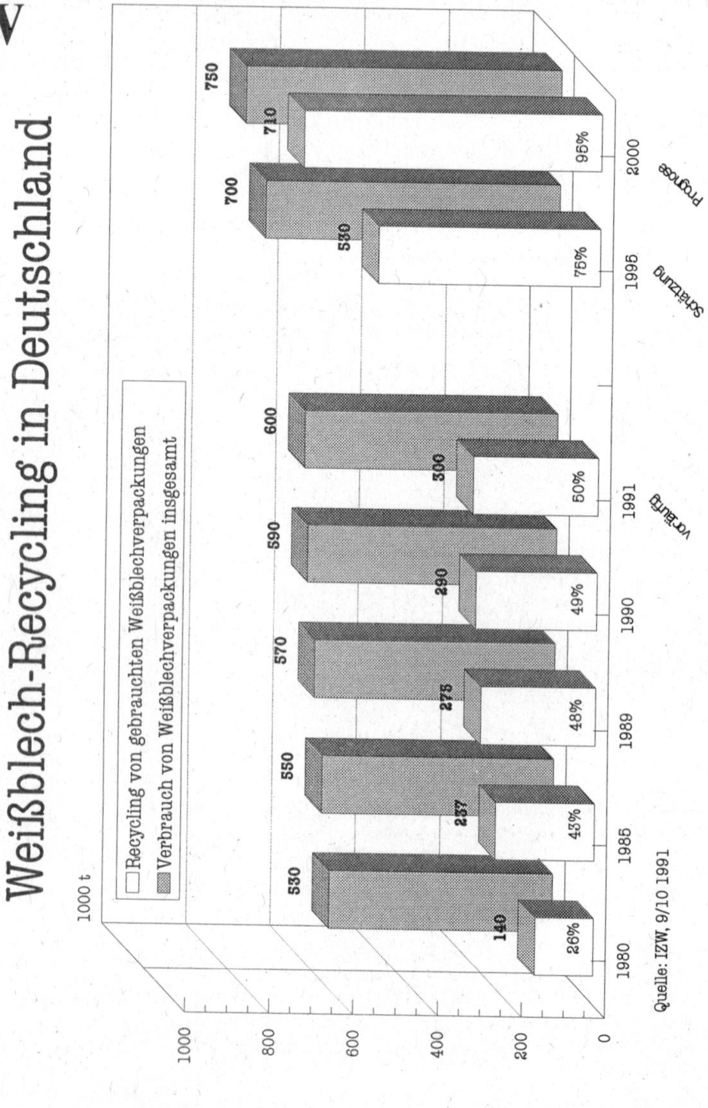
Weißblech-Recycling in Deutschland
1000 t
Recycling von gebrauchten Weißblechverpackungen
Verbrauch von Weißblechverpackungen insgesamt
1000
800
600
400
200
0
530
140
26%
1980
550
237
43%
1985
570
275
48%
1989
590
290
49%
1990
600
300
50%
1991
vorläufig
700
530
75%
1995
Schätzung
750
710
95%
2000
Prognose
Quelle: IZW, 9/10 1991

Restmülltonne) als auch zusätzlich zur Restmüllentsorgung organisiert werden.

→ **Holsystem, Teilintegrierte Systeme, Sammelsysteme für Wertstoffe**

Wertstoffbehälter (Mehrkomponententonne / Grüne Tonne)

Gefäß, mit dem ausgewählte Fraktionen, die der Wertstoffsammlung zugeführt werden sollen, gemeinsam als Wertstoffgemisch gesammelt werden. Meist sind es **Altpapier, Glas, Metall** und **Kunststoff** aber auch **Holz** und **Textilien,** die gesammelt und verwertet werden sollen. Dazu muß´das Wertstoffgemisch in einer Sortieranlage getrennt werden, in der in Abhängigkeit von der Motivation der Bürger, der Sammel- und Sortiertechnik Sortierreste zwischen 20 und 40% anfallen. Praxiserfahrungen haben gezeigt, daß die Glasfraktion die Qualität der übrigen Wertstofffraktionen, z. B. durch Glassplitter, deutlich mindern kann bzw. ein hoher Glasbruchanteil zu hohen Sortierverlusten führt und eine Trennung nach Farben nur bedingt möglich ist. Das Einsammeln der Mehrkomponententonne kann sowohl alternierend (im Wechsel mit der Restmülltonne) als auch zusätzlich zur Restmüllentsorgung organisiert werden.

→ **Holsystem, Teilintegrierte Systeme, Sammelsysteme für Wertstoffe**

Wertstoffsack

Getrennte Wertstofferfassung in Säcken, die den Bürgern entweder unentgeltlich oder gegen eine Gebühr zur Verfügung gestellt werden. Es werden Altpapier, Glas, Grünabfälle, Kunststoffabfälle und/oder Altmetalle gesammelt. Die W. werden parallel zur Abfuhr des Restmüll (**teilintegriertes System:** Restmüll in Behältern, **vollintegriertes System:** Restmüll ebenfalls im Sack) verwendet. Die Abfuhr erfolgt mit Pritschenfahrzeugen, verdichtenden Einkammer- oder Zweikammerfahrzeugen.

→ **Holsystem, Integrierte Systeme, Sammelsysteme für Wertstoffe**

Wertstoffsack im Behälter

Getrennte Wertstofferfassung in Säcken, bei dem die separat gesammelten, in verschnürten Säcken bereitgestellten Wertstoffe gemeinsam mit dem unverpackten Restmüll im Müllbehälter ge-

sammelt werden. Nach der konventionellen Abfuhr, jedoch ohne Verpressung, ist eine Aussortierung der Wertstoffsäcke und die Trennung der Wertstofffraktionen erforderlich.
→ **Sammelsysteme für Wertstoffe, Vollintegrierte Systeme**

Wiederverwertung → Abfallverwertung

Windsichtung → Sortierung

Wirbelschichtverbrennung von Abfall

In der Bundesrepublik Deutschland gegenwärtig untersuchtes Verfahren zur Behandlung von **Hausmüll.** In Japan sind etwa 40 Anlagen in Betrieb, in denen zum Teil auch unaufbereiteter Hausmüll verbrannt wird.

Auf bundesdeutsche Verhältnisse sind die in Japan angewandten Techniken wegen der unterschiedlichen Abfallzusammensetzung und der bestehenden Vorschriften über die **Abgasreinigung** und der **Wärmerückgewinnung** nicht unmittelbar übertragbar.

Verfahrenstechnisch läßt sich die W. zwischen der Rost- und Staubfeuerung einordnen. Die Wirbelschichttemperaturen liegen bei 750–1.000 °C. Bei allen Wirbelschichtfeuerungssystemen besteht das Wirbelbett aus Inertmaterial (Sand, Kalkstein, Asche). Beim Anfahren der Anlage wird das Material zunächst mit Zusatzbrennern aufgeheizt; nach dem Überschreiten der Zündtemperatur wird der aufbereitete Abfall zugeführt. Die Verbrennungsluft wird als Primärluft durch den Düsenboden und als Sekundärluft in den Freiraum oberhalb der Wirbelschicht eingeleitet. Die Primärluft dient gleichzeitig als Wirbelluft, die das Wirbelbett trägt, während die Sekundärluft für den Ausbrand sorgt. Ein Vorteil der W. wird darin gesehen, daß die bei der Verbrennung entstehenden sauren Gase einfach und wirkungsvoll durch die Zugabe basischer Additive (in der Regel Kalkstein oder Dolomit) in die Wirbelschicht eingebunden werden. Es entsteht dadurch ein besser auslaugbarer Verbrennungsrückstand.

Im Bereich der Klärschlammverbrennung arbeiten 12 der 15 kommunalen Anlagen nach dem Prinzip der Wirbelschichtfeuerung.
→ **Abfall-Verbrennung, Emission, Klärschlamm-Verbrennung, Thermische Abfallbehandlung**

Wirtschaftskommission der Vereinten Nationen für Europa (ECE)

W

Im Jahre 1947 auf Veranlassung der Vereinten Nationen in Genf gegründete Organisation, die den Austausch von Erkenntnissen und Erfahrungen auf dem Gebiet der Wirtschaft innerhalb der Länder Europas (West- und Osteuropa) sowie den USA und Kanada fördern soll. Die ECE behandelt in einem breit angelegten Programm u. a. auch verschiedene Aspekte der **Abfall**wirtschaft. Darunter fallen z. B. die Entwicklung abfallarmer Technologien, die Beseitigung gefährlicher Abfälle und die Verringerung von Abfällen auf Produktions- und Verbraucherebene.
So erarbeitet eine Arbeitsgruppe ein Kompendium über abfallarme Technologien. Die Mitgliedsländer liefern Monographien (Technologiebeschreibungen), die in der Arbeitsgruppe diskutiert und in das Kompendium aufgenommen oder abgelehnt werden.
Eine weitere Arbeitsgruppe befaßt sich mit verschiedenen anderen Aspekten abfallarmer Technologien und Fragen der Abfallwirtschaft allgemein.
In beiden Arbeitsgruppen arbeitet das **Umweltbundesamt** mit.
→ **Internationale Zusammenarbeit**

Zementherstellung

Z

Da die Wärmeenergie, die zum Brennen des sogenannten Zementklinkers benötigt wird, ein Hauptkostenfaktor bei der Zementproduktion darstellt, ist der Einsatz von kostengünstigen Ersatzbrennstoffen für die Zementindustrie sehr interessant. Bisher wurden Bleicherden, Säureharze, **Shredder**müll und **Altreifen** bezüglich ihrer Eignung als Ersatzbrennstoff untersucht. Zur Zeit wird im Rahmen von Forschungsvorhaben der Einsatz von Altöl und aufbereitetem **Hausmüll** – besonders im Hinblick auf den Einfluß bestimmter Müllinhaltsstoffe auf die Zementqualität, die Verfahrenstechnik und die Emissionen – untersucht. Die Emissionssituation bei der Zufeuerung bestimmter Abfälle wird im allgemeinen positiv beurteilt, da Schadstoffe wie Chlor- und Fluorwasserstoff sowie Schwefeldioxid in der alkalischen Atmosphäre des Zementdrehofens in das Produkt eingebunden werden.
→ **Abfall-Verbrennung, Thermische Abfallbehandlung, Wärmenutzung**

Z

Zerkleinerung → Sortierung

Zersetzungsgas → Biogas, Deponie-Gas

Zweckverband
Zusammenschluß von Gemeinden und Gemeindeverbänden zu gemeinsamer Erfüllung bestimmter Aufgaben (z. B. **Abfall-Entsorgung**, Abwasser-Behandlung). Mitglieder des Z. können Gemeinden und Gemeindeverbände sowie andere öffentliche Körperschaften, Anstalten und Stiftungen sein. Die Zusammenschlüsse können auf freiwilliger Grundlage (Freiverbände oder kraft Gesetzes = Pflichtverbände) erfolgen. Der Z. regelt seine Angelegenheiten durch Satzungen.

Zweikammer-System → Mehrkammer-Müll-System

Zweitraffinat
Durch Aufarbeitung aus **Altöl** hergestellter Schmierstoff. Bei der Altölraffination werden chemische Zusätze (Additive) und Verunreinigungen abgetrennt und auf diese Weise das Grundöl zurückgewonnen. Auf seiner Basis werden durch Zugabe unterschiedlicher Additivkombinationen erneut Schmierstoffe für verschiedene Anwendungszwecke hergestellt, z. B. Maschinen-, Motoren- oder Getriebeöle, welche den aus Rohöl produzierten Schmierstoffen (Erstraffinate) vergleichbar sind.
→ **Altölverwertung**

Zwischenlager
Zwischenlager sind ortsfeste Abfallentsorgungsanlagen, in denen Abfälle entgegengenommen, vorbereitend behandelt, für die weitere Entsorgung zusammengestellt oder kurzzeitig gelagert werden.

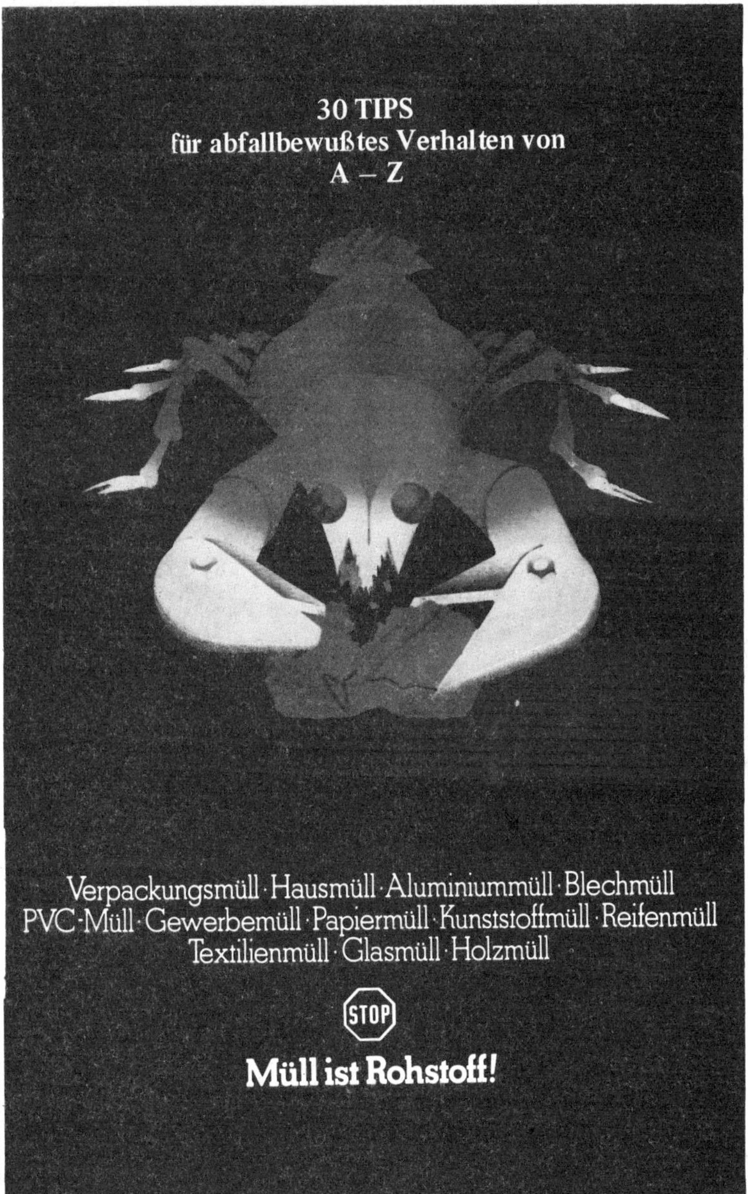

Quelle: Aktion Saubere Landschaft

ABFALLVERMEIDUNG geht vor wiederverwerten und beseitigen. Die Industrie muß auf überflüssige Zweit- und Umpackungen verzichten, die Verbraucher sollten solche doppel- und dreifachverpackte Produkte nicht kaufen, sondern Mehrweg-Verpackungen bevorzugen sowie „Wegwerf"-Artikel (Papp-Geschirr) vermeiden.

ALTGLAS gehört nicht in die Mülltonne, sondern in den Altglas-Container. Die Wiederverwertung von Altglas ist umweltfreundlich, rohstoff- und energiesparend und entlastet die häusliche Mülltonne.

ALTGLAS-CONTAINER gibt es überall in der Bundesrepublik Deutschland. Wenn eine Farbtrennung des Glases vorgesehen ist, sollten Sie diese berücksichtigen. Achten Sie darauf, wirklich nur Glas in die Behälter zu werfen, andere Stoffe stören die Wiederverwertung (mit Ausnahme der Flaschenetiketten). Benutzen Sie die Container nur zu Zeiten, wenn eine Lärmbelästigung der Nachbarn weitgehend vermieden wird.

ALTÖL ist ein stark gewässerschädigender Stoff. Schon wenige Tropfen Öl können größe Mengen Wasser so stark verschmutzen, daß es für weitere Nutzungen unbrauchbar wird. Deshalb: Altöl unbedingt zu den Altöl-Sammelstellen (z. B. Ölverkaufsstellen, Tankstellen, Entsorgungsbetriebe) bringen. Dort wird es kostenlos entgegengenommen und umweltschonend entsorgt. Die Vermischung von Altöl mit anderen Stoffen (z. B. Lösemitteln) ist strafbar!

ALTPAPIER ist ein wertvoller Rohstoff, den Sie einer getrennten Sammlung zuführen sollten. In so gut wie allen Städten und Gemeinden stehen Altpapier-Container. Auch „Klein"-Papier ist Altpapier und ist besser in der Verwertung aufgehoben als auf der Deponie. Wenn Sie hierzu Fragen haben, wenden Sie sich an den Verband Deutscher Papierfabriken, Adenauer-Allee 55, 53115 Bonn.

ALUMINIUM ist ein wertvoller Grundstoff, den zu sammeln sich lohnt: Getränke- und Spraydosen, Deckel von Gläsern und Flaschen, ausrangierte Töpfe und Pfannen . . . Den Aluminiumschrott können Sie für gutes Geld verkaufen, Auskünfte erteilt die Aluminium Zentrale, Königsallee 30, 40212 Düsseldorf.

Gebrauchte AUTOREIFEN lassen sich wieder- bzw. weiterverwerten: durch Runderneuerung zum Beispiel. Deshalb kaufen Sie Ihre Autoreifen nur dort, wo Ihre alten zurückgenommen werden. Und wenn Sie Geld sparen und sich dabei noch umweltfreundlich zeigen wollen, dann kaufen Sie das nächste Mal runderneuerte Reifen.

AUTOWRACKS enthalten viele wertvolle Teile und Stoffe, die verwertet (z. B. durch gezieltes Ausschlachten) und rückgewonnen werden können. Deshalb gehören Autowracks zur

Autoverwertung oder zum Schrotthandel – keinesfalls jedoch in die Landschaft! Ein Anruf bei der Stadtverwaltung oder einem Automobilclub löst das Problem und schützt vor hohen Strafen, die bei einer unsachgemäßen Beseitigung drohen.

BATTERIEN enthalten umweltgefährdende Stoffe wie Quecksilber, Cadmium, Blei und Nickel und sollten deshalb nicht in den Hausmüll geworfen werden. Besser ist es, die verbrauchten Batterien dem Händler zurückzugeben. Benutzen Sie, wo es geht, wiederaufladbare Batterien (Akkus) oder solche, die kein Quecksilber und Cadmium enthalten. Ein Akku kann mehrere hundert „Einweg"-Batterien ersetzen.

BÜRGERTELEFONE (Umwelttelefone) gibt es bereits in zahlreichen Kommunen. Dort erhalten Sie alle Informationen über die kommunalen Umweltschutz-Dienste wie z. B. über die Standorte von Sammel-Containern, Termine der Sperrmüllabfuhr, Annahmestellen für Altöl u. a. Wenn dieser Service in Ihrem Wohnbereich noch nicht vorhanden ist, sollten Sie ihn über Ihren Abgeordneten, Stadtverordneten, Gemeindevertreter o. a. anregen.

DÜNGEN sollten Sie Ihren Garten billig und umweltfreundlich: mit Kompost aus dem eigenen Komposthaufen. Denn Kompost ist ein gutes Bodenverbesserungsmittel, das die Humusbildung fördert. Zu hohe Gaben von Kunstdünger aber können Umweltprobleme hervorrufen, die von zu hohen Nitratwerten in Lebensmitteln bis zur Überdüngung von Gewässern reichen.

Eine EINKAUFSTASCHE ist praktisch und sollte bei jedem Einkauf dabei sein. Jede noch so praktische Plastik-Tüte ist irgendwann einmal Abfall und wird dann zur Umweltbelastung. Und wenn schon eine Plastik-Tüte oder -tasche, dann sollte sie mehrfach genutzt werden und aus recyclebarem Material bestehen.

EINWEG ist Irrweg! Verzichten Sie deshalb weitgehend auf Einwegverpackungen und Einwegprodukte. Denn Einweg verbraucht knappe Rohstoffe und teure Energie und schafft Beseitigungsprobleme. Vor allem belastet Einweg Ihren Geldbeutel: beim Einkauf und bei der Beseitigung.

ESSENSRESTE gehören in den Mülleimer und nicht ins Abwasser. Denn im Abwasser tragen sie zur Nährstoffbelastung bei, auf der Deponie hingegen sind sie gern gesehen, da sie die Verrottungsvorgänge beschleunigen. Vielerorts werden organische Abfälle auch gesammelt und der tierischen Ernährung zugeführt. Das ist auf alle Fälle der beste Weg zur Verwertung von Essensresten.

GARTENABFÄLLE wie Laub, Strauchwerk, Gras, Unkraut u. a. sollten Sie nicht verbrennen, sondern kompostieren. Mit diesem einfachen Verfahren erhalten Sie ein wertvolles Düngemittel, das Sie bestimmt gut einsetzen können. Verbrennen hingegen belastet die Luft und ärgert Ihren Nachbarn!

GIFTE wie zum Beispiel Pflanzenschutzmittel sollten Sie nur anwenden, wenn dies unbedingt nötig ist. Um Schädlingsbefall auf Balkon oder im Garten zu bekämpfen oder zu verhüten, eignen sich gute Bodenbearbeitung, Mischbepflanzung und Heilkräuteranbau sowie weitere Methoden des biologischen Landbaus oftmals besser als chemische Gifte. Ausführliches hierzu steht in der „Kompostfibel“ (kostenlos beim Umweltbundesamt). Reste von Planzenschutzmitteln dürfen keinesfalls in den Abfall oder ins Abwasser „entsorgt“ werden, sondern sind dem Handel zurückzugeben oder zu den Sonderabfall-Sammelstellen zu bringen.

GRÜNANLAGEN, öffentliche Parks und andere Naturgebiete sind die „grünen Lungen“ unserer Industriegesellschaft und dienen der Erholung aller Bürger. Abfälle gehören auch hier in die Abfallbehälter – nicht in die Landschaft. Auch wenn der Weg zum nächsten Behälter manchmal weit ist: nehmen Sie nicht nur die Erinnerung an einen schönen Tag im Grünen mit – sondern auch den Abfall!

HAUSHALTS-ABFALLZERKLEINERER verdichten den Müll, schaffen Platz in der Mülltonne und ... erschweren die Arbeit der Entsorgungsunternehmen aufgrund des höheren Behältergewichtes erheblich. Dort, wo solche Geräte mit der Abwasserleitung kombiniert sind, indem sie eine Einleitung des zerkleinerten Abfalls in das Abwasser ermöglichen, tragen sie erheblich zur Abwasserbelastung bei. Deshalb sind solche Geräte im allgemeinen in der Bundesrepublik Deutschland nicht zugelassen – Auskünfte erteilen die Entsorgungsunternehmen.

HYGIENEPAPIER wie Küchenpapier, Toilettenpapier, Servietten, u. a. läßt sich umweltschonend aus Altpapier herstellen. Solchem Hygienepapier sollten Sie stets den Vorzug vor anderen Papieren geben, da bei der Herstellung aus Altpapier zum Beispiel bis zu 70 Prozent Frischwasser und bis zu 65 Prozent Wärmeenergie eingespart werden können. Ganz zu schweigen von einer Verringerung der Luftbelastung und einer Schonung der Baumbestände ...

Organische HAUSHALTSABFÄLLE können Sie ebenso wie Gartenabfälle zu wertvollem Kompost umwandeln. Das geht ganz einfach, indem Sie die Garten- und Küchenabfälle (keine Kunststoffe, Metalle, Glas) unter Zumischung von Erde (und evtl. etwas fertigem Kompost) auf einer freien Fläche zu einem ca. 1 m hohen Haufen schichten. Oben muß eine Mulde sein, damit das Regenwasser den Haufen feucht hält. Gelegentliches Umschichten verhindert Fäulnis und damit Geruchsbildung.

HUNDEKOT ist eine Gefahr für unsere Gesundheit, wenn damit Spiel- und Buddelplätze, Liegewiesen, Badestrände u. a. verschmutzt werden. Aber auch das Hineintragen von Hundekot in den häuslichen Bereich stellt ein hygienisches Problem dar. Hundehalter sind deshalb verpflichtet, ihre Hunde so zu erziehen, daß diese ihr „Geschäft" nur dort erledigen, wo dies ohne Belästigung der Allgemeinheit erfolgen kann.

KAFFEE- und TEERESTE, aber auch ZIGARETTENRESTE dürfen nicht ins Abwasser getan werden, da sie zu Störungen in Kläranlagen (z. B. Verstopfen von Pumpen und Filtern) führen können. Deshalb solche Reststoffe immer in den Mülleimer und nie in die Toilette werfen.

LÖSEMITTEL (z. B. Terpentinersatz, Toluol, Xylol) und andere giftige Chemikalien können in der Umwelt schwere Schäden verursachen und dürfen deshalb nicht in den Abfluß oder in die Mülltonne gekippt werden. Können solche Stoffe nicht aufgebraucht werden, sollten die Reste zum Händler oder zu den Entsorgungsunternehmen gebracht werden.

MEDIKAMENTE gehören insbesondere aus Sicherheitsgründen (spielende Kinder u. ä.) nicht in die Mülltonne. Bringen Sie deshalb überlagerte Medikamente und Medikamenten-Reste Ihrem Apotheker zurück, der für eine umweltschonende Beseitigung, z. B. bei den Herstellern, Sorge trägt.

RECYCLING-PAPIER entsteht zu 100% aus Altpapier. Bei seiner Herstellung werden erheblich weniger Material und Energie verbraucht sowie Wasser und Luft viel geringer belastet als bei der Herstellung von Normalpapier.
Mit Ausnahme der produktionsbedingten grauen Färbung ist Recycling-Papier weißen Papieren durchaus ebenbürtig, sowohl beim Bedrucken als auch beim Fotokopieren und Beschreiben. Wer Recycling-Papier benutzt, leistet einen Beitrag zur Schonung unserer Umwelt und zeigt, daß überhöhte Qualitätsansprüche an kurzlebige Konsumgüter sich auch ohne Einschränkungen an Komfort auf ein vernünftiges Maß herabsetzen lassen.
STRASSEN sind keine Müllkippen! Jede vermeidbare und über das übliche Maß hinausgehende Verschmutzung der Straßen ist gesetzlich untersagt. Wer seine leere Zigarettenschachtel einfach auf den Bürgersteig oder in den Rinnstein wirft, kann schnell um einen Zehnmarkschein Bußgeld erleichtert werden!

TELEFONBÜCHER können nach Gebrauch wieder zu hochwertigem grafischen Papier verarbeitet werden. Die recyclingfreundlichen Telefonbücher zeichnen sich durch auswaschbare Druckfarben, auflösbaren Klebstoff und ein vollverwertbares

Druckpapier aus. Sie sind durch einen blauen „Umweltengel“ gekennzeichnet. Gebrauchte Telefonbücher dürfen deshalb nicht in die Mülltonne wandern, sondern sollten selbstverständlich der Post zurückgebracht werden!

Mit dem **UMWELTZEICHEN** (dem blauen „Umweltengel“) werden Produkte oder Verfahrensweisen gekennzeichnet, die gegenüber anderen sich als umweltfreundlicher, aber ebenso praktisch und gebrauchstüchtig, herausgestellt haben. Achtung! Einige Hersteller verwenden für ihr Produkte Zeichen, die nicht einem speziellen Prüfverfahren unterworfen wurden und deshalb auch nicht in jedem Fall Kennzeichen eines umweltfreundlichen Produkts sind. Aktuelle Informationen über Erzeugnisse und Verfahren, die den blauen Umweltengel zurecht tragen, gibt das Umweltbundesamt.

VOR UNERWÜNSCHTER WERBUNG und damit vor der täglichen Prospekte- und Werbematerialienflut können Sie sich schützen, indem Sie von Ihrem Recht Gebrauch machen und Meldebehörden, Bundespost u. a. die Weitergabe Ihrer Anschrift zu Werbezwecken untersagen. Auf diese Weise verringern Sie Ihre Altpapiermenge und Ihre Abfallprobleme.

VERPACKUNGEN schützen, machen Verderbliches haltbar, ermöglichen schnellen Zugriff, enthalten Informationen über Inhaltsstoffe und Gewicht, machen Lebensmittel transport- und lagerfähig. Verpackungen verursachen aber auch hohe Kosten und große Beseitigungsprobleme. Um die unnütze Verpackungsflut einzudämmen, sollten Sie stets Mehrwegverpackungen bevorzugen und unnütze Verpackungen gleich beim Händler lassen.